高等学校"十一五"规划教材

机械设计制造及其自动化系列

FUNDAMENTALS OF ROBOTICS

机器人技术基础

孟庆鑫　王晓东　编著

蔡鹤皋　张铭钧　主审

哈爾濱工業大學出版社

内 容 简 介

本书系统地介绍了机器人技术相关的基本知识，主要包括：绪论；机器人结构设计基础；机器人操作手运动学；机器人操作手动力学；操作机器人关节伺服驱动技术；机器人控制；机器人传感器。本书注重将机器人基础理论与应用技术相结合，力求反映国内外机器人研究领域的新进展。。

本书可作为高等学校机械工程类专业的研究生教材，也可作为机械电子工程、自动化类专业本科生的参考教材，还可供有关科技人员参考。

Abstract

This book introduces the fundamentals of technology in relation to robotics, which mainly including such fundamentals and applications as foundations of structure design, the robot kinematics, the robot dynamics, the servo drive and servocontrol of robot´s joints and the robot sensors and so on. This book combines the basic principles with the application, and it is a text that tells the fundamentals of the industrial robot technology.

This book can be used as the text for postgraduates of the mechanical engineering speciality, the reference text for the undergraduates of the mechanical electrical and automation specialities, and it also can be used as a reference book for people related to science and technology.

图书在版编目(CIP)数据

机器人技术基础/孟庆鑫，王晓东编著．—哈尔滨：哈尔滨工业大学出版社，2006.9(2017.12 重印)
ISBN 978-7-5603-2328-2

Ⅰ.机… Ⅱ.①孟…②王… Ⅲ.机器人技术-高等学校-教材 Ⅳ.TP242

中国版本图书馆 CIP 数据核字(2006)第 008118 号

责任编辑 王桂芝 黄菊英
封面设计 卞秉利
出版发行 哈尔滨工业大学出版社
社 址 哈尔滨市南岗区复华四道街 10 号 邮编 150006
传 真 0451-86414749
网 址 http://hitpress.hit.edu.cn
印 刷 哈尔滨久利印刷有限公司
开 本 787mm×1092mm 1/16 印张 13 字数 297 千字
版 次 2006 年 9 月第 1 版 2017 年 12 月第 7 次印刷
书 号 ISBN 978-7-5603-2328-2
定 价 28.00 元

(如因印装质量问题影响阅读，我社负责调换)

高等学校“十一五”规划教材

机械设计制造及其自动化系列

编写委员会名单

（按姓氏笔画排序）

主　任　姚英学

副主任　尤　波　巩亚东　高殿荣　薛　开　戴文跃

编　委　王守城　巩云鹏　宋宝玉　张　慧　张庆春

郑　午　赵丽杰　郭艳玲　谢伟东　韩晓娟

编审委员会名单

（按姓氏笔画排序）

主　任　蔡鹤皋

副主任　邓宗全　宋玉泉　孟庆鑫　闻邦椿

编　委　孔祥东　卢泽生　李庆芬　李庆领　李志仁

李洪仁　李剑峰　李振佳　赵　继　董　申

谢里阳

总　序

自1999年教育部对普通高校本科专业设置目录调整以来,各高校都对机械设计制造及其自动化专业进行了较大规模的调整和整合,制定了新的培养方案和课程体系。目前,专业合并后的培养方案、教学计划和教材已经执行和使用了几个循环,收到了一定的效果,但也暴露出一些问题。由于合并的专业多,而合并前的各专业又有各自的优势和特色,在课程体系、教学内容安排上存在比较明显的“拼盘”现象;在教学计划、办学特色和课程体系等方面存在一些不太完善的地方;在具体课程的教学大纲和课程内容设置上,还存在比较多的问题,如课程内容衔接不当、部分核心知识点遗漏、不少教学内容或知识点多次重复、知识点的设计难易程度还存在不当之处、学时分配不尽合理、实验安排还有不适当的地方等。这些问题都集中反映在教材上,专业调整后的教材建设尚缺乏全面系统的规划和设计。

针对上述问题,哈尔滨工业大学机电工程学院从“机械设计制造及其自动化”专业学生应具备的基本知识结构、素质和能力等方面入手,在校内反复研讨该专业的培养方案、教学计划、培养大纲、各系列课程应包含的主要知识点和系列教材建设等问题,并在此基础上,组织召开了由哈尔滨工业大学、吉林大学、东北大学等9所学校参加的机械设计制造及其自动化专业系列教材建设工作会议,联合建设专业教材,这是建设高水平专业教材的良好举措。因为通过共同研讨和合作,可以取长补短、发挥各自的优势和特色,促进教学水平的提高。

会议通过研讨该专业的办学定位、培养要求、教学内容的体系设置、关键知识点、知识内容的衔接等问题,进一步明确了设计、制造、自动化三大主线课程教学内容的设置,通过合并一些课程,可避免主要知识点的重复和遗漏,有利于加强课程设置上的系统性、明确自动化在本专业中的地位、深化自动化系列课程内涵,有利于完善学生的知识结构、加强学生的能力培养,为该系列教材的编写奠定了良好的基础。

本着“总结已有、通向未来、打造品牌、力争走向世界”的工作思路，在汇聚多所学校优势和特色、认真总结经验、仔细研讨的基础上形成了这套教材。参加编写的主编、副主编都是这几所学校在本领域的知名教授，他们除了承担本科生教学外，还承担研究生教学和大量的科研工作，有着丰富的教学和科研经历，同时有编写教材的经验；参编人员也都是各学校近年来在教学第一线工作的骨干教师。这是一支高水平的教材编写队伍。

这套教材有机整合了该专业教学内容和知识点的安排，并应用近年来该专业领域的科研成果来改造和更新教学内容、提高教材和教学水平，具有系列化、模块化、现代化的特点，反映了机械工程领域国内外的新发展和新成果，内容新颖、信息量大、系统性强。我深信：这套教材的出版，对于推动机械工程领域的教学改革、提高人才培养质量必将起到重要推动作用。

蔡鹤皋
哈尔滨工业大学教授
中国工程院院士
2005 年 8 月 10 日

前　　言

机器人学是当今世界极为活跃的研究领域之一，它涉及计算机科学、机械学、电子学、自动控制、人工智能等多个学科。机器人是一种典型的现代光机电一体化产品。

随着计算机、人工智能和光机电一体化技术的迅速发展，机器人已成为人类的好帮手。在航空航天、深海探测中，往往使用机器人代替人类去完成艰巨又复杂的极限工作任务。

工业机器人自诞生到现在近半个世纪以来，已广泛应用于国民经济各个领域。今天，机器人又深入到现代生产、国民经济和人们生活之中，作为机械工程学科的研究生，有必要掌握一定深度的机器人技术方面的知识，以便在工作、学习和生活中不断提高自己的能力和水平。

我们多年从事机器人学教学和机器人技术领域的科研工作，深感需要有一本适合研究生教学使用的教材。在多年教学经验积累的基础上，编撰了这本研究生教学用书。本书力求理论分析与实用技术相结合，选编了新的科技内容，也结合了作者取得的科研成果，力求反映国内外机器人研究领域的新进展。

本书介绍了机器人的基本机械结构、运动学与动力学分析，驱动方法、控制技术及传感器等基础理论和技术基础知识。全书共分七章，第1章简要介绍了机器人基本概念，第2章主要介绍了工业机器人的机械结构基础知识，第3、4章介绍了机器人操作手的运动学和动力学的初步知识，第5章主要介绍了机器人关节驱动的方式和基本方法，第6章介绍了机器人通常的控制方法，第7章介绍了机器人常用传感器的基本知识。

本书由孟庆鑫、王晓东编著。由哈尔滨工业大学蔡鹤皋院士和哈尔滨工程大学张铭钧教授主审。初稿主要由王晓东完成，全书由孟庆鑫修改并统稿。对北京航空航天大学的吴威教授、哈尔滨工业大学的王广林教授和哈尔滨理工大学的尤波教授，在本书编审、定稿过程中的参与和帮助深表谢意。对哈尔滨工程大学刁彦飞教授、王立权教授对书稿编写和修改的帮助表示感谢，并对李平和刘贺平博士生在对书稿的整理、校对工作中付出的辛勤劳动表示感谢。

由于作者水平有限，书中内容难免存在不当之处，我们恳请读者给予批评指正。最后我们还要对哈尔滨工业大学出版社的支持表示衷心感谢。

编著者

2006年9月

目　　录

第1章 绪论

本章简要介绍机器人的基本概念、组成、分类、发展和应用，旨在使读者从总体上对机器人系统有一个初步了解。

1.1 机器人的基本概念

机器人学是近几十年来迅速发展起来的一门综合学科。它集中了机械工程、电子工程、计算机科学、自动控制以及人工智能等多种学科的最新研究成果，体现了光机电一体化技术的最新成就，是当代科学技术发展最活跃的领域之一，也是我国科技界跟踪国际高技术发展的重要课题。

本书所指的机器人是工业机器人，或称操作机器人、机器人操作臂、通用机械手等。从外形来看，它和人的手臂很相似，是由一系列刚性连杆通过一系列柔性关节交替连接而成的开式链结构。

那么，机器人是如何发展的呢？

1.1.1 机器人的由来

"机器人"是人类想像中一种像人一样的机器，以代替人来完成各种各样的工作，体现了人类长期以来的一种愿望。

早在3 000年前，机器人的概念已在人类的想像中诞生，公元前1 066年，我国西周时代就流传有周穆王与歌舞机器人（艺伎）的故事。公元前3世纪，古希腊发明家为克里特岛国王制造了一个守卫宝岛的青铜卫士。我国东汉时期，张衡发明的指南车可算是世界上最早的机器人雏形。

"机器人"的说法最早产生于1920年捷克剧作家卡雷尔·凯培克（Karel Kapek）的一部幻想剧《罗萨姆的万能机器人》中。此后各国对机器人的说法几乎都从斯洛伐克语"Robota"音译为"罗伯特"（如英语 robot，俄语 робот，日语ロボット等），只有我国译为"机器人"。1950年，美国科幻小说家阿西莫夫在他的小说《我是机器人》中，提出了有名的"机器人三守则"。

① 机器人必须不危害人类，也不允许它眼看着人类受害而袖手旁观；

② 机器人必须绝对服从于人类，除非这种服从有害于人类；

③ 机器人必须保护自身不受伤害，除非为了保护人类或者人类命令它作出牺牲。

这三条守则给机器人赋以新的伦理观，并使机器人概念通俗化，更易于为人类社会所接受。至今，它仍为机器人研究者、设计制造厂家和用户提供了有意义的指导原则。

机器人形象的产生,体现了人类对于先进生产工具的创造性思维,人们期待着一种能够模仿人的某些动作,代替人完成某些工作,特别是某些危险性较高的工作的自动机械。人们的这种愿望给科学技术的研究提出了一个新课题,这便是工业机器人产生的背景。

1948年,美国的阿贡实验室研制成功了主从操作遥控机械手,主要用来对放射性材料进行处理,代替人进行远距离操作。1954年,美国人乔治·德沃尔设计了第一台关节式示教再现型作业机械手,并于1961年发表了该项机器人专利。1962年,美国万能自动化公司(Unimation)的第一台机器人问世,并在美国通用汽车公司(GM)投入使用,这标志着第一代工业机器人的诞生。从此,机器人开始成为人类生活中的现实。

1.1.2 机器人的定义

要给机器人下个合适的能为人们所认可的定义还有一定的困难,专家们也是采用不同的方法来定义这个术语。现在,世界上对机器人还没有统一的定义,各国有自己的定义,这些定义之间的差别也较大。有些定义很难将简单的机器人与其技术密切相关的"刚性自动化"装置区别开来。

国际上,对于机器人的定义主要有以下几种:

1.美国机器人协会(RIA)的定义

机器人是"一种用于移动各种材料、零件、工具或专用装置的,通过可编程的动作来执行种种任务的并具有编程能力的多功能机械手"。这一定义叙述得较为具体,但技术含义并不全面,可概括为工业机器人。

2.美国国家标准局(NBS)的定义

机器人是"一种能够进行编程并在自动控制下执行某些操作和移动作业任务的机械装置"。这也是一种比较广义的工业机器人的定义。

3.日本工业机器人协会(JIRA)的定义

工业机器人是"一种装备有记忆装置和末端执行器的,能够转动并通过自动完成各种移动来代替人类劳动的通用机器"。同时还可进一步分为两种情况来定义:

① 工业机器人是"一种能够执行与人体上肢(手和臂)类似动作的多功能机器";

② 智能机器人是"一种具有感觉和识别能力,并能控制自身行为的机器"。

4.国际标准化组织(ISO)的定义

"机器人是一种自动的、位置可控的、具有编程能力的多功能机械手,这种机械手具有几个轴,能够借助于可编程序操作来处理各种材料、零件、工具和专用装置,以执行种种任务"。

5.英国简明牛津字典的定义

机器人是"貌似人的自动机,具有智力的和顺从于人但不具人格的机器",这是一种对理想机器人的描述,到目前为止,尚未有与人类相似的机器人出现。

6.我国关于机器人的定义

随着机器人技术的发展,我国也面临讨论和制订关于机器人技术各项标准的问题,其中也包括对机器人的定义。中国工程院蒋新松院士曾建议把机器人定义为"一种拟人功能的机械电子装置"。

上述各种定义可为理解机器人提供参考，这些定义的共同点为：

①认为外形像人或像人的上肢，并能模仿人的动作；

②具有一定的智力、感觉与识别性；

③是人造的机器或机械电子装置。

随着机器人的进化和机器人智能的发展，这些定义都有可能修改，甚至需要对机器人重新认识和重新定义。

1.2 机器人的特点、结构与分类

1.2.1 机器人的主要特点

机器人的主要特点体现在它的通用性和适应性等方面。

1.通用性

机器人的通用性是指具有执行不同功能和完成多样简单任务的实际能力；通用性也意味着，机器人是可变的几何结构，或者说在机械结构上允许机器人执行不同的任务或以不同的方式完成同一工作。大多数机器人都具有不同程度的通用性，包括机械手的机动性和控制系统的灵活性。

必须指出，通用性不是由自由度单独决定的。增加自由度一般能提高通用性，但还必须考虑末端执行器的结构和能力，以及能否适应不同的作业工具等因素。

2.适应性

机器人的适应性是指具有对环境的自适应能力，即机器人能够自主执行事先未经规划的中间任务，而不管任务执行过程中所发生的没有预计到的环境变化。适应性要求机器人具有运用传感器预测环境的能力；分析任务空间和执行操作规划的能力；自动指令模式的能力。

对于工业机器人来说，适应性是指所编好的程序模式和运动速度能够适应工件尺寸和位置以及工作场地的变化。

1.2.2 机器人系统的结构

一个机器人系统一般由下列四个相互作用的部分组成，即机械手、环境、任务和控制器，如图1.1(a)所示，图1.1(b)为其简化形式。

工业机器人本体机械系统即为通常的机械手装置，它由肩、臂、腕、机身或行走机构组成，组合为一个互相依赖的运动机构。

环境即指机器人所处的周围状态，环境不仅由几何条件(可达空间)决定，而且由环境和它所包含的每个事物的全部自然特性决定。在环境中，机器人会遇到一些障碍物和其他物体，它必须避免与这些障碍物发生碰撞，并与这些物体发生作用。

机器人体系结构中的任务一般定义为环境的两种状态(初始状态和目标状态)间的差别,必须用适当的程序语言来描述,并能为计算机所理解。

机器人的控制器一般为控制计算机,接收来自传感器的信号,对其进行数据处理,并按照预存信息,即机器人的状态及环境情况等,生成控制信号来驱动机器人的各个关节运动。

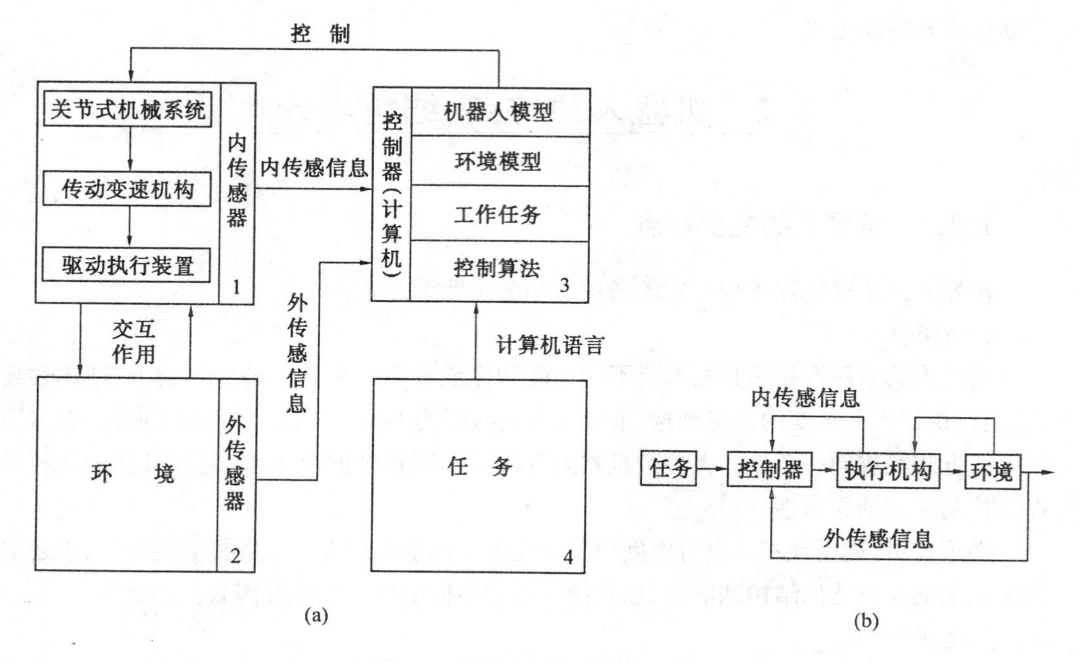

图 1.1 机器人系统的基本结构

1.2.3 机器人的分类

机器人的分类方法很多。这里首先介绍三种分类法,即分别按机器人的几何结构、机器人的控制方式以及机器人的信息输入方式来分。

1.按机器人(机械手)的几何结构来分

机器人(机械手)的机械配置形式多种多样,最常见的结构形式是用其坐标特性来描述。这些坐标结构包括笛卡儿坐标结构、柱面坐标结构、极坐标结构、球面坐标结构和关节式球面坐标结构等。这里简单介绍柱面、球面和关节式球面坐标结构这三种最常见的机器人。

(1) 柱面坐标机器人

柱面坐标机器人主要由垂直柱体、水平手臂(或机械手)和底座构成。水平机械手装在垂直柱体上,能自由伸缩,并可沿垂直柱体上下运动。垂直柱体安装在底座上,并与水平机械手一起(作为一个部件)能在底座上移动。这样,这种机器人的工作包迹(区间)就形成一段圆柱面,如图 1.2 所示。因此,把这种机器人叫做柱面坐标机器人。

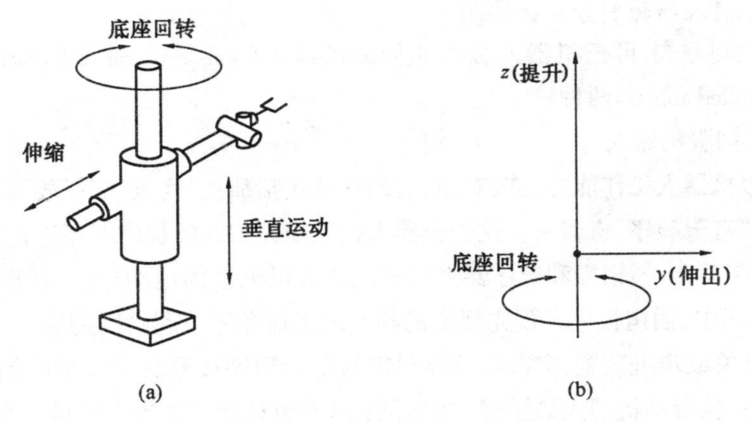

图 1.2 柱面坐标机器人

(2) 球面坐标机器人

球面坐标机器人的结构如图 1.3 所示,它像坦克的炮塔一样。机械手能够里外伸缩移动,在垂直平面上摆动以及绕底座在水平面内转动。这种机器人的工作包迹形成球面的一部分,因此被称为球面坐标机器人。

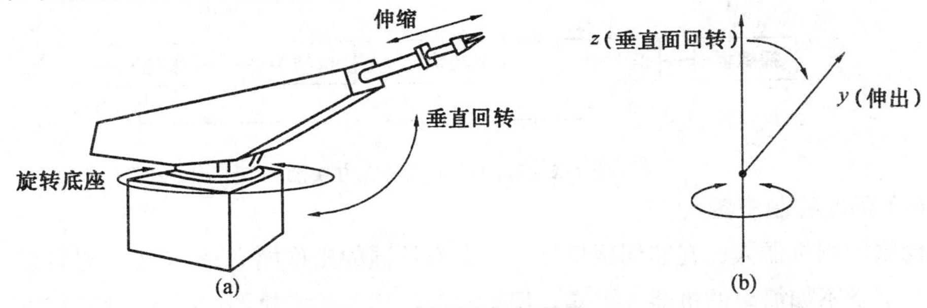

图 1.3 球面坐标机器人

(3) 关节式球面坐标机器人

关节式球面坐标机器人主要由底座(或躯干)、上臂和前臂构成。上臂和前臂可在通过底座的垂直平面上运动,如图 1.4 所示。在前臂和上臂间绕机械手有个肘关节;而在上臂和底座间,有个肩关节。在水平平面上的旋转运动,既可绕肩关节进行,也可以通过绕底座旋转来实现。这种机器人的工作包迹覆盖了球面的大部分,称为关节式球面机器人。

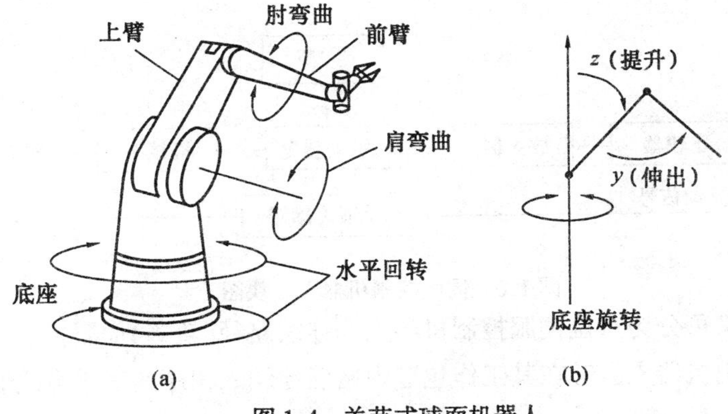

图 1.4 关节式球面机器人

2.按机器人的控制方式分

按照控制方式,可把机器人分为非伺服机器人(non-servo robots)和伺服控制机器人(servo-controlled robots)两种。

(1) 非伺服机器人

非伺服机器人工作能力比较有限,它们往往包括那些“终点”、“抓放”或“开关”式机器人,尤其是“有限顺序”机器人。这种机器人按照预先编好的程序顺序进行工作,使用终端限位开关、制动器、插销板和定序器来控制机器人机械手的运动;其工作原理方块图如图1.5所示。图中,插销板用来预先规定机器人的工作顺序,而且往往是可调的。定序器是一种定序开关或步进装置,它能够按照预定的正确顺序接通驱动装置的能源。驱动装置接通能源后,就带动机器人的手臂、腕部和手爪等装置运动。当它们移动到由终端限位开关所规定的位置时,限位开关切换工作状态,给定序器送去一个“工作任务(或规定运动)业已完成”的信号,并使终端制动器动作,切断驱动能源,使机械手停止运动。

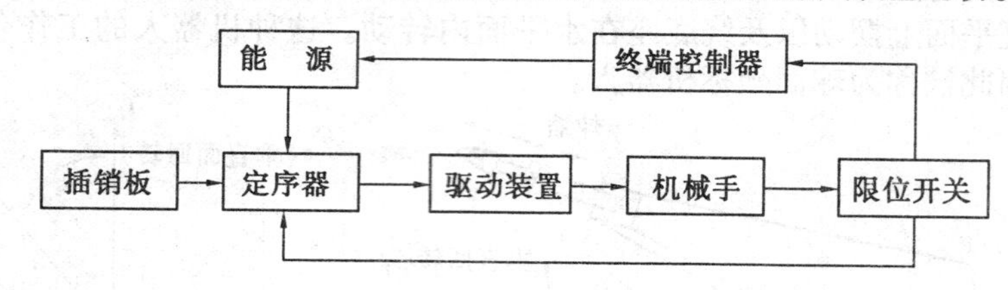

图1.5 有限顺序机器人方块图

(2) 伺服控制机器人

伺服控制机器人比起非伺服机器人来具有更强的工作能力,价格也相对较贵,而且在某些情况下不如简单的机器人可靠。伺服控制机器人的方块图如图1.6所示。伺服系统的被控制量(即输出)可为机器人端部执行装置(或工具)的位置、速度、加速度和力等。通过反馈传感器取得的反馈信号与来自给定装置(如给定电位器)的综合信号,用比较器加以比较后,得到误差信号,经过放大后用以激发机器人的驱动装置,进而带动末端执行装置以一定规律运动,到达规定的位置或达到规定的速度等。显然,这是一个反馈控制系统。

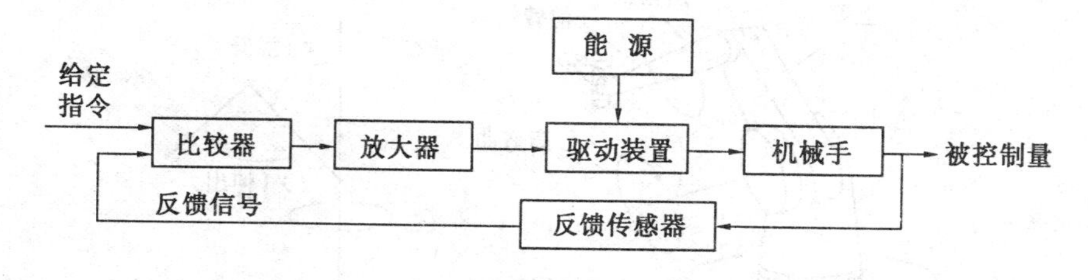

图1.6 伺服控制机器人方块图

伺服机器人又可分为点位伺服控制机器人和连续路径(轨迹)伺服控制机器人两种。

点位伺服控制机器人能够在其工作包迹内精确地编入程序的三维点之间运动。一般只对其一段路径的端点进行示教，而且机器人以最快的和最直接的路径从一个端点移到另一个端点，并可把这些端点设置在已知移动轴的任何位置上。点与点之间的操作总是有点不平稳，即使同时控制两根轴，它们的运动轨迹也很难完全一致。因此，点位伺服控制机器人用于只对终端位置有要求而对编程点之间的路径和速度不作主要考虑的场合。

点位伺服控制机器人的初始程序比较容易设计，但不易在运行期间对编程点进行修正。同时，由于没有行程控制，所以实际工作路径可能与示教路径不同。这种机器人具有很大的操作灵活性，因而其负载能力和工作范围均可圈可点。液压装置是这种机器人系统最常用的驱动装置。

连续路径（轨迹）伺服控制机器人能够平滑地跟随某个规定的路径，其轨迹往往是某条不在预编程端点停留的曲线路径。因此，这种机器人特别适用于喷漆作业。

连续路径伺服控制机器人具有良好的控制和运行特性；其数据是依时间采样，而不是依预先规定的空间点采样。这样，就能够把大量的空间信息存储在磁盘或光盘上。这种机器人的运行速度快，功率较小，负载能力也较小。喷漆、弧焊、抛光和磨削等加工是这种机器人的典型应用场合。

3.按机器人控制器的信息输入方式分

由于这种分类方式比较重要，特汇集在表1.1中。

表1.1 机器人的分类

机器人的种类	特征
操纵机器人 (operating robot)	人在一定距离处直接操纵机器人进行作业
程序机器人 (sequence control robot)	机器人按预先给定的程序、条件、位置进行作业
示教再现机器人 (playbackrobot)	由人操纵机器人进行示教后，机器人就重复（再现）进行这个作业
数值控制机器人 (numerical control robot)	通过数字和语言给定作业的顺序、条件、位置的信息，机器人依据这一信息进行作业
智能机器人 (intelligent robot)	机器人依据智能（感觉信息的识别、作业规划、学习等能力）确定作业

(1) 操纵机器人

操纵机器人是一种在核电站处理放射性物质时，远距离操纵的机器人。在这种场合，相当于人手操纵的部分称为主动机械手，进行类似动作的部分称为从动机械手。两者多半是类似的，但从动机械手要大些，是用增大了的力进行作业的机器人，主动机械手要小些。用于精密作业的主从操作机器人也属于这一类。

(2) 程序机器人

若单从预先设定好程序进行作业这一点讲，装有发条的玩具也可被认为是程序机器人，但它不能更换作业(定程序)，而程序机器人则可用某些方法更换作业(变程序)。

(3) 示教再现机器人

示教再现同盒式磁带的录放机一样。开始是示教作业，人一面操纵机器人，一面在各重要位置按下示教盒的按钮，记忆其位置。而进行作业时把它再现出来，机器人顺次追寻记忆的位置。由于示教再现机器人能自由地示教动作，所以能进行各式各样的作业，在汽车厂进行点焊的大多是这种类型的机器人。

(4) 数值控制机器人

数值控制机器人是采用一种用计算机控制机器人的动作来代替人操纵机器人进行动作的方式。例如，使机器人手爪沿着圆周动作时，用计算机给出轨迹比人进行操作要方便得多，但必须编制计算机程序。

(5) 智能机器人

智能机器人不仅可以进行事先设定的动作，还可以按照工作状况相应地进行动作。例如，对传送带上多个物体的识别，回避障碍物的移动，作业次序的规划，有效的动态学习，多个机器人的协调作业等。虽然实用化的智能机器人还不成熟，但对各种智能机器人的研究正在稳步进行。1997 年 7 月 4 日报导的“火星探险者”号火星探测机器人在火星上着陆，用于观测火星、采集资料，便是智能机器人的一例。

1.3 工业机器人的机构运动简图及主要参数

在设计与研究工业机器人的总体结构时，首先必须画出机器人机构运动示意图，以便对现有的机器人结构进行分析，与新设计的机器人结构方案进行比较，以确定最佳的方案。通常是用简单的机构运动符号来表示。

1.3.1 机器人机构运动简图

为分析和记录机器人各种运动及运动组合，有必要引入机器人机构运动简图。用机构与运动图形符号表示机器人机械臂、手腕和手指等运动机能的图形，称为机器人机构运动简图。这种运动简图既可在一定程度上表明机器人的运动状态，又有利于进行设计方案的比较。

表 1.2 列出了表示机器人运动件相对移动、回转(或摆动)以及末端手指等的符号，用它们来表示机器人的各种运动机能。

表 1.2 运动机能代号表

序号	运动机能	运动机能代号		图例
		侧面	正面	
1	垂直移动			
2	移动			
3	回转 (1)			
4	摆动 (1)			
5	摆动 (2)			
6	行走机构			
7	钳爪式手部			
8	磁吸式手部			
9	气吸式手部			
10	回转 (2)			
11	固定基面			

1.3.2 工业机器人运动自由度

1.一般概念

物体上任何一点都与坐标轴的正交集合有关。物体能够对坐标系进行独立运动的数目称为自由度(DOF,degree of freedom)。物体所能进行的运动(图1.7)有:

沿着坐标轴 OX、OY 和 OZ 的3个平移运动 T_1、T_2 和 T_3;

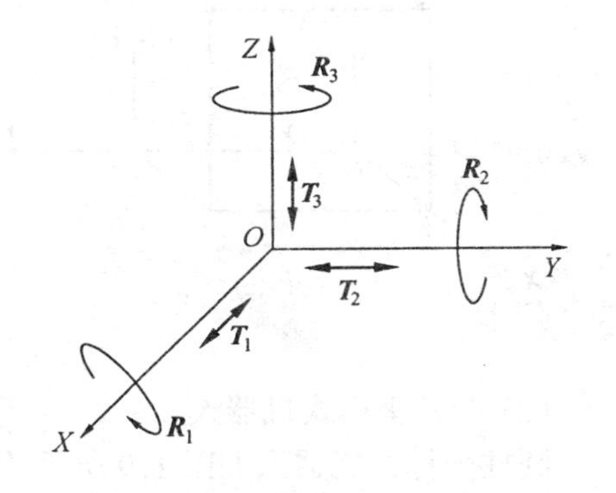

图 1.7 刚体的6个自由度

绕着坐标轴 OX、OY 和 OZ 的3个旋转运动

$\boldsymbol{R}_1$、$\boldsymbol{R}_2$ 和 $\boldsymbol{R}_3$；

这意味着物体能够采用3个平移和3个旋转的方式，相对于坐标系进行定向和运动。

一个简单物体有6个自由度。当两个物体间确立起某种关系时，一个物体就对另一物体失去一些自由度。这种关系也可以用两物体间由于建立连接关系而不能进行的移动或转动来表示。

2. 机器人的自由度

刚体在三维空间中有6个自由度，显然，机器人要完成任意空间作业，也需要6个自由度。工业机器人的运动是由手臂和手腕的运动组合而成的。通常手臂部分有3个关节，用以改变手腕参考点的位置，手腕部分也有3个关节，通常这3个关节轴线相交，用来改变末端手爪的姿态。整个机械臂的运动便可改变机器人的位置与姿态，以适应空间作业的要求。

表1.3列出了操作臂常见的5种空间坐标形式。表中 P 表示移动关节，R 表示转动关节。

表1.3　工业机器人工作空间的坐标形式

机器人	关节1	关节2	关节3	旋转关节数
直角坐标式	P	P	P	0
圆柱坐标式	R	P	P	1
球(极)坐标式	R	R	P	2
SCARA	R	R	P	2
关节坐标式	R	R	R	3

(1) 直角坐标式机器人

直角坐标式机器人的3个关节都是移动关节，如图1.8所示。各关节轴线相互垂直，相当于笛卡儿坐标系的 X、Y、Z 轴，臂部有3个移动自由度，这种形式的主要特点是结构刚度大，关节运动相互独立，占地面积大，操作灵活性差。

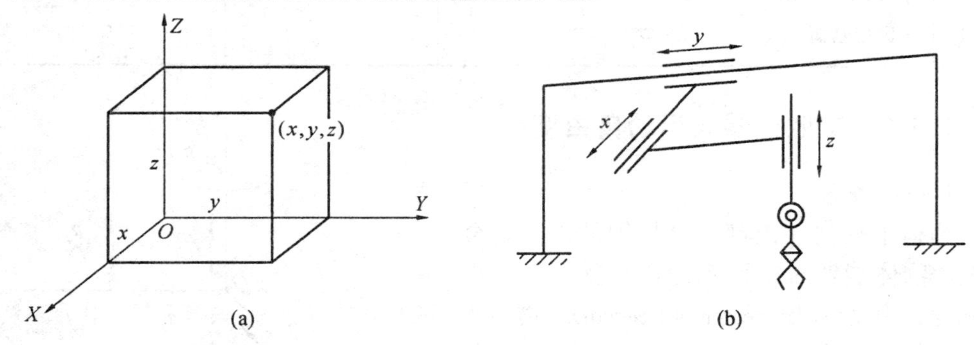

图1.8　直角坐标式机器人

(2) 圆柱坐标式机器人

圆柱坐标式机器人如图1.9所示，臂部可绕机身垂直轴线回转与上下移动，并可沿臂自身轴线伸缩运动，构成臂部的3个自由度。可以 θ、z 和 r 为参数构成坐标系，手腕参考点

P 的位置可表示为

$$P = f(\theta, z, r)$$

式中 r—— 手臂的径向长度；

θ—— 手臂绕垂直轴的转角；

z—— 臂部在垂直轴上的高度。

如果 r 不变，手臂的运动将形成一个圆柱面，工作空间比较直观。

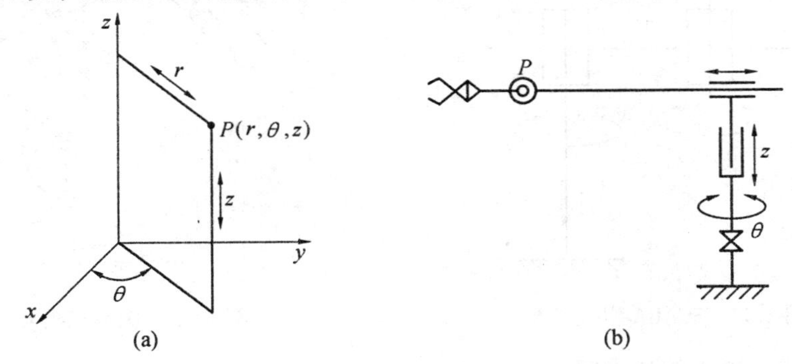

图 1.9 圆柱坐标式机器人

(3) 球(极) 坐标式机器人

球坐标式机器人如图 1.10 所示，其腕部参考点运动所形成的最大轨迹表面是半径为 r 的球面，以 θ、φ、r 为坐标参数，即 2 个回转和 1 个移动自由度。任意点 P 可表示为

$$P = f(\theta, \varphi, r)$$

这类机器人的工作空间较大。

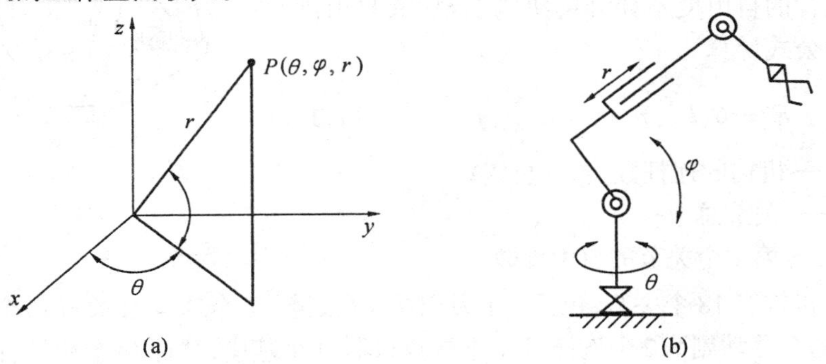

图 1.10 球坐标式机器人

(4) SCARA 型机器人

SCARA 型机器人有 2 个旋转关节，即 2 个转动自由度，其轴线相互平行。还有一个关节为移动自由度，用于完成末端件沿垂直于平面方向运动。手腕参考点的位置由 2 个旋转关节转角(φ_1, φ_2) 及移动关节位移(z) 所决定，可表示为

$$P = f(\varphi_1, \varphi_2, z)$$

如图 1.11 所示。这种机器人适用于平面定位，在垂直方向进行装配作业。

(5) 关节式机器人

关节式机器人由2个肩关节和一个肘关节进行定位,由2个或3个腕关节进行姿态调整,如图1.12所示。一个肩关节绕垂直轴线回转,另一个肩关节实现俯仰运动,两个肩关节轴正交。肘关节平行于第二个关节轴线。关节式机器人动作灵活、结构紧凑,确定末端件的位姿不直观。

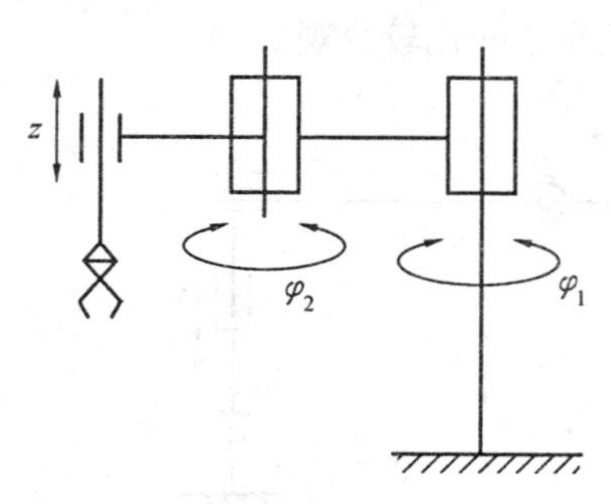

图1.11 SCARA型机器人

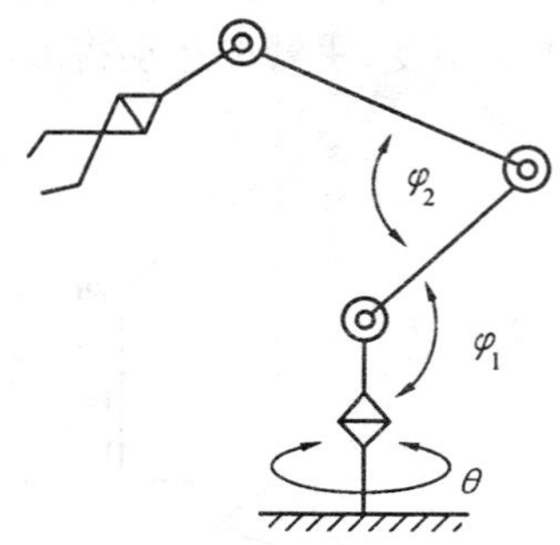

图1.12 关节式机器人

(6) 并联机器人的自由度

从总体上看,大多数工业机器人是串联开链结构,并联机器人是闭环机构。图1.13所示的机构称为Stewart机构,该机构可作为6个自由度的闭链机器人操作臂,末端执行器的位置和姿态由6个直线机构的行程长度决定。

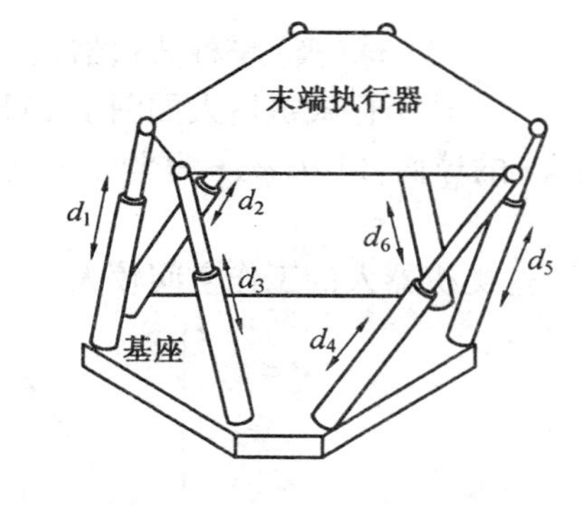

图1.13 Stewart机构

闭环机构的自由度不如开链机构明显,其自由度数可按下面公式计算

$$F = 6(l - n + 1) + \sum_{i=1}^{n} f_i \tag{1.1}$$

式中 l—— 机构的连杆数,包括机座;

n—— 关节总数;

f_i—— 第 i 个关节的自由度数。

Stewart机构有18个关节,包括6个万向接头(铰链)、6个球-套关节、6个移动关节;14个连杆,每个移动副为2个连杆,1个末端执行器,1个基座,共计14个构件;18个关节共有36个自由度,其中6个万向铰链12个自由度,6个球铰18个自由度,6个移动关节为6个自由度,合计36个自由度,按并联机构自由度计算公式,有

$$F = 6(14 - 18 - 1) + 36 = 6$$

因此,Stewart机构有6个自由度。

1.3.3 工业机器人的主要技术参数

工业机器人的技术参数是表示机器人规格与性能的具体指标,一般包括以下几个方面:

1.抓取质量(或臂力)

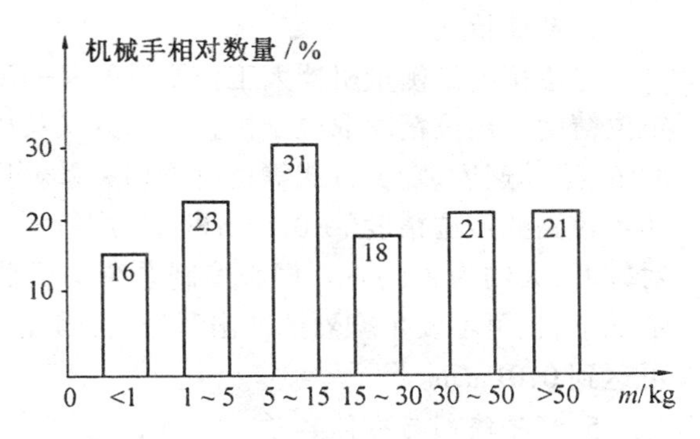

图1.14 机械手数量与抓取质量的关系

抓取质量(m)是机械手所能抓取或搬运物体的最大质量,它是机械手规格中的主要参数。据统计,机械手数量与抓取质量的关系如图1.14所示,在图中可以看出,抓取质量在10 kg左右的机械手为数最多。一般抓取质量小于1 kg的为微型,1~5 kg的为小型,5~30 kg的为中型,30 kg以上的为大型。机械手抓取质量大小对其他参数如行程范围、运动速度、坐标式和缓冲装置等均有影响,因此,设计时必须予以重视。

2.坐标式和自由度数

机器人的坐标式和自由度数的选择,应根据工作现场具体的生产情况和作业要求而定。自由度数越多,其动作越灵活、适应性越强,但其结构相对越复杂。一般机器人具有3~5个自由度即可满足使用要求(其中臂部2~3个自由度,腕部1~2个自由度)。专用机械手往往只有2~3个自由度,而从事复杂作业的灵巧机械手可能也有超过6个自由度(具有冗余自由度)的结构。

3.运动速度

机器人运动速度是其主要参数之一。它反映了机器人的作业水平,运动速度的快慢与它的驱动方式、定位方式、抓取质量大小和行程距离有关,作业机器人手臂的运动速度应根据生产节拍、生产过程的平稳性和定位精度等要求来确定。

目前,工业机器人的最大直线运行速度大部分为1 000 mm/s左右;最大回转运行速度为120°/s左右,图1.15(a)、(b)所示为目前机器人的运动速度情况。

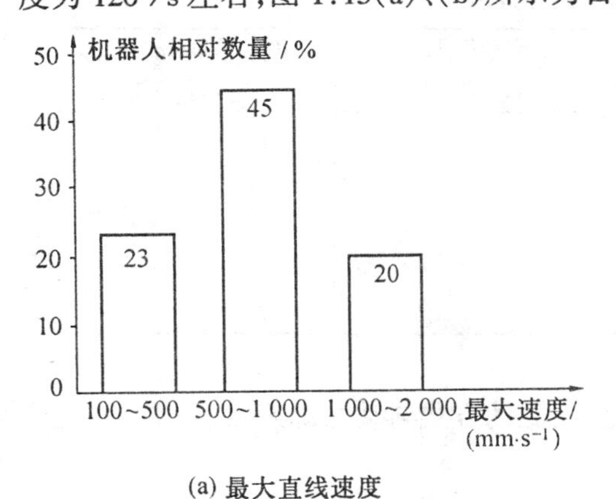

(a) 最大直线速度

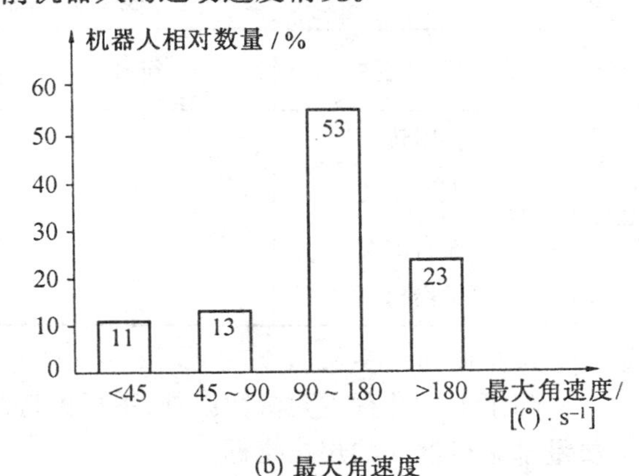

(b) 最大角速度

图1.15 机械人手臂运动最大速度统计图

作为机器人规格参数的运动速度是指全程的平均速度,实际使用速度可在一定范围内调节。

4.定位精度

定位精度是衡量机器人工作质量的又一项重要指标,一般所说的定位精度是指重复定位精度。定位精度取决于位置控制方式及机器人本体部件的结构刚度与精度,与抓取质量、运动速度、定位方式等也有密切关系。目前,专用机械手采用固定挡块定位方式可达到较高的定位精度(±0.02 mm),采用行程开关、电位计等电器元件控制的位置精度相对较低,大约为±1 mm。伺服控制系统的机器人是一种位置跟踪系统,即使在高速重载情况下,也可不发生剧烈的冲击和振动,因此可获得较高的定位精度,重复定位精度最高可达到0.01 mm。

5.程序编制与存储容量

程序编制与存储容量这个技术参数用来说明机器人的控制能力,即程序编制和存储容量的大小表明机器人作业能力的复杂程度和改变程序时的适应能力及通用程度。

6.机器人臂和腕的运动参数

机器人臂和腕的运动参数是对机器人运动范围的具体表述,如表1.4和表1.5所示。

表1.4 手臂运动参数表

运动名称	符号	行程范围/mm 或(°)	速度/($mm \cdot s^{-1}$)或[(°)$\cdot s^{-1}$]
伸缩	x		
升降	y		
横移	z		
回转	ϕ		
俯仰	θ		

表1.5 手腕运动参数表

运动名称	符号	行程范围/mm 或(°)	速度/($mm \cdot s^{-1}$)或[(°)$\cdot s^{-1}$]
回转	ω		
上下摆动	θ_1		
左右摆动	ϕ_1		
横移	y_1		

7.其他相关参数

除了上述几种主要参数以外,手指夹持范围、驱动方式与动力源规格、轮廓尺寸、整机质量都是机器人的规格指标。

1.4 机器人技术的发展及应用

工业机器人自20世纪60年代初问世以来,经过了40多年的发展,已广泛应用于工业等领域,成为制造业自动化中主要的机电一体化装备。人们往往把机器人想像成外貌似人的机械和电子装置。但事实并非如此,特别是工业机器人,与人的外貌毫无相像之处。

机器人是传统的机构学与近代电子技术相结合的产物,也是当代高技术发展的一个重要内容。工业机器人的发展经历了以下几个阶段。

1.4.1 工业机器人发展的几个阶段

1.研制阶段

美国原子能委员会的阿尔贡研究所为了解决代替人处理放射性物质的问题,于1947年研制了遥控机械手;1948年又开发了电气驱动的机械式主从机械手,解决了对放射性材料的远距离操作问题。

1951年,美国麻省理工学院(MIT)成功开发了第一代数控机床,并进行了与NC机床相关的控制技术及机械零部件的研究,为机器人的开发奠定了技术基础。

1954年,美国人乔治·德沃尔(Devol)最早提出了工业机器人的方案,设计并研制了第一台可编程序的电气工业机器人样机,并于1961年申请了该项机器人专利。

2.生产定型阶段

20世纪60年代初美国Consolidated Control公司与Devol合并成立了Unimation公司。1962年定型生产了Unimate(意为“万能自动”)工业机器人。同时,美国“机床与铸造公司”(AMF)设计制造了另一种可编程的工业机器人Versation(意为“多才多艺”)。这两种型号的机器人以“示教再现”的方式在汽车生产线上成功地代替工人进行传送、焊接、喷漆等作业,它们在工作中反映出来的经济效益、可靠性、灵活性,令其他发达国家工业界为之倾倒。于是,Unimate和Versation作为商品开始在世界市场上销售。

3.推广应用阶段

日本和西欧纷纷从美国引进机器人技术。1970年,第一次国际工业机器人会议在美国举行,工业机器人多种卓有成效的实用范例促进了机器人应用领域的进一步扩展。同时,基于不同应用场合的各种坐标系统、各种结构的机器人相继出现。

西德Kuka公司生产了一种点焊机器人,采用关节式结构和程序控制;瑞士RETAB公司生产了一种涂漆用机器人,采用示教方法编制控制程序;日本是工业机器人发展最快、应用最多的国家。1967年,日本丰田纺织自动化公司购买了第一台Versation机器人,1968年,川崎重工业公司从美国引进Unimate机器人生产技术,开始了日本机器人发展的时代。20世纪60年代末,日本正处于经济发展的最好时期,政府也出面大力资助机器人技术的推广和应用,大力发展经济型机器人。成功地把机器人应用到汽车工业、铸塑工业、机械制造业等领域,大大提高了制成品的质量和一致性,形成了一定规模的机器人产业。这样,日本一跃成为机器人王国,全世界为之震惊。

4.产业化、实用化、商品化阶段

随着大规模集成电路技术的飞速发展,微型计算机的普遍应用和性能飞跃,机器人的控制性能大幅度地得到了提高,成本不断下降,于是,产生了不同用途的机器人。工业机器人进入了商品化和实用化阶段,形成了大规模的机器人产业。

这一时期世界各国工业机器人的使用量和当时的预测如表1.6所示。

表 1.6 各国工业机器人的使用量

国家＼年份	1979	1982	1985	1990 年预测
日本	14 000	21 000	90 000	160 000
美国	3 255	6 800	20 000	125 000
联邦德国	850	3 500		12 000
英国	185	439		2 100
苏联	25			50 000

1.4.2 近期发展概况

20 世纪 80 年代工业机器人技术发展迅猛，所开发的四大类型机器人产品（点焊、弧焊、喷漆、上下料）主要用于汽车工业，而汽车工业装备的更新，致使工业机器人出现了相对饱和的现象。随着以提高产品质量为目标的装配机器人及柔性装配线的开发成功，到 1989 年机器人产业又出现了转机，首先在日本，之后在各主要工业国家又呈发展趋势。进入 90 年代后，装配工业机器人及柔性装配技术进入了大发展时期，基于不同用途、不同结构、不同控制方法的不同种类的机器人相继出现，又促进了机器人的发展。

80 年代以来，国际机器人以平均 25% ~ 30% 的年增长率发展。这是由于工业自动化正向着“柔性生产”方向发展，以适应多品种、中小批量生产或混流生产的需要。机器人以它的可改变程序实现不同作业的特有机能，成为实现“柔性生产”的重要手段，受到企业界和学术界的关注。其次，一是在企业生产成本中，社会福利的完善使得工资所占比重越来越大，二是年轻人已不愿在高温、粉尘、噪声、井下或有毒、危险的环境下干那些单调、重复性的工作，三是机器人可以确保产品质量的一致性、均匀性和稳定性，并能节省原材料和能源，从而大大增强了产品的国际竞争力。因此，80 年代末，各国把发展的目标调整到以多传感器为基础的计算机辅助遥控加上局部自主功能，以此作为发展非结构环境下工作的机器人技术方向。

1995 年以来，世界机器人数量逐年增加，增长率也较高。到 2000 年，服役的机器人大约有 100 万台，机器人技术仍维持较好的发展势头，日新月异地跨入 21 世纪。

1.4.3 中国机器人技术的发展概况

我国机器人技术大约起步于 20 世纪 70 年代，1975 年日本川崎重工在北京展示了 Unimate - 2000型工业机器人，引发研制机器人的热潮。先后有 100 多个单位，上千名技术人员参加研究工作，到 80 年代中期，我国已研制了 100 多台工业机器人，其中有 6 台为示教再现型，拥有了生产第一批工业机器人的技术能力，缩短了与国外的差距。

在我国，1985 年先后在几个国家级学会内设立了机器人专业委员会，以组织和开展机器人学科的学术交流，促进机器人技术的发展。1987 年，在北京首届国际机器人展览会上,我国展示了10余台自行研制的工业机器人。

“七五”期间,制订了国家“863”发展规划,在自动化领域中设立了智能机器人主题研究方向,经过“七五”、“八五”攻关,我国研制了各种类型的机器人,已初步实现了工业机器人的产业化,生产的工业机器人已达到了工业应用水平。智能机器人也列入了国家高技术行列,经过近20年的努力,我国的智能机器人研究与开发已取得了丰硕的成果。

1993年,中国人工智能学会智能机器人学会成立,成功地举办了几次全国性的学术会议。机器人专业刊物,如《机器人》、《机器人技术与应用》等,也陆续出版发行。

现代化机器人还将应用许多最新的智能技术,如临场感技术、虚拟现实技术、多智能体技术、人工神经网络技术、遗传算法、仿生技术、多传感器集成与融合技术以及纳米技术等。21世纪的机器人智能水平将会更高。

1.4.4 工业机器人的应用和发展趋势

1.工业机器人的应用

工业机器人最早应用在汽车制造工业,常用于焊接、喷漆、上下料和搬运。工业机器人延伸和扩大了人的手足和大脑功能,它可代替人从事危险、有害、有毒、低温和高热等恶劣环境中的工作;代替人完成繁重、单调的重复劳动,提高劳动生产率,保证产品质量。工业机器人与数控加工中心、自动搬运小车以及自动检测系统可组成柔性制造系统(FMS)(如图1.16)和计算机集成制造系统(CIMS),实现生产自动化。

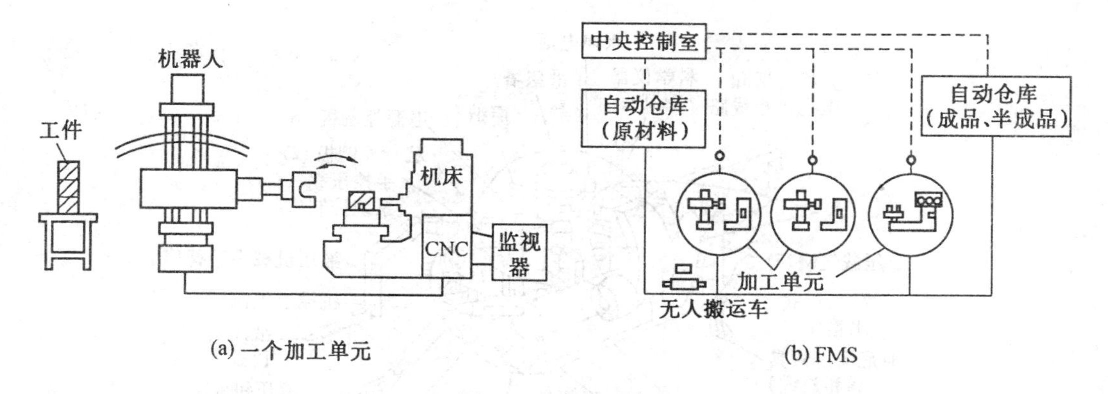

(a) 一个加工单元　　(b) FMS

图1.16 FMS系统

随着工业机器人技术的发展,其应用已扩展至宇宙探索、深海开发、核科学研究和医疗福利领域。火星探测器就是一种遥控的太空作业机器人,图1.17所示为太空遥控机器人SPDM。工业机器人也可用于海底采矿、深海打捞和大陆架开发等。图1.18所示为深海遥控机器人。在核科学研究中,机器人常用于核工厂设备的检验和维修,如前苏联切尔诺贝利核电站发生事故后,就利用机器人进入放射性现场检修管道。在军事上则可用来排雷和装填炮弹。机器人在医疗福利和生活服务领域中的应用更为广泛,如护理、导盲、擦窗户等。

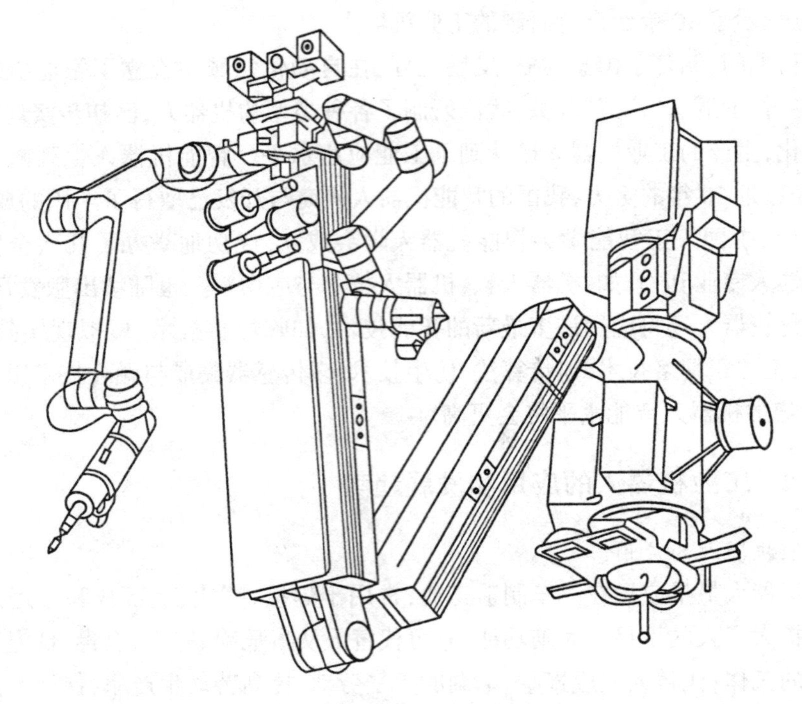

图 1.17 太空遥控机器人

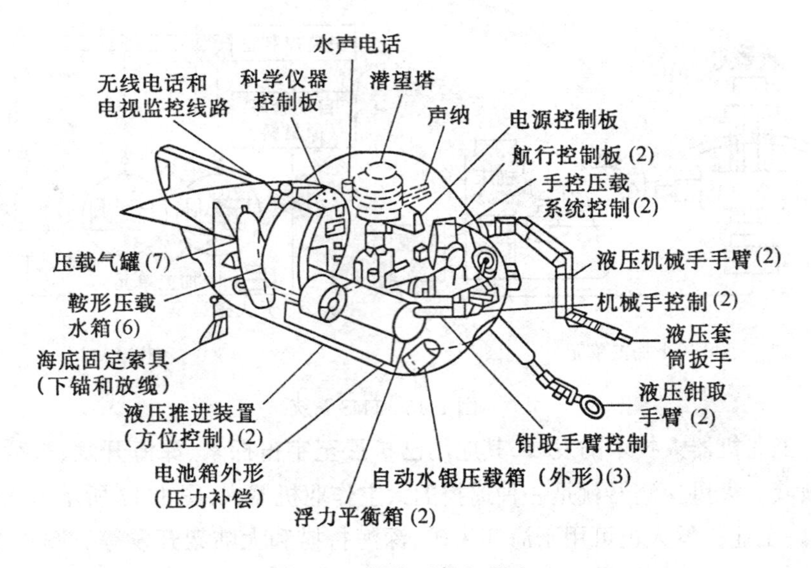

图 1.18 深海遥控机器人

除了上述操作机器人,还有一类是移动机器人,其移动机构有轮式、履带式、足腿式,还包括蛇行、蠕动和变形式机器人,如图 1.19 所示。

(a) 单足跳跃机器人　(b) 双足机器人　(c) 三足机器人　(d) 四足机器人

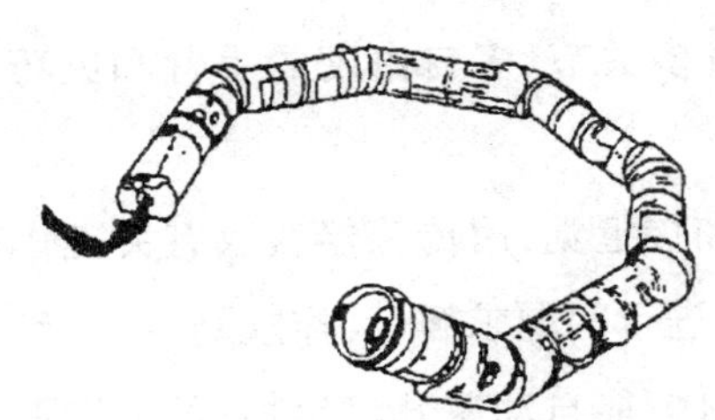

(e) 蛇行机器人

(f) 单自由度变位履带移动机构

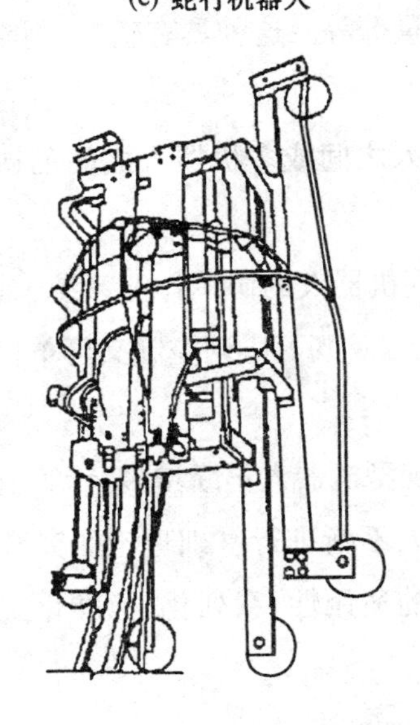

(g) 气吸式爬壁机器人

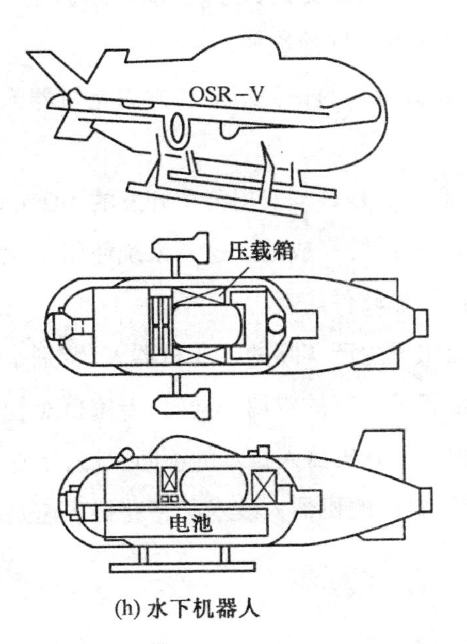

(h) 水下机器人

图 1.19　移动式机器人

2.工业机器人技术的发展趋势

随着工业技术和经济的发展,机器人的应用范围不断扩大,其技术性能也在不断提高。

目前应用于生产实际的工业机器人多为示教再现型机器人,而且计算机控制的工业机器人占有相当比例。带有“触觉”、“视觉”等感觉的“智能机器人”尚处于开发试用阶段。带有一定智能的工业机器人是工业机器人技术的发展方向。目前所使用的工业机器人一般没有“视觉”、“触觉”、“听觉”、“逻辑判断”等机能,所以它不能对所抓取的工件进行识别,并选取所需要的工件,不能进行适应性操作。

工业机器人技术的发展趋势是:

① 提高运动速度和动作精度,减小质量和占用空间,加速机器人功能部件的标准化和模块组合化;将机器人的回转、伸缩、俯仰和摆动等各种功能的机械模块、控制模块和检测模块组合成不同结构和用途的机器人。

② 开发新型结构,如微动机构保证动作精度;开发多关节、多自由度的手臂和灵巧手;研制新型的行走机构,以适应各种作业需要。

③ 研制各种传感器检测装置,如视觉、触觉、听觉和接近觉,用传感器获取有关工作对象和外部环境信息来完成模式识别,并采用专家系统进行问题求解、动作规划,组成计算机控制系统,使机器人能够准确抓住方位在变化的物体;能自动避开障碍物;可根据不同对象自主决定夹持力的大小;并能判断抓取工件的质量等等。这种具有感知、判断能力的机器人是大有发展前途的。

④ 工业机器人的一种新发展方向是机器人与机器人之间或多机器人之间的协调作业。

图 1.20 所示是日本安川公司开发的 MOTOMAN 系列机器人的协调作业系统,其协调控制是由 MRC 系统完成的。这一系统使用了 32 位 CPU 以及既可协调控制又可单机分离作业的性能可靠软件。

我国应用于生产实际的工业机器人,特别是示教再现型机器人不断增多,计算机控制的机器人也有了一定的应用。同时,专家也对智能机器人不断进行基础理论研究和工程样机的研制。随着机器人技术的不断发展,工业机器人的适用性、系列化、标准化工作将进一步展开,我国的机器人技术必将获得飞速发展。

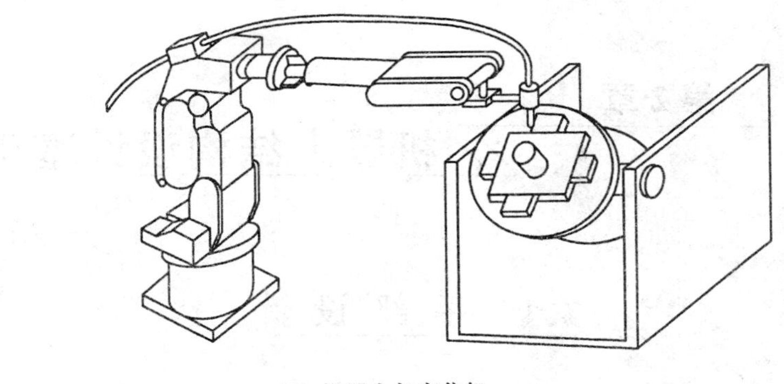

(a) 机器人与变位机

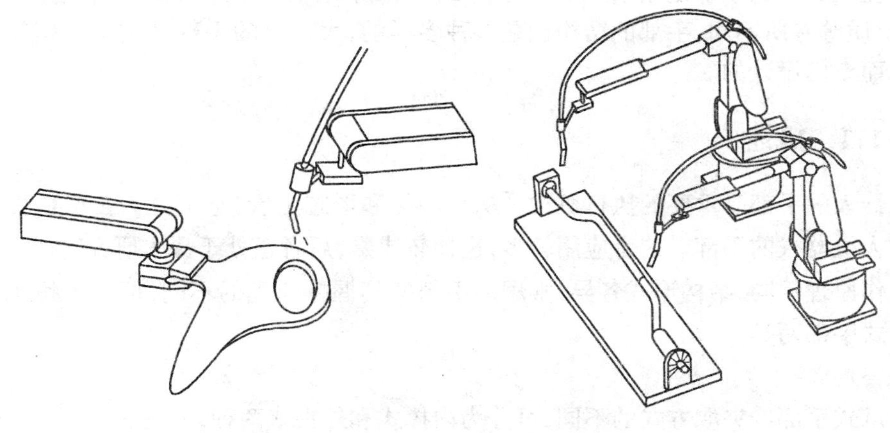

(b) 机器人与机器人

图1.20 协调作业

第2章 机器人结构设计基础

2.1 手部设计

工业机器人的手部是用来抓取工件或工具的部件。由于被抓取的工件的形状、尺寸、质量、材质等有所不同,手部的结构也是多种多样的,大部分的手部结构是根据特定的工件要求而专门设计的。

2.1.1 概述

机器人的手部是重要的执行机构。从其功能和形态上看,它可分为工业机器人的手部和类人机器人的手部。前者应用较多,也比较成熟,后者正处于深入研究阶段。各种手部的工作原理不同,结构形式各异,常用的手部按其握持原理的不同,可分为钳爪式手部和吸附式手部两类。

1.钳爪式

钳爪式手部按夹取方式的不同,可分为内撑式和外夹式两种,如图2.1所示。两者的区别在于夹持工件的部位不同,手爪动作的方向相反。

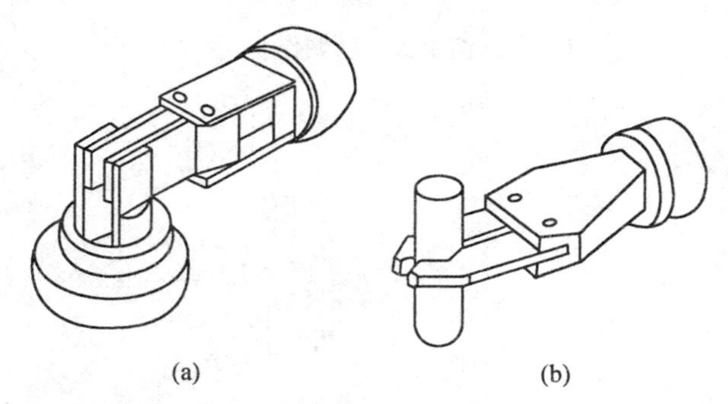

图2.1 钳爪式手部的夹取方式

钳爪式手部从机械结构特征、外观与功用来看,有多种结构形式,下面列出一些不同形式的手部机构。

① 齿轮齿条移动式手爪,如图2.2所示。

② 重力式钳爪,如图2.3所示。

③ 平行连杆式钳爪,如图2.4所示。

④ 拨杆杠杆式钳爪,如图2.5所示。

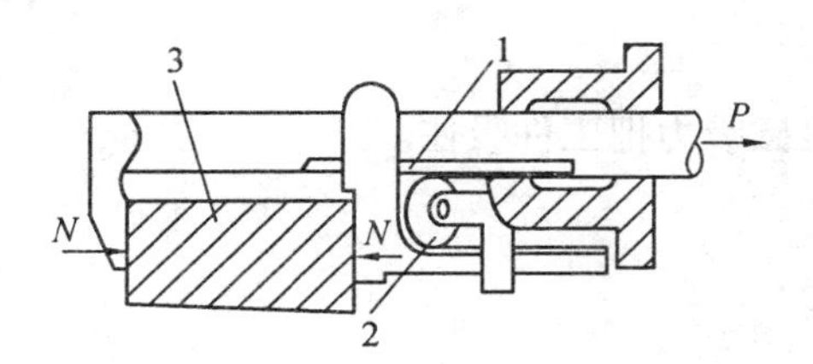

图 2.2 齿轮齿条移动式手爪

1—齿条;2—齿轮;3—工件

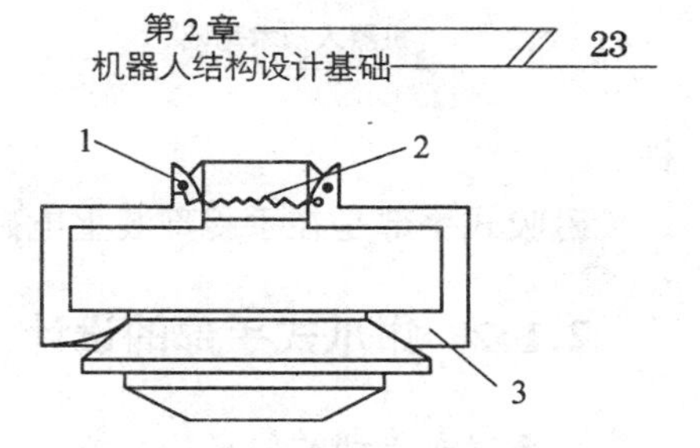

图 2.3 重力式钳爪

1—销;2—弹簧;3—钳爪

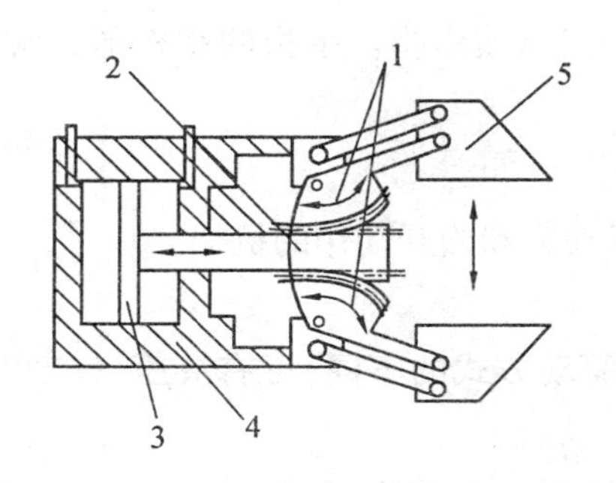

图 2.4 平行连杆式钳爪

1—扇形齿轮;2—齿轮;3—活塞;4—气(油)缸;5—钳爪

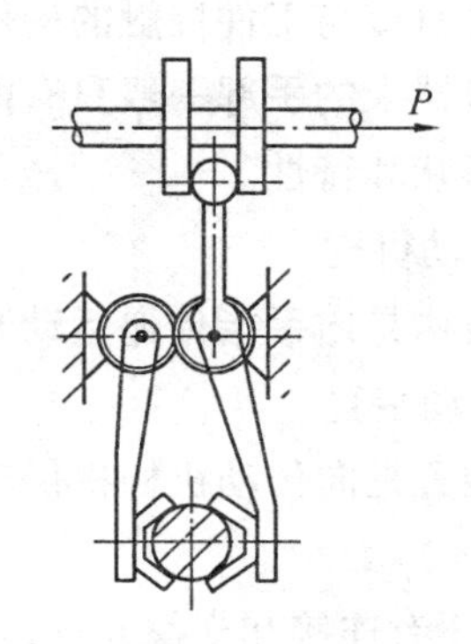

图 2.5 拨杆杠杆式钳爪

⑤ 内撑式三指钳爪,如图 2.6 所示。

⑥ 用于复杂工件的自动调整式钳爪,如图 2.7 所示。

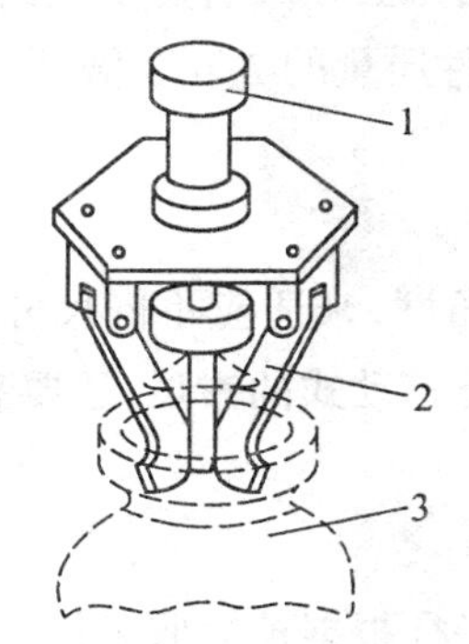

图 2.6 内撑式三指钳爪

1—张闭手指用的电磁铁;2—钳爪;3—工件

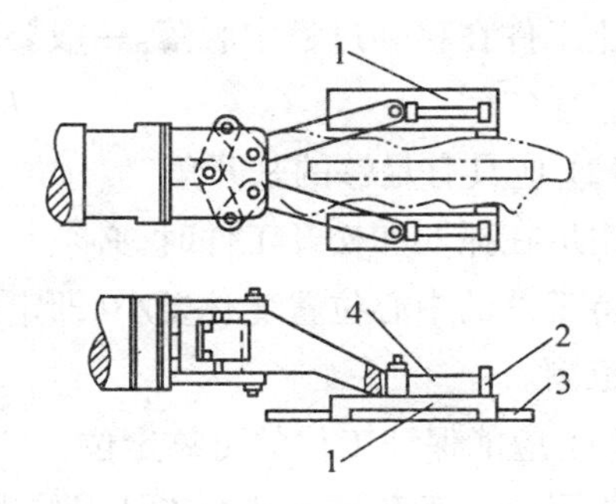

图 2.7 用于复杂工件的自动调整式钳爪

1—把持杆;2—导向头;3—工件;4—板簧

2.吸附式

吸附式手部也主要分为两种,即气吸式和磁吸式。

气吸式是指用负压吸盘吸附工件,按负压产生的方式不同,可分为挤压式和真空式两种。

磁吸式手部是在手腕部装上电磁铁,通过电磁吸力把工件吸住。

2.1.2 钳爪式手部的设计

1.夹钳式手部的组成

一般的夹钳式手部由以下三部分组成。

(1) 手指

手指是直接与工件接触的构件。手部松开和夹紧工件就是通过手指的张开和闭合来实现的。机器人的手部一般只有两个手指,少数为三指或多指。手指的结构形式常取决于工件的形状和特性。

(2) 传动机构

传动机构是向手指传递运动和动力,从而完成夹紧和松开动作的机构。

(3) 驱动装置

驱动装置是向传动机构提供动力的装置。按驱动方式的不同,可有液压、气动、电动等几种。

此外,还有连接和支撑元件,将上述各部分连接成一个整体,并实现手部与机器人腕部的连接。

2.夹钳式手部的设计要点

(1) 应具有足够的夹紧力

机器人的手部机构靠钳爪夹紧工件,并把工件从一个位置移动到另一个位置。考虑到工件本身的质量以及搬运过程产生的惯性力和振动等,钳爪必须具有足够大的夹紧力,才能防止工件在移动过程中脱落。一般要求夹紧力 N 为工件质量的 2 ~ 3 倍,即

$$N = (2 \sim 3) G \tag{2.1}$$

(2) 应具有足够的张开角

钳爪在抓取和松开工件时,必须具有足够大的张开角度,来适应不同尺寸的工件,而且夹持工件的中心位置变化要小(即定位误差要小)。对于移动式的钳爪,还要有足够大的移动范围。

(3) 应能保证工件的可靠定位

为了使钳爪和被夹持的工件保持准确的相对位置,必须根据被抓取工件的形状,选取相应的手指形状来定位,如圆柱形工件多数采用具有“V”形钳口的手指,以便自动定心。

(4) 应具有足够的强度和刚度

钳爪除受到被夹持工件的反作用力外,还受机器人手部在运动过程中产生的惯性力和振动的影响,没有足够的强度和刚度,会发生折断或弯曲变形,因此对于受力较大的钳爪,应进行必要的强度、刚度的校核计算。

(5) 应适应被抓取对象的要求

① 适应工件的形状。工件为圆柱形者,应采用带"V"形钳口的手爪;工件为圆球形状者,应选用圆弧形二指或三指手爪;工件为特殊形状者,应设计成与工件相适应的手爪。

② 适应被抓取部位的尺寸。工件被抓取部位的尺寸尽可能保持不变,若加工尺寸略有变化,那么钳爪应能适应尺寸变化的要求。工件表面质量要求高的,对钳爪应采取相应的措施,如加软垫等。

③ 适应工作位置状况。如工作位置较窄小时,可用薄片形状的手爪。

(6) 应尽量做到结构紧凑、质量小、效率高

手部处于腕部和臂部的最前端,运动状态变化显著,其结构、质量和惯性负荷将直接影响腕部和臂部的结构。因此,手部设计必须力求结构紧凑、质量小和效率高。

(7) 应具有一定的通用性和可互换性

一般情况下,手部都是专用的,为了扩大它的使用范围,提高通用性,以适应夹持不同尺寸和形状的工件的需要,常采用可调整的方法,如更换手指,甚至更换整个手部。也可为手部设计专门的过渡接头,以便迅速准确地更换工具。

3. 钳爪式手部结构举例及其夹紧力的计算

手部机构的结构形式不同,其特点也各不相同。下面仅举几个结构实例及其夹紧力的计算公式供设计时参考。钳爪式手部机构夹持工件的夹紧力是通过驱动装置(液压、气动或电动)所产生的驱动力 P 经过手部机构的传递而产生的。

(1) 齿轮齿条式手部结构(图 2.8)

(2) 平行连杆杠杆式手部结构(图 2.9)

(3) 连杆杠杆式手部结构(图 2.10)

(4) 斜楔杠杆式手部结构(图 2.11)

(5) 滑槽杠杆式手部结构(图 2.12)

2.1.3 吸附式手部的设计

1. 磁吸式手部

(1) 原理与应用

磁吸式手部利用永久磁铁或电磁铁通电后产生的磁力来吸取铁磁性材料工件,磁吸式手部应用也很广泛。磁吸式手部采用电磁吸盘,其结构如图 2.13 所示。线圈通电瞬时,由于空气隙的存在,磁阻很大,线圈的电感和启动电流很大,这时产生磁性吸力将工件吸住,断电后,磁吸力消失工件被松开。若采用永久磁铁作为吸盘,则必须强迫将工件取下。值得注意的是,电磁吸盘只能吸住铁磁性材料制成的工件(如钢铁件),吸不住有色金属和非金属材料的工件,并且被吸取的工件有剩磁,衔铁上常会吸附一些铁屑,导致吸不住工件而妨碍工作,适用于要求不高或有剩磁也无妨的场合。

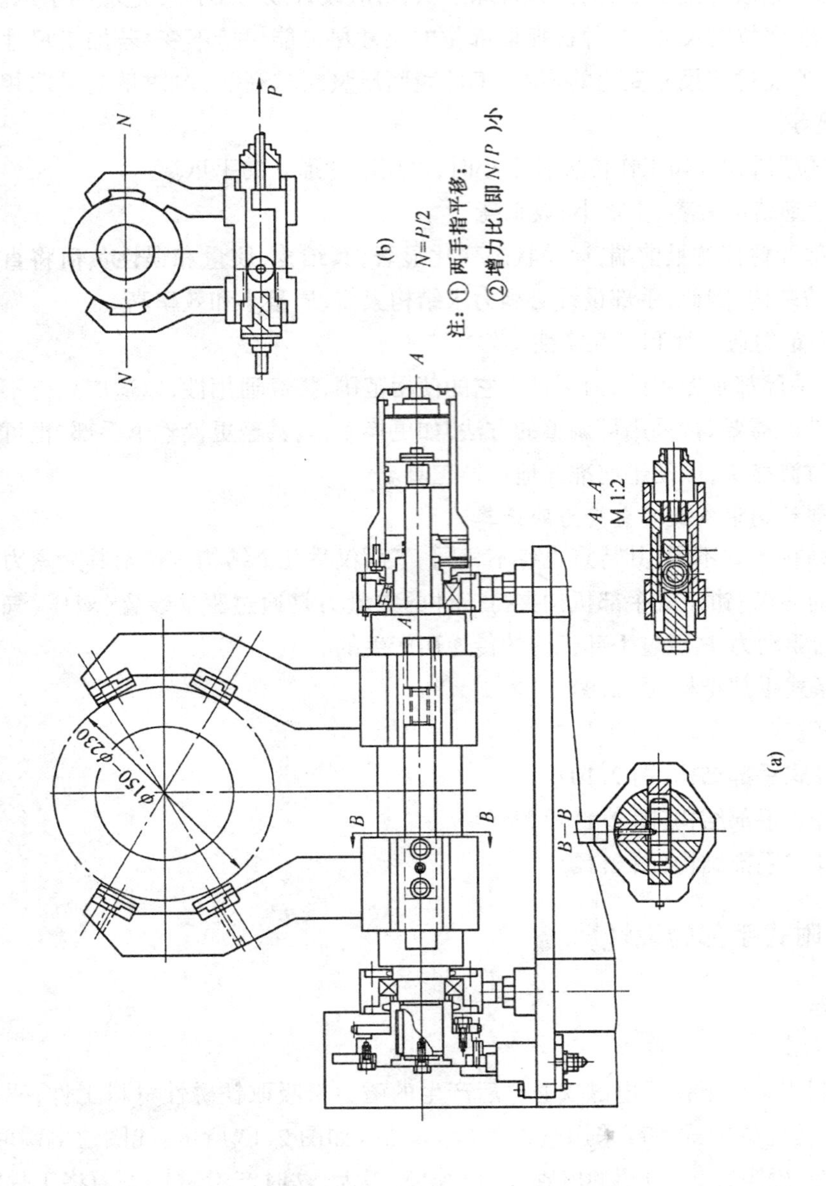

图2.8 齿轮齿条式手部结构

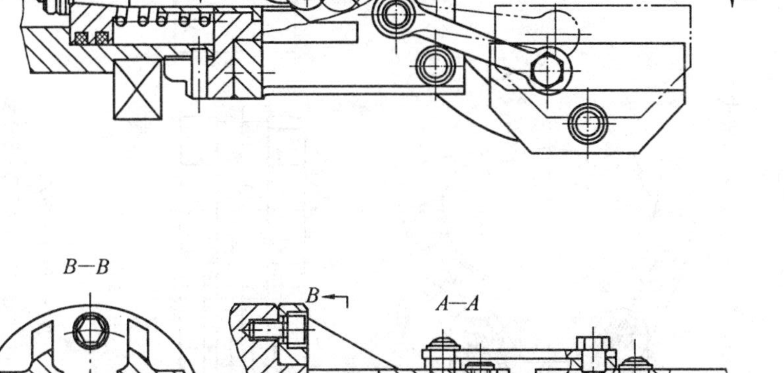

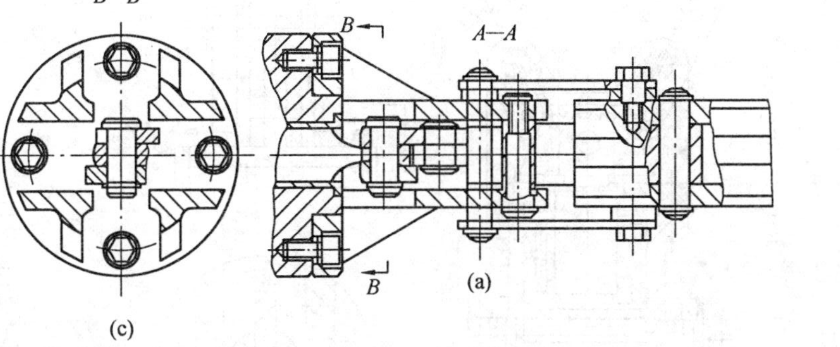

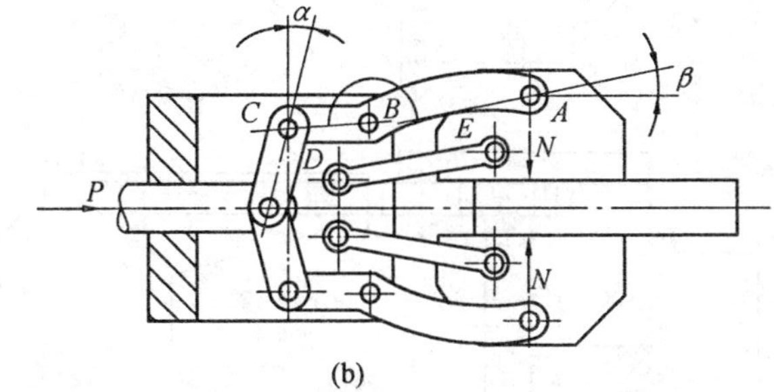

(b)

$N=PL\cos(\alpha+\beta+\gamma)/(2l\sin\alpha\cos\beta)$

注：① $AB=DE, DB=AE$，$L=BC$ 杆长，$l=AB$ 杆长；

② 两手指保持平行；

③ 当α角较小时，可获得较大的增力比

图 2.9 平行连杆杠杆式手部结构

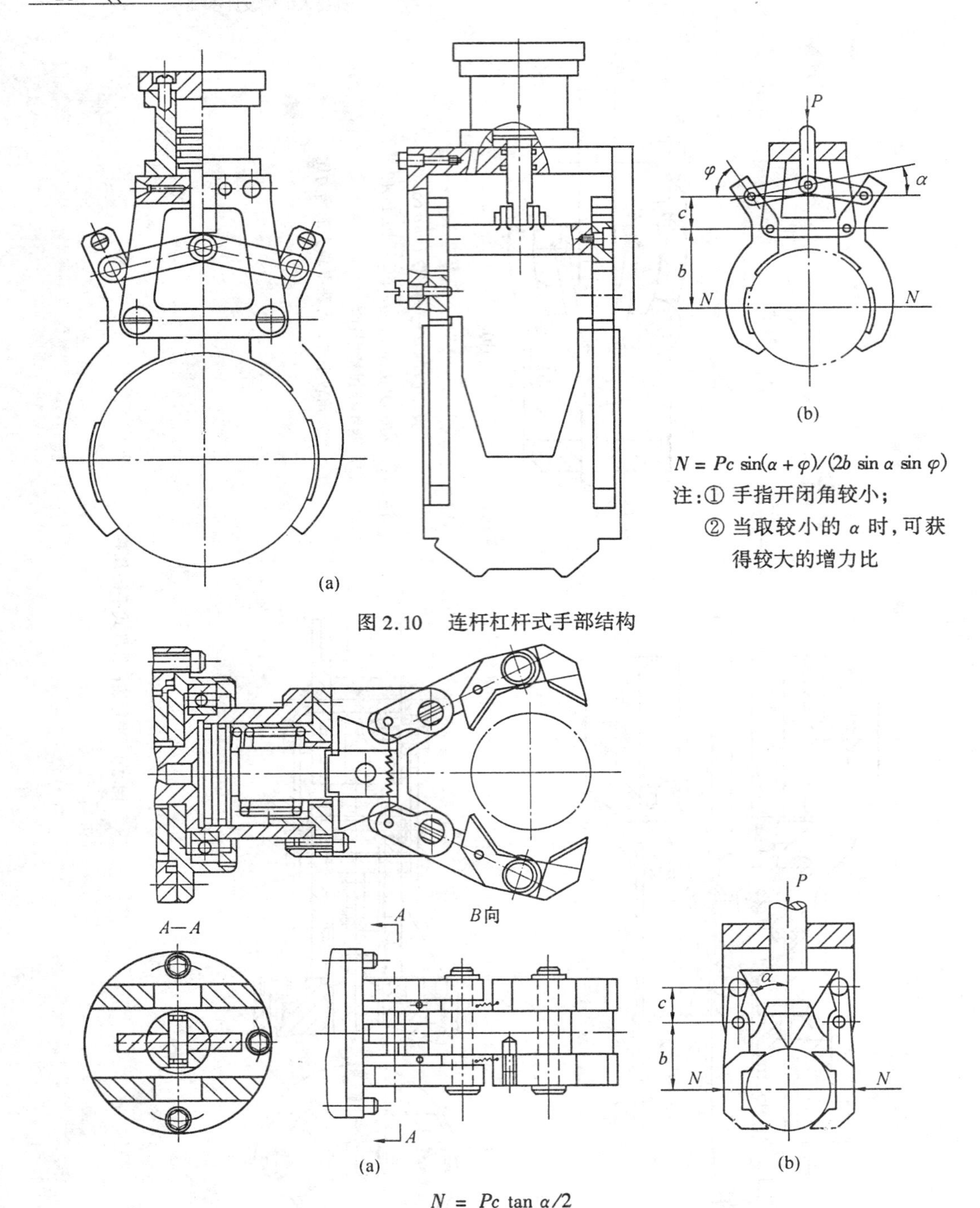

$N = Pc\sin(\alpha+\varphi)/(2b\sin\alpha\sin\varphi)$

注:① 手指开闭角较小;

② 当取较小的 α 时,可获得较大的增力比

图 2.10　连杆杠杆式手部结构

$N = Pc\tan\alpha/2$

图 2.11　斜楔杠杆式手部结构

(2) 磁吸式手部的设计要点

① 应具有足够的电磁吸引力,其力大小应由工件的质量而定。电磁吸盘的形状、尺寸以及线圈一旦确定,其吸力的大小也就基本上确定,吸力的大小可通过改变施加电压进行微调。

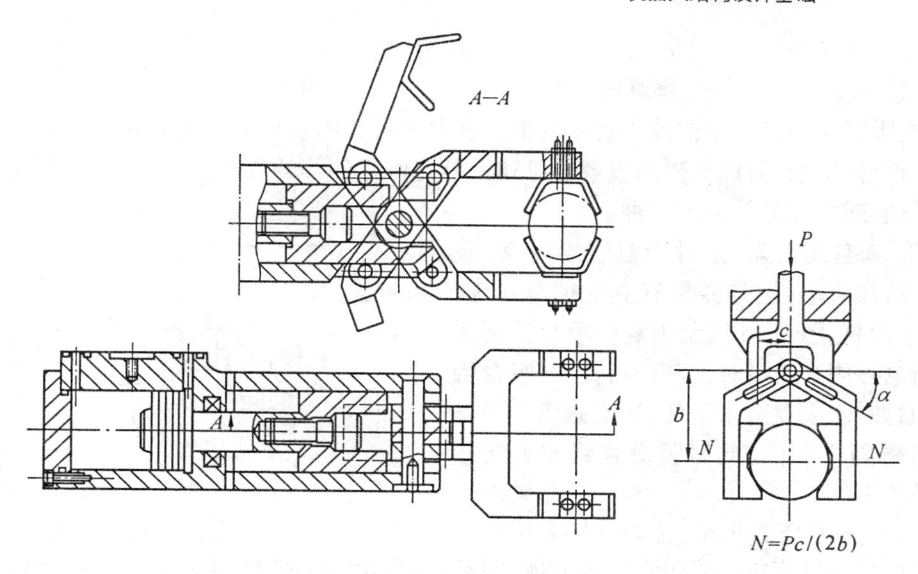

图 2.12　滑槽杠杆式手部结构

② 应根据被吸附工件的形状、大小来确定。电磁吸盘的形状、大小以及吸盘的吸附面应与工件的被吸附表面形状一致。

(3) 电磁吸力的计算

① 直流电磁铁的吸力计算。以“Π”形电磁铁为例，如图 2.13，通入直流电时，根据麦克斯韦吸力公式，其吸力为

$$N = 2\left(\frac{B_0}{500}\right)^2 \cdot S \qquad (2.2)$$

式中　N—— 电磁吸力(N)；

B_0—— 空气隙中的磁感应强度(T)；

S—— 气隙的横截面积，也就是铁心的横截面积(cm^2)。

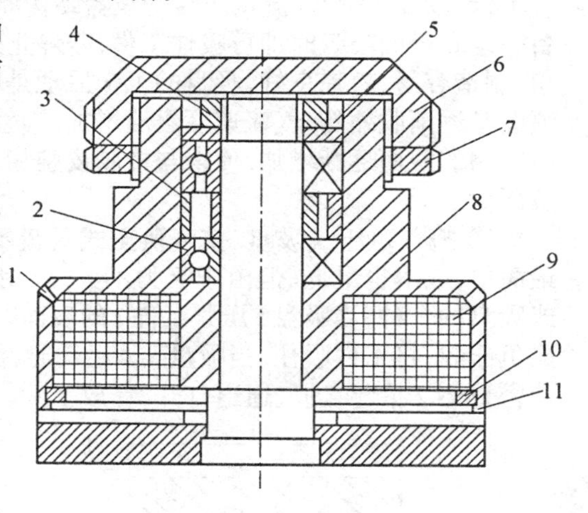

图 2.13　电磁吸盘的结构

1— 出导线孔；2— 轴承；3、5— 垫圈；4、7— 螺母；6— 防尘螺母；8— 外壳体；9— 线圈；10— 防尘盖；11— 磁盘

② 交流电磁铁的吸力计算。对于交流电磁铁，由于通电后磁路中的磁通量是波动的，所以吸力是波动的，其平均吸力(N_a)的计算式为

$$N_a = \left(\frac{B_m}{500}\right)^2 \cdot S \qquad (2.3)$$

式中　B_m—— 空气隙中波动的磁感应强度的最大值。

由于交流电磁铁吸力是波动的，易产生振动，可利用分磁环加以克服。

关于电磁铁的设计计算，可参阅有关参考文献或其他书籍。

2. 气吸式手部

(1) 气吸式手部的工作原理

气吸式手部是利用橡胶皮腕或软塑料腕中所形成的负压而把工件吸住的。适用于薄铁片、板材、纸张、薄而易碎的玻璃器皿和弧形壳体零件等的抓取。按形成负压的方法,可以将气吸式手部分为以下三种。

① 真空式吸盘。这种吸盘吸附可靠、吸力大、结构简单,但是需要有真空控制系统,故成本较高。图 2.14 所示为真空吸盘控制系统,当电磁阀 2 通电时,真空泵管路与吸盘管路接通抽气,吸盘吸附工件,当电磁阀 1 通电时,电磁阀 2 复位,此时吸盘管路与大气接通,释放工件。

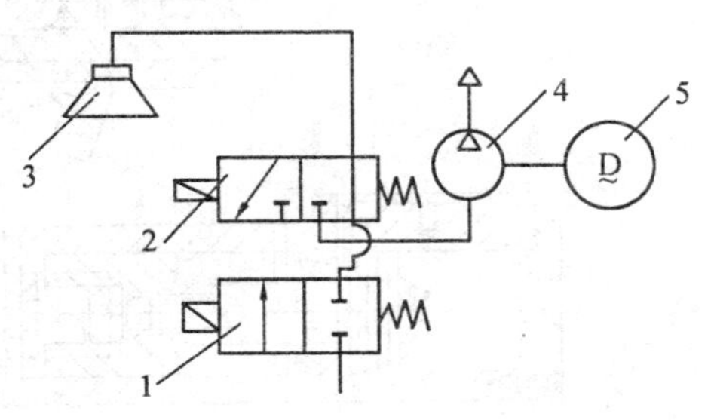

图 2.14 真空吸盘控制系统

1、2— 电磁阀;3— 吸盘;4— 真空泵;5— 电机

② 气流负压式吸盘。工业现场有压缩空气站时,采用气流负压式吸盘比较方便,并且成本低。图 2.15 为气流负压喷嘴吸盘结构原理图。橡胶皮腕用螺纹连接在吸气口处,当配备一定直径的吸盘时即可吸住工件;若停止供气,吸盘则松开工件。这种吸盘结构比较简单,制造容易,效果良好。吸盘的工作原理是利用伯努利效应,当压缩空气刚通入时,由于喷嘴是逐渐收缩的,气流速度逐渐增加,当管路截面收缩到最小时,气流达到临界速度,然后管路的截面逐渐增加,使得与橡胶皮腕相连接的吸气口处,产生很高的气流速度而形成负压。

③ 挤气负压式吸盘。挤气负压式吸盘不需要配备复杂的进排气系统,因此系统构成最简单,成本也最低。但由于吸力不大,仅用于吸附轻小的片状工件。图 2.16 为挤气负压式吸盘的一种,当吸盘 5 压紧工件 1 的表面时,靠挤压力将吸盘内的空气挤出,使吸盘内形成负压腔,将工件吸住。当吸盘架 4 运动时,固定挡块(或外力 P 作用) 碰撞压盖 3 的上部,使密封垫 2 抬起,进气通道打开,释放工件。

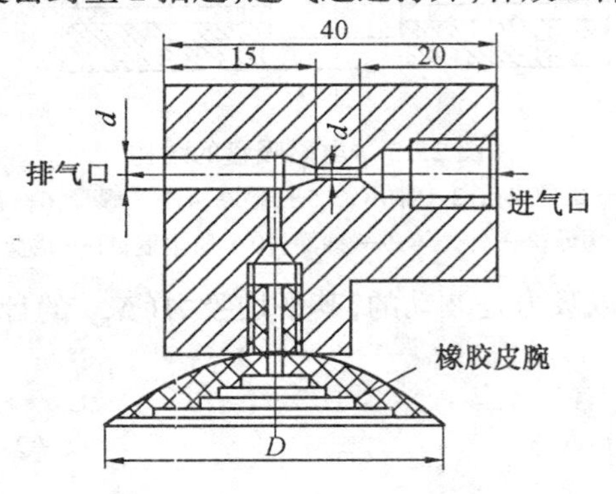

图 2.15 气流负压喷嘴吸盘结构原理图

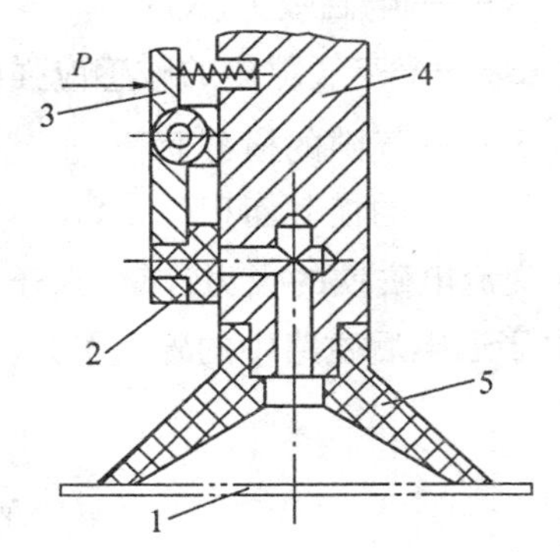

图 2.16 挤气负压式吸盘

1— 工件;2— 密封垫;3— 压盖;4— 吸盘架;5— 吸盘

(2) 气吸式手部的设计要素

① 吸力大小与吸盘的直径大小、吸盘内的真空度(或负压大小) 以及吸盘的吸附面积的大小有关,工件被吸附表面的形状和表面不平度也对其有一定的影响。设计时要充分考虑上述各种因素,以保证有足够的吸附力。

② 应根据被抓取工件的要求确定吸盘的形状。由于气吸式手部多吸附薄片状的工件,故可用耐油橡胶压制不同尺寸的盘状吸头。

(3) 气吸式手部的吸力计算

吸盘吸力的大小主要取决于真空度(或负压的大小)与吸附面积的大小。气流负压式的气流压力与流量、挤压式吸盘内腔的大小等对吸盘均有影响。在计算吸盘吸力时,应根据实际的工作状态对计算吸力进行必要的修正。

对于真空吸盘来说,其吸力 F 的近似计算式为

$$F = \frac{nD^2\pi}{4K_1K_2K_3}\left(\frac{H}{76}\right) \tag{2.4}$$

式中 F—— 吸盘吸力(N);

H—— 真空计读数(真空度,mmHg,1 mmHg ≈ 133 Pa);

n—— 吸盘数量;

D—— 吸盘直径(cm);

K_1—— 安全系数(一般取 1.2 ~ 2);

K_2—— 工况系数;

K_3—— 方位系数。

板料间有油膜时,所需的吸力较大。从模具中取出工件时,要克服工件与模具间的摩擦力,所需吸力也较大。在运动中有惯性力时,吸力的大小要克服惯性力的影响。因此,工况系数的选取要根据实际情况而定,一般可在 1.1 ~ 2.5 的范围内选取。

当吸盘吸附垂直放置的工件时,$K_3 = 1/\mu$(μ 为摩擦系数). 吸盘材料为橡胶、工件材料为金属时,可取 $\mu = 0.5 \sim 0.8$;吸附水平放置的工件时,可取 $K_3 = 1$。

2.1.4 类人机器人的手部 —— 关节式手指

大部分工业机器人的手部只有两个手指,而且手指上一般没有关节。为了使机器人的手臂能完成各种不同的工作,有更大的适应性和通用性,除了要使臂部具有更大的空间活动范围外,还要在其上安装一个更灵巧的手,即类人手。这种手是由若干个带有关节的手指构成的。

图 2.17 为多关节的三指手,其中两个手指有 4 个自由度,另一个手指有 3 个自由度,能够完成伸屈和侧屈运动,手指由圆形管制成,各关节的驱动电机、触觉装置以及导线等都装在管内。

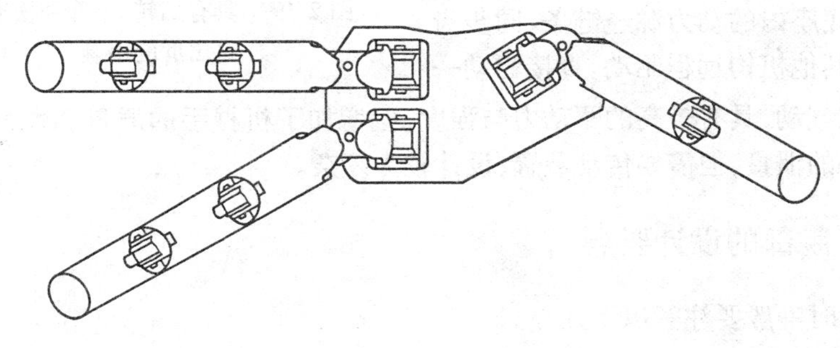

图 2.17 具有多关节的三指手

图 2.18 所示为前南斯拉夫贝尔格莱德大学研制的“贝尔格莱德手”,它是一种电动机

械式的假手,用电源为12 V电池、转速为5 000 r/min的直流电机来驱动。为了增大扭矩,用减速比为10:1的齿轮装置进行减速,在齿轮箱的输出轴上连一蜗轮装置。这个蜗轮装置能够在电机停止时自锁。手指上的力通过装在蜗轮上的连杆来传递。

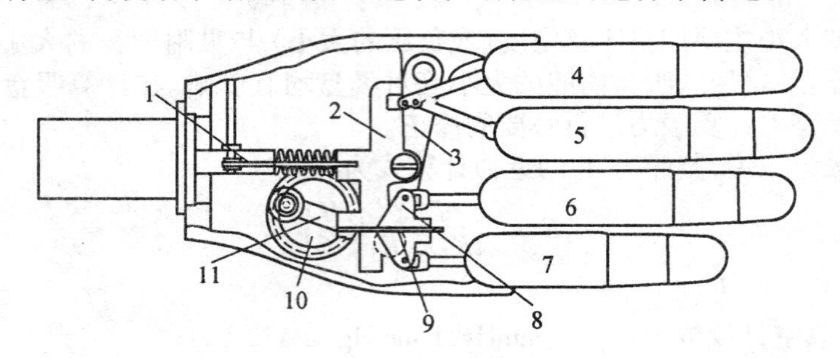

图2.18 贝尔格莱德手

1,9— 适应弹簧;2、3、8— 连杆;4— 食指;5— 中指;6— 无名指;7— 小指;10— 蜗轮;11— 驱动杆

2.2 腕部设计

2.2.1 概述

机器人操作臂将末端工具置于其工作的三维空间内的任意点需要三个自由度。为了进行实际操作,它应该能够将工具置于任意的方位,同时需要一个腕部,一般还需要三个自由度,即回转、俯仰和摆动,如图2.19所示。

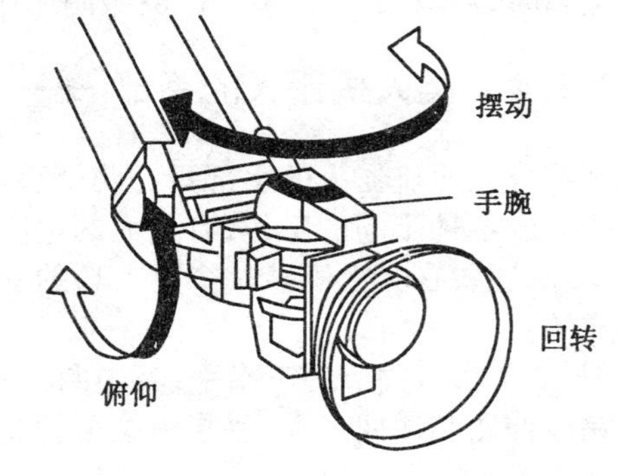

图2.19 具有回转、俯仰和摆动三个自由度的手腕

腕部可具有不同的自由度数目和不同的结构。腕部实际所需要的自由度应根据机器人的工作性能来确定,在多数情况下,腕部具有两个自由度,即回转和俯仰或摆动。

腕部可用安装在连接处的驱动器直接驱动,也可以从底座内的动力源经链条、同步齿形带、连杆或其他机构远程驱动。直接驱动一般采用液压或气动,具有较高的驱动力与强度,但增加了机械手的质量和惯量。远程驱动可降低机械手的惯量,但需要传动装置,设计较为复杂。

2.2.2 腕部的设计要点

腕部设计时一般要注意以下几点。

1.结构应尽量紧凑、质量小

因为手腕处于手臂的端部,并连接手部,所以机器人手臂在携带工具或抓取工件并进行作业或搬运过程中,所受动、静载荷以及被夹持物体及手部、腕部等机构的质量均作用在手臂上,显然,它们直接影响着臂部的结构尺寸和性能,所以在设计手腕时,尽可能使结构紧凑、质量小,不要盲目追求手腕的自由度。对于自由度数目较多以及驱动力要求较大的腕部,结构设计矛盾较为突出,因为对于腕部每一个自由度就要相应配有一套驱动系统,要使腕部在较小的空间内同时容纳几套元件,困难较大。从现有的结构来看,用油(气)缸直接驱动的腕部一般具有两个自由度,用机械传动的腕部可具有三个自由度。

总之,合理地决定自由度数和驱动方式,使腕部结构尽可能紧凑轻巧,对提高手腕的动作精度和整个机械手的运动精度和刚度是很重要的。

2.要适应工作环境的要求

当机械手用于高温作业或在腐蚀性介质中,以及多尘、多杂物黏附等环境中工作时,机械手的腕部与手部等的机构经常处于恶劣的工作条件下,在设计时必须充分考虑它们对手腕的不良影响(如热膨胀,对驱动的压力油的黏度以及其他物理化学性能的影响,对机械构件之间配合、材料性能的影响,对电测电控元件的耐热耐腐蚀性的影响,对活动部分的摩擦状态的影响等),并预先采取相应的措施,以保证手腕具有良好的工作性能和较长的使用寿命。

3.要综合考虑各方面要求,合理布局

手腕除了应保证动力和运动性能的要求,具有足够的刚度和强度,动作灵活准确,以及较好地适应工作条件外,在结构设计中还应全面地考虑所采用的各元器件与机构的特点和特性、作业和控制要求,进行合理布局,处理具体结构,例如,注意解决好腕部与手部、臂部的连接,以及各个自由度的位置检测、管线布置,尤其是通向手部的管线布置,另外还要考虑润滑、维修、调整等问题。

2.2.3 典型的腕部结构

1.直接驱动的腕部结构

(1) 具有回转运动的腕部结构

采用油缸或气缸驱动的只有回转运动的腕部,它具有结构紧凑、体积小、动作灵活等优点,因此被广泛采用。但密封较困难,且回转角度小于360°。图2.20所示是具有回转缸的最简单的腕部结构之一。

当压力油从主视图右下部管道通入时,使动片4(从 $A—A$ 剖面图看)带着回转轴3回转,从而使与其相连的手部5回转,动片转至与定片2接触时定位。当压力油从另一侧进入回转缸1时,动片带动手部作相反方向回转直到与定片的另一侧面接触而定位,回转角度由动片和定片的接触位置情况决定。

设计这种机构时,要注意手部夹持动作的驱动,气、液宜通过腕部的中心,以便控制。图2.20所示结构是向右上部的管孔中通入压力油液、经回转轴3的中心孔道驱动手部活塞完成夹持动作的。

(2) 具有回转和摆动运动的腕部结构

图2.21所示的腕部能回转和摆动。它采用两个回转缸5、8,$A—A$ 剖面为腕部摆动回转缸,工作时动片6带动摆动回转缸5使整个腕部绕固定中心轴3摆动,$B—B$ 剖面为腕部回转缸,工作时动片6带动中心轴2实现腕部的回转运动。

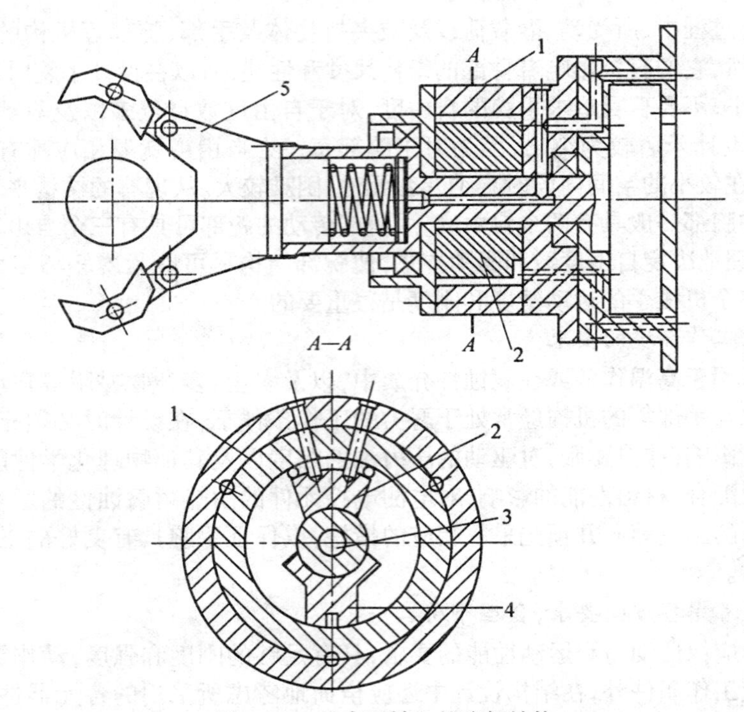

图 2.20 具有回转缸的腕部结构

1— 回转缸；2— 定片；3— 回转轴；4— 动片；5— 手部

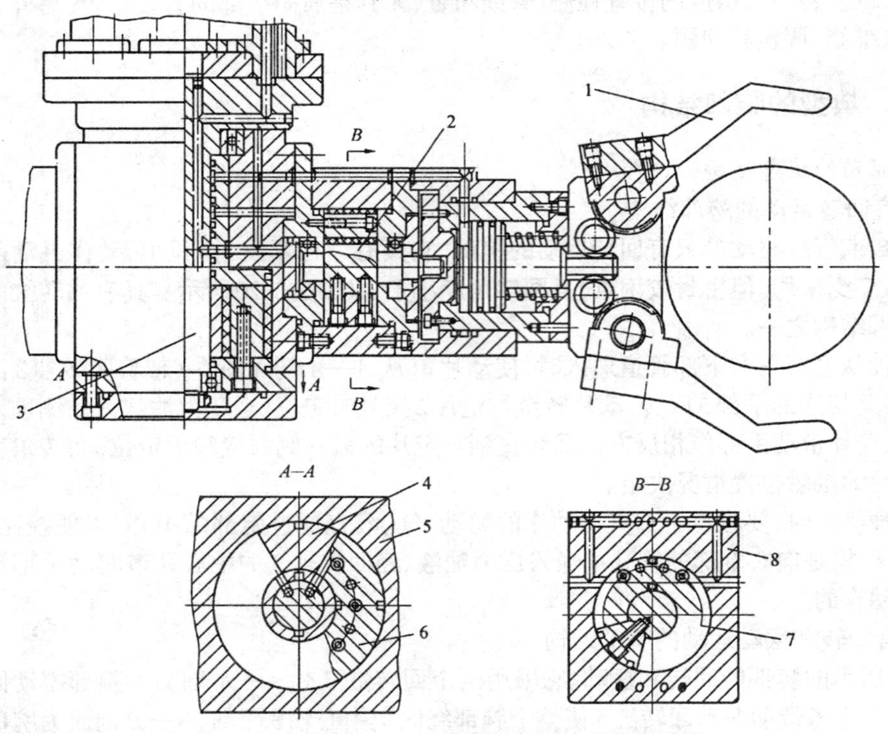

图 2.21 具有回转与摆动的腕部结构

1— 手部；2— 中心轴；3— 固定中心轴；4— 定片；5— 摆动回转缸；6— 动片；7— 回转轴；8— 回转缸

2. 具有机械传动的腕部结构

(1) 具有两个自由度机械传动的腕部结构

图2.22为具有两个自由度机械传动腕部结构,它可进行腕部的俯仰运动和手部的回转运动,其运动分析如下。

① 腕部的俯仰运动如图2.22所示,油缸2驱动链条(双列)链轮3(链条另一端有张紧轮1)经锥齿轮4、5和滚珠花键轴11将运动传给轴B,再经锥齿轮23、20将运动传给锥齿轮21,锥齿轮21与22相啮合,而齿轮22固定在齿轮箱上不能回转,故21就绕22的中心线B_1轴回转,从而带动轴绕轴回转,又因B_2轴与腕前壳体固定,所以就带动手腕绕B_1轴作俯仰运动。

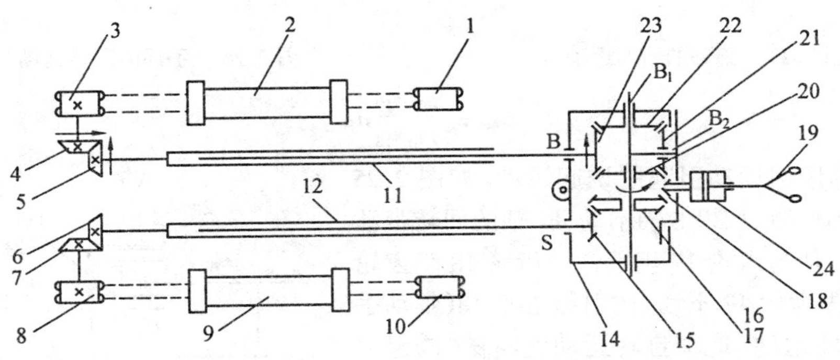

图2.22 具有两个自由度机械传动的腕部结构原理

当S轴不动时,腕部俯仰回转速度即B_1轴的回转速度计算如下。

设腕部俯仰速度为n_{B_1},轴输入的转速为n_B,齿轮齿数用z表示,且$z_{20}=z_{22}=z_{23}$,回转方向如图2.23所示,则有

$$i_{20,22}=\frac{n_{20}-n_{B_1}}{n_{22}-n_{B_1}} \tag{2.5}$$

因为$n_{22}=0$,所以

$$i_{20,22}=1-\frac{n_{20}}{n_{B_1}}=-\frac{z_{22}}{z_{20}} \tag{2.6}$$

又因$z_{22}=z_{20}$,由式(2.6)得

$$n_{B_1}=\frac{n_{20}}{2} \tag{2.7}$$

另外,由图2.22可列出

$$i_{23,20}=\frac{n_B}{n_{20}}=\frac{z_{20}}{z_{23}}=1 \tag{2.8}$$

由式(2.7)、(2.8)最后得到

$$n_{B_1}=\frac{z_{23}}{2z_{20}}n_B=\frac{n_B}{2} \tag{2.9}$$

② 手部的回转运动。如图2.22所示,当B轴不动时,油缸9驱动链条链轮8运动,经锥齿轮7、6传给花键轴12,再经轴S、锥齿轮15、16、17传给18,驱动手部24作回转运动,运动

方向如图 2.24 所示，其传速比的计算式为

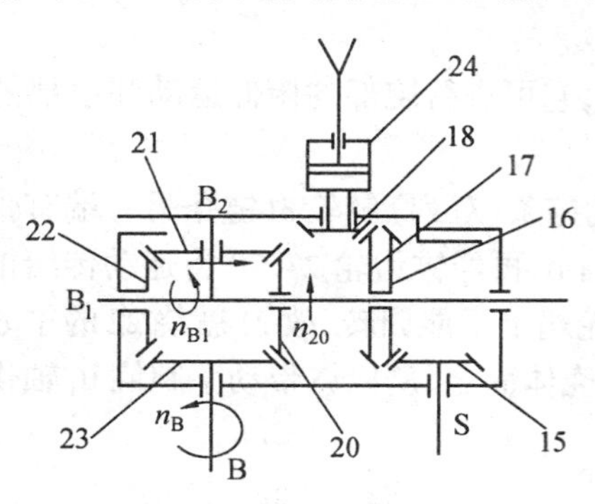

图 2.23 腕部的俯仰运动

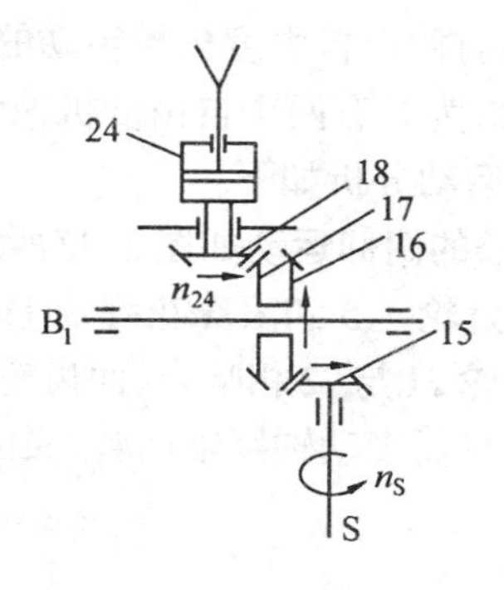

图 2.24 手部的回转运动

$$n_{24} = \frac{z_{15}z_{17}}{z_{16}z_{18}}n_S \tag{2.10}$$

③ 腕部俯仰运动引起的诱起运动。如图 2.25 所示，手腕俯仰时，如果 S 轴不动，B_1 轴的回转带动手部的俯仰，使与齿轮 17 相啮合的齿轮 18 绕齿轮 17 运动，因为齿轮 17 不动，故引起齿轮 18(带动手部 24) 作自转运动，这个自转运动就叫做“诱起运动”，其运动速度计算如下。

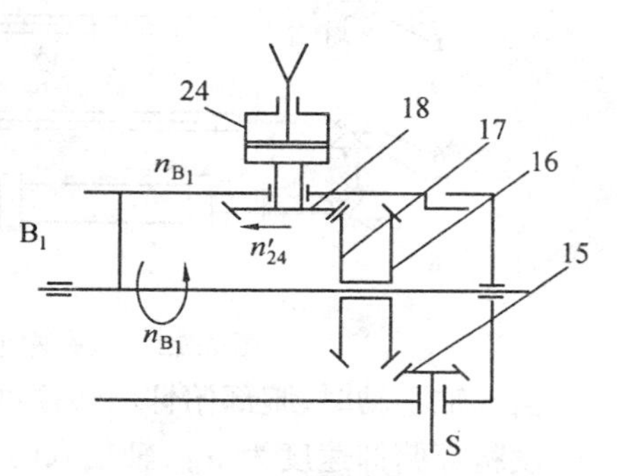

图 2.25 诱起运动

设手部 24 诱起运动速度为 n'_{24}，则

$$n'_{24} = \left(1 + \frac{z_{17}}{z_{18}}\right)n_{B_1} \tag{2.11}$$

(2) 具有三个自由度机械传动的腕部结构

图 2.26 为具有三个自由度机械传动的腕部机构原理图，此机构具有三根传动轴 B、T、S，可作腕部俯仰、手部回转和腕部回转运动，其运动分析如下。

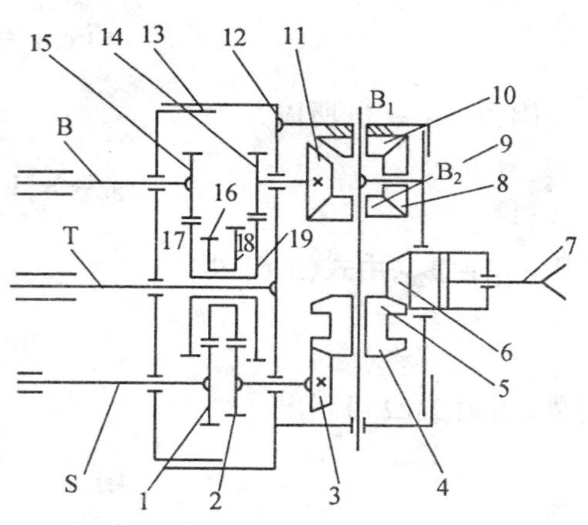

图 2.26 具有三个自由度机械传动的腕部机构原理图

① 腕部俯仰运动及诱起运动。当只有 B 轴回转时，通过圆柱齿轮 15、17、19、14 传至锥齿轮 11，又经锥齿轮 9 传给锥齿轮 8，锥齿轮 8 与固定在回转壳体 12 上的锥齿轮 10 相啮合，如果 T 与 S 轴不转动，锥齿轮 8 就带动 B_2 轴绕 B_1 轴中心线作俯仰运动，其俯仰运动的速度计算如下。

设手腕俯仰速度为 n_{B_1}，B 轴转速为 n_B，则

$$i_{B,9} = \frac{n_B}{n_9} = \frac{z_{17}z_{14}z_9}{z_{15}z_{19}z_{11}} \tag{2.12}$$

$$n_9 = \frac{z_{15}z_{19}z_{11}}{z_{17}z_{14}z_9} n_B \tag{2.13}$$

由式(2.17)、(2.13)可得

$$n_{B_1} = \frac{n_9}{2} = \frac{z_{15}z_{19}z_{11}}{2z_{17}z_{14}z_9} n_B \tag{2.14}$$

腕部俯仰运动引起的诱起运动，即手部的自转运动，如图2.27所示。当T、S轴不动时，锥齿轮5不动；当腕部作俯仰运动时，锥齿轮6绕5作回转运动，即诱起的手部自转运动，其运动速度 n'_7 的计算式为

$$n'_7 = \left(1 + \frac{z_5}{z_6}\right) n_{B_1} \tag{2.15}$$

其运动方向如图2.27所示。

② 腕部回转运动及其诱起运动如图2.26所示，如B、S轴均不动，T轴转动驱动壳体12绕T轴中心线回转，这样就实现了腕部回转，其回转速度就是T轴的回转速度 n_T。

该回转运动还会引起腕部俯仰和手部回转等诱起运动。从图2.28和图2.29可导出诱起运动速度为

$$n'_{B_1} = \frac{z_{11}(z_{19} + z_{14})}{2z_9z_{14}} n_T \quad \text{(运动方向如图 2.28)} \tag{2.16}$$

$$n''_7 = \frac{z_{11}(z_{19} + z_{14})(z_5 + z_6)}{2z_9z_{14}z_6} n_T \quad \text{(运动方向如图 2.28)} \tag{2.17}$$

$$n'''_7 = \frac{z_3z_5(z_{18} + z_2)}{z_2z_4z_6} n_T \quad \text{(运动方向如图 2.29)} \tag{2.18}$$

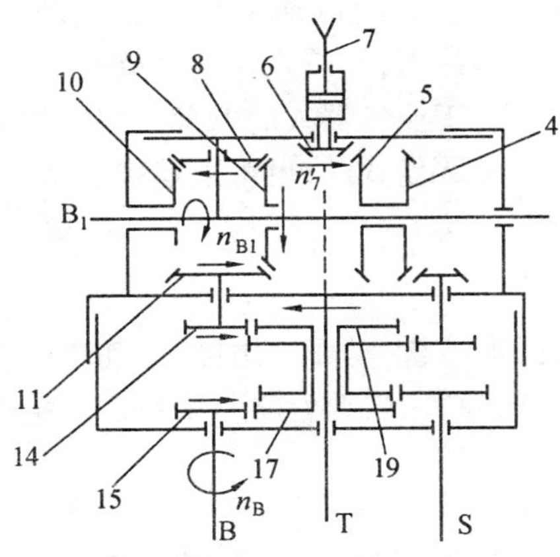

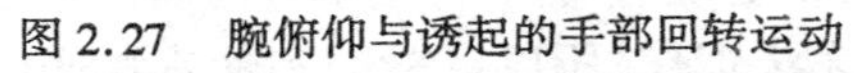
图2.27 腕俯仰与诱起的手部回转运动

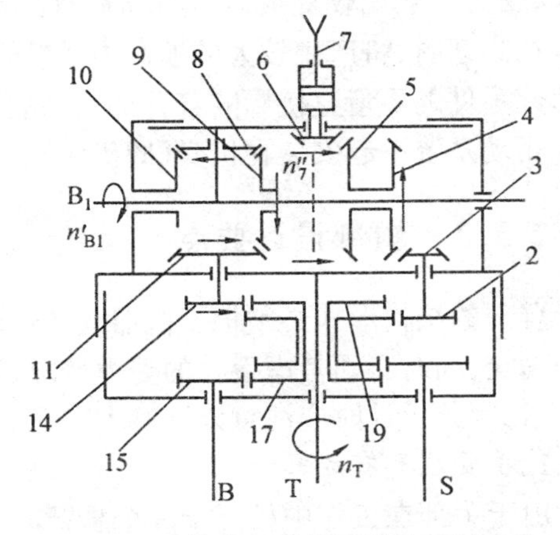

图2.28 腕俯仰与手部回转的诱起运动

③ 手部回转运动。如图2.26和图2.30所示，当B、T轴不动时，S轴作回转运动，经过齿轮1、16、18、2、3、4、5，将S轴的回转运动传给手部锥齿轮6，实现手部回转运动。其回转速度 n_7 的计算式为

$$n_7 = \frac{z_1 z_3 z_5 z_{18}}{z_2 z_4 z_6 z_{16}} n_S \tag{2.19}$$

手部回转运动的方向如图 2.30 所示。

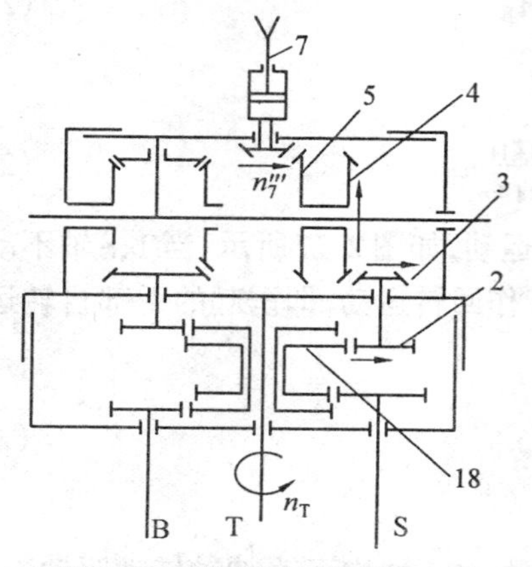

图 2.29 腕部回转的诱起运动

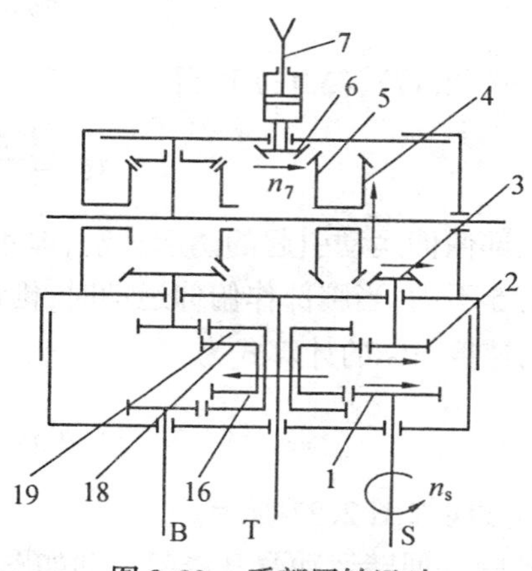

图 2.30 手部回转运动

2.3 臂部设计

臂部是工业机器人的主要执行部件,其作用是支撑手部和腕部,并改变手部的空间位置。

2.3.1 概述

工业机器人的臂部一般有 2 ~ 3 个自由度,即伸缩、回转、俯仰或升降;臂部的总质量较大,受力一般比较复杂,在运动时,直接承受腕部、手部和工件(或工具) 的静、动载荷,尤其在高速时,将产生较大的惯性力或惯性力矩而引起冲击,影响定位的准确性。臂部运动部分零件的质量直接影响着臂部结构的刚度和强度,工业机器人的臂部一般与控制系统和驱动系统一起安装在机身(即机座) 上,机身可以是固定式的,也可以是移动式的。

2.3.2 臂部设计要点

臂部的结构形式必须根据机器人的运动形式、抓取质量、动作自由度、运动精度等因素来确定,同时必须考虑手臂的受力情况、导向装置的布置、内部管路与手腕的连接形式等因素,因此设计时应注意以下基本问题。

1. 手臂应具有足够的承载能力和刚性

由于手部在工作中相当于一个悬臂梁,如果刚性差,会引起手臂在垂直面内的弯曲变形和侧向扭转变形,从而导致臂部产生颤动,以至无法工作。所以手臂的刚性直接影响手臂在工作中允许承受的载荷、运动的平稳性、运动速度和定位精度。因此在必要时应进行刚度计算。为防止臂部在运动过程中产生过大的变形,手臂的截面形状的选择要合理。工字形截面的弯曲刚度比圆截面要大,空心管的弯曲刚度和扭转刚度都比实心轴要大得多,所以常选用钢管作为臂的运动部分(臂杆)和导向杆,用工字钢和槽钢作支撑板。

2. 导向性好

为了在直线移动过程中,不致发生相对转动,以保证手部的方向正确,应设置导向装置或设计方形、花键等形式的臂杆。导向装置的具体结构形式一般应根据负载大小、手臂长度、行程以及手臂的安装形式等因素来决定。导轨的长度不宜小于其间距的2倍,以保证导向性。

3. 运动要平稳、定位精度要高,质量和运动惯量要减小

要使运动平稳,定位精度高,首先应注意减小偏重力矩,所谓偏重力矩,就是指臂部(包括手部和被夹物体)的质量对机身立柱(即对其支撑回转轴)所产生的静力矩。偏重力矩过大,易使臂部在升降时发生卡死或爬行,因此应注意减小偏重力矩,尽量减小臂部运动部分的质量,使臂部的重心与立柱中心尽量靠近,此外还可以采取"配重"的方法来减小和消除偏重力矩。

2.3.3 臂部的结构形式

工业机器人的臂部结构一般包括臂部的伸缩、回转、俯仰或升降等运动结构以及与其有关的构件,如传动机构、驱动装置、导向定位装置、支承连接件和位置检测元件等,此外还有与腕部(或手部)连接的有关构件及配管、线等。

1. 圆柱坐标机器人的臂部结构

美国机床与铸造公司(AMF)设计制造的机器人"Versatran"是具有代表性的圆柱坐标型机器人,其臂部具有回转、升降和伸缩自由度,回转运动通过齿轮齿条缸驱动齿轮回转来实现,升降与伸缩分别由升降油缸和伸缩油缸驱动。图2.31所示的臂部的回转采用液压马达驱动蜗轮蜗杆机构,其结构刚性比"Versatran"机器人采用的齿轮齿条缸的方式要好。升降运动采用的是活塞杆固定、油缸移动的方式。

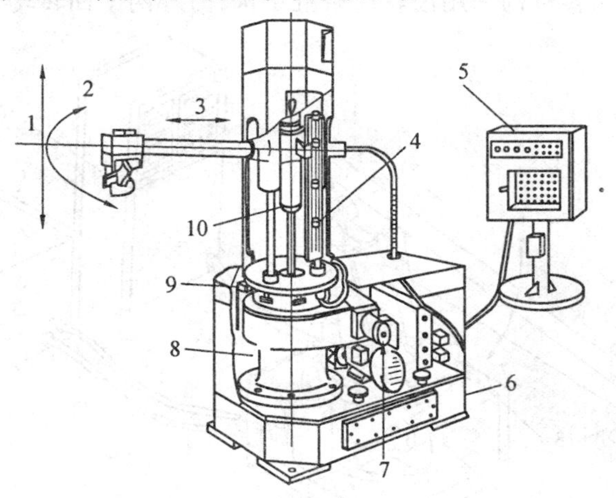

图2.31 圆柱坐标机器人的臂部结构

1— 升降;2— 回转;3— 伸缩;4— 升降位置检测器;5— 控制器;6— 液压源;
7— 回转机构;8— 机身;9— 回转位置检测器;10— 升降缸

2.极坐标机器人的臂部结构

极坐标机器人的臂部机构如图2.32所示。臂部回转采用齿轮齿条缸，臂部俯仰、臂部伸缩均采用直线油缸，其余结构如图中所示。

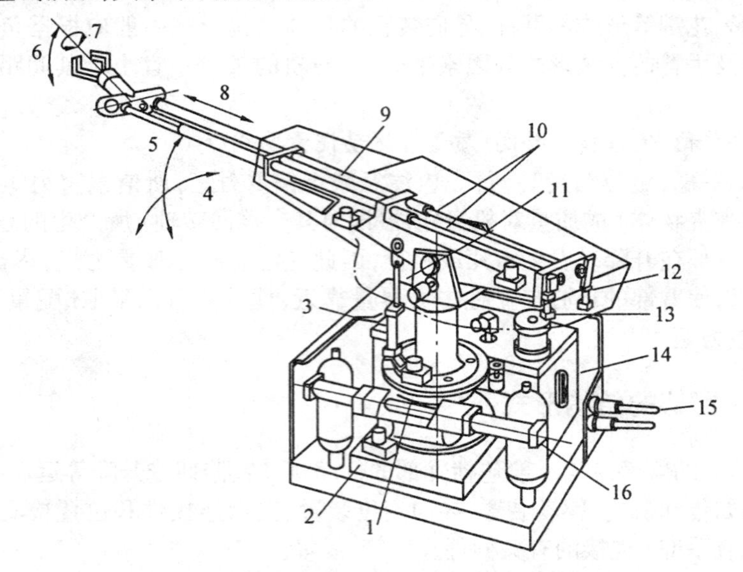

图2.32 极坐标型机器人的臂部结构

1— 回转用齿轮齿条副；2— 机身；3— 俯仰缸；4— 臂回转；5— 俯仰；
6— 上下弯曲；7— 回转；8— 伸缩；9— 伸缩缸；10— 花键轴；11— 俯仰回转轴；
12— 手腕回转用油缸；13— 手腕弯曲油缸；14— 液压源；15— 接控制柜；16— 回转齿条缸

3.多关节型机器人的臂部结构之一

图2.33所示为多关节型机器人的结构图，喷漆机器人多采用该结构类型，其臂部有三个回转运动，大臂回转机构采用齿轮齿条缸结构，另外两个回转均采用铰接油缸驱动。

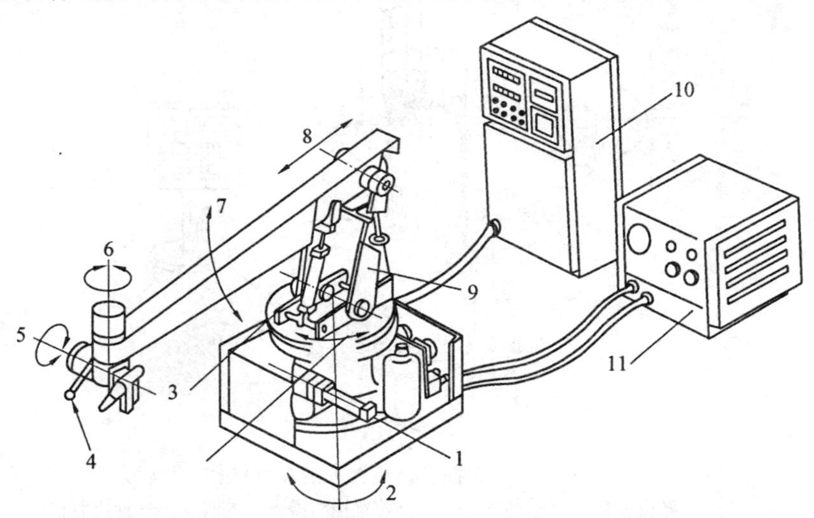

图2.33 多关节型机器人的臂部结构之一

1— 回转用油缸；2— 臂回转；3— 臂俯仰缸；4— 示教手柄；5— 腕弯曲；6— 腕摆动；
7— 臂俯仰；8— 臂前后运动；9— 连杆；10— 控制柜；11— 液压源

4. 多关节型机器人的臂部结构之二

图2.34所示属于水平多关节型机器人，是SCARA型机器人的一种形式，用上、下回转轴可以调整臂部的高低位置。水平回转6和水平回转3分别由马达M_1和M_2通过谐波齿轮减速器驱动。腕部回转4和上下运动5分别由马达M_3和M_4来驱动。

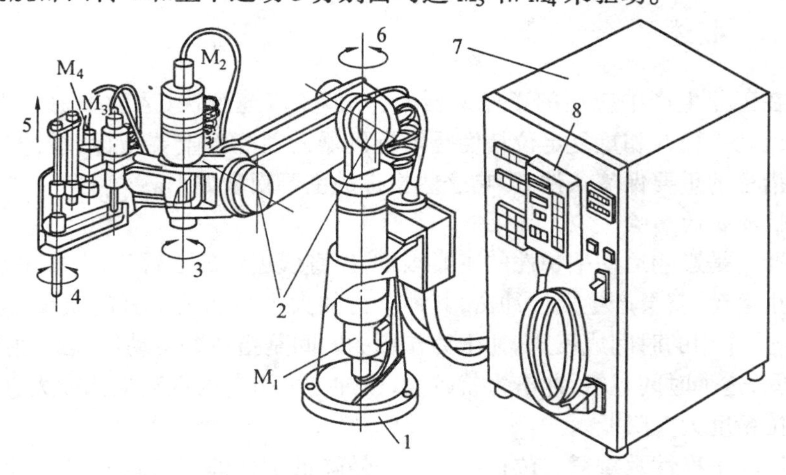

图2.34 多关节型机器人的臂部结构之二

1— 机座；2— 回转轴；3— 水平回转M_2；4— 腕回转M_3；
5— 腕上下运动M_4；6— 水平回转M_1；7— 控制柜；8— 示教盒

5. 多关节型机器人的臂部结构之三

图2.35所示的多关节型结构是仿人手臂的一种，所有动作均由电机驱动，具有人手臂的主要功能。

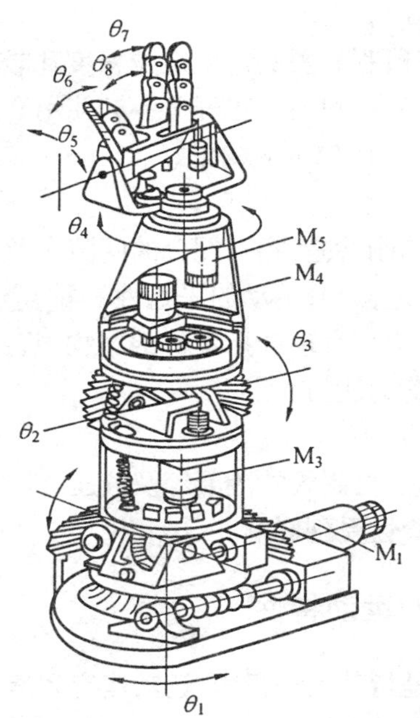

图2.35 多关节型机器人的仿人手臂结构

θ_1— 肩回转；θ_2— 肩弯曲；θ_3— 肘弯曲；θ_4— 腕回转；θ_5— 腕弯曲；θ_6、θ_7、θ_8— 手指弯曲

2.4 缓冲与定位

2.4.1 概述

对于在工业生产中应用的工业机器人，一般要求速度快、运动平稳且重复定位精度高，因此，运动平稳性和重复定位精度是衡量机器人性能的重要指标，缓冲与定位装置是上述性能指标的重要保障条件。影响这些指标的主要因素如下。

1. 惯性冲击的影响

惯性冲击是影响运动平稳性的主要因素。以直线运动的手臂为例，如果让它在很短的时间内停止运动，就会产生惯性冲击，其冲击力的大小与运动手臂的质量、运动速度成正比，与冲击力作用的时间成反比。冲击力作用的时间是指手臂运动从其运动速度降至“零”所用的时间，这个时间越短，冲击力就越大，由冲击力引起的振动也比较大，使运动平稳性及重复定位精度大大降低。

提高运动平稳性及重复定位精度的方法是降低工作速度，减小臂部运动部件的总质量或延长冲击力的作用时间。如果手臂工作的大部分用比较高的速度运动，而在接近定位终点前的一段行程(比如 10 mm) 内让运动速度迅速降低，就可以达到速度快而无冲击的目的。如果能使手臂运动速度在定位终点接近于零，则冲击力的大小就接近于零。在手臂运动的有限的短行程内(10 mm)，由很高的速度(500 ~ 1 000 mm/s) 降到零比较困难，但采用定位缓冲手段将其运动速度迅速降下来是可能的。

2. 定位方法的影响

常用的定位方法中，电气行程开关的重复定位精度比较低，一般为 ± 3 ~ ± 5 mm；而机械挡块的重复定位精度很高(一般与行程开关一起使用)，最高可达 ± 0.02 mm。采用闭环伺服系统，其定位精度可达 ± 0.01 mm 或更好。

3. 结构刚性的影响

当工业机器人的零件结构刚性差、相互配合的间隙大及整机的固有振动频率低时，受到惯性冲击力的作用，就会引起振动，运动的平稳性和重复定位精度就会降低，而且还会降低机器人的使用寿命。因此应该合理选择零件的结构，提高其结构刚性，以提高整机的固有振动频率和承受惯性载荷的能力。

4. 控制及驱动系统的影响

电气控制系统的控制误差、控制阀的泄漏等及液压、气压、电压及油温等的波动，都会使重复定位精度和运动的平稳性受到影响。

2.4.2 工业机器人的运动特性

工业机器人的运动特性是指其运动行程、运动速度和运动加速度随时间变化的规律。分析机器人运动特性的目的在于根据工作条件来选择适当的运动特性。图 2.36 是工业机器人常用的几种典型运动特性曲线。

按曲线1运动时，是等加速、等速、等减速规律的运动，启动加速及减速时间短，有利于提高工作速度，但由于加速减速变化不连续，定位时有柔性冲击。

按曲线2运动时，启动加速度逐渐增大，然后按等速运动，减速时的加速度开始最大，定位时趋近于零，不发生明显的冲击，有利于提高定位精度，但减速时间长，平均速度较低。

按曲线3运动时，加速度按正弦曲线变化，加速度的峰值很大，但它处于连续的变化之中，不会发生冲击现象，可允许的中间段的运动速度很高。这种运动特性能够满足工作速度快、运动平稳、定位精度高的要求，然而这种特性有时很难获得。

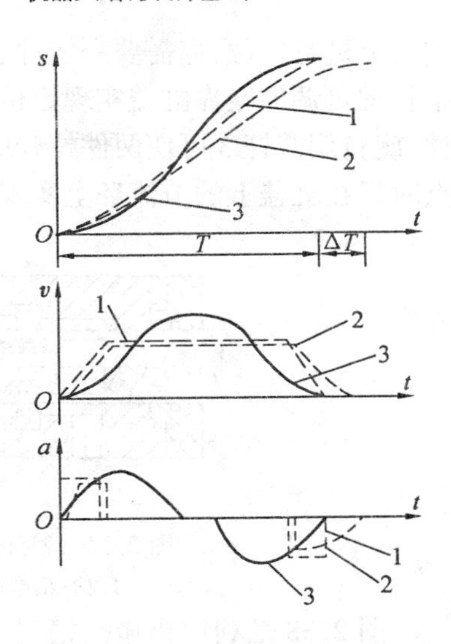

图2.36　工业机器人常用的几种典型运动特性曲线

对于机器人的运动特性，可以综合运用以上几种运动规律，其应用原则是：启动时将加速度限制在不引起机械振动的数值之内；定位瞬间，加速度的绝对值越小越好。因启动时一部分能量消耗于克服静态惯性及摩擦阻力，同时由于油路、气路或电路启动时的加速度多在允许的范围内，故一般无须设置加速度控制系统。减速时，机器人运动部件有相当大的动能，若紧急制动，必定产生剧烈冲击，所以一般要加缓冲控制系统。

2.4.3　工业机器人的定位方法

在机械加工、装配等的作业中，对机器人的定位精度要求比较高。设计时应根据具体的要求选择适当的定位方法。目前常用的定位方法有：电气开关定位、机械挡块定位和伺服系统定位。

1.电气开关定位

电气开关定位是利用有触点或无触点的电气开关作行程的检测元件，在机械手运行到定位点时，行程开关发出信号，切断动力或接通制动器，从而使机械手定位在指定的位置。

液压驱动机械手运行至定位点时，行程开关发出信号，电控系统控制电磁换向阀关闭油路而实现定位。电机驱动的机械手需要定位时，根据行程开关的信号，电气系统激励电磁制动器进行制动而定位。使用电气开关定位的机械手，结构简单、工作可靠、维修方便，但由于受到惯性力、油温波动和电控系统误差等因素的影响，重复定位精度比较低。

2.机械挡块定位

机械挡块定位是在行程的终点设置机械挡块，当机械手减速运动到终点时，紧靠挡块而定位，若定位前缓冲较好，定位时驱动压力未撤除，在驱动压力作用下，运动件紧压在机械挡块上，从而获得很高的定位精度。若定位时去掉了驱动力，机械手的运动件不能紧靠在机械挡块上，定位精度就会降低，其降低程度与定位前的缓冲效果、机械手的结构刚性等有关。

在专用机械手上或难于安装外部挡块的工业机器人上，也常利用活塞端部靠在油缸端盖上进行定位，但需要有缓冲装置，以免由于冲击将缸盖和活塞撞坏。图 2.37 是利用活塞行程可调的紧靠缸盖实现定位的结构。活塞由件 1 和件 2 通过丝杆螺母结构连成活塞组件，旋转调节杆 3 可使两件拉开或靠近，从而能够在一定范围内调节行程，活塞运行至终点时靠在缸盖上的节流环上实现定位。

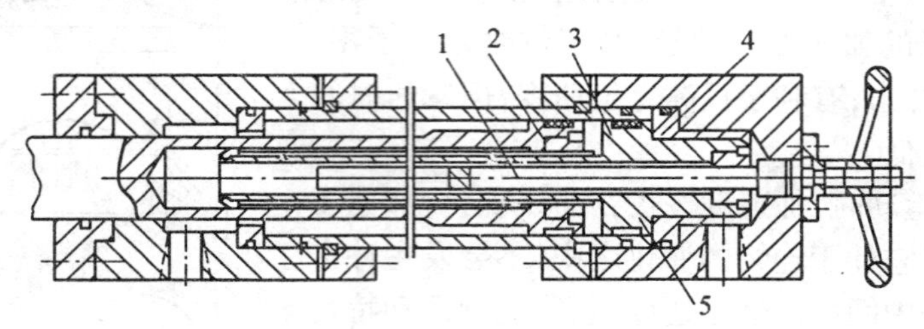

图 2.37 利用活塞行程可调的紧靠缸盖实现定位的结构

1、2— 活塞组件；3— 调节杆；4— 节流环；5— 活塞端部

图 2.38 是利用机械插销定位的结构。机械手运行到定位点前，由行程节流阀实现减速，到达定位点时，定位油缸将定位销插入圆盘的定位孔中实现定位。这种方法的定位精度相当高。

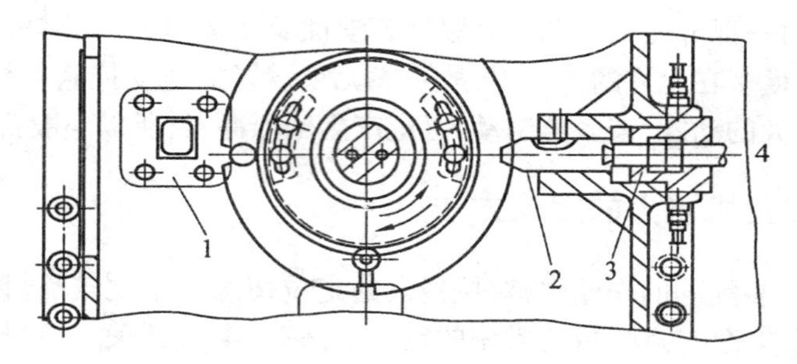

图 2.38 利用机械插销定位的结构

1— 定位圆盘；2— 插销；3— 行程节流阀；4— 定位油缸

3. 伺服系统定位

电气开关定位和机械挡块定位这两种方法只适用两点或多点定位，而在任意点定位时，要采用伺服定位系统，伺服系统可输入指令控制位移的变化，从而获得良好的运动特性，它不仅适用于点位控制，而且适用于连续轨迹控制。这方面内容将在第 4 章和第 5 章中详细介绍。

2.4.4 工业机器人的定位缓冲装置

工业机器人与机械手常用的缓冲装置有弹性缓冲元件、油(气) 缸端部缓冲装置、缓冲回路和液压缓冲器等几种结构形式。按照它们在机器人或在机械手结构中的设置，可以分为内部缓冲和外部缓冲两类。在驱动系统内设置的缓冲部件属于内部缓冲，例如，油(气) 缸端部节流缓冲环节与缓冲回路均属于此类。弹性缓冲部件和液压缓冲器一般设置在驱动系统之外，故属于外部缓冲。内部缓冲装置具有结构简单、紧凑等优点，但安装位置受到限制。外部缓冲具有安装简便、灵活、容易调整等优点，但体积较大。

1. 弹性缓冲元件

常用的弹性缓冲元件有弹簧、橡胶、波纹管等。它们具有弹性力随压缩力增大而增加的特性,故可用来缓和冲击。其缓冲原理是用不断增加的弹性力抵消机器人或机械手运动行程终了时由于速度的变化而引起的弹性能(有时也包括外力负载)。

在水平冲击的情况下,缓冲元件吸收的能量为

$$\int_0^{X_{\max}} F\mathrm{d}x = \frac{1}{2}mv^2 + \int_0^{X_{\max}} P\mathrm{d}x \tag{2.20}$$

式中 F—— 缓冲元件所产生的阻力(N),当缓冲元件采用线性弹簧时,$F = Kx$,K 为弹簧刚度(N/m);

m—— 冲击体的质量(Kg);

v_0—— 缓冲开始时,冲击体的运动速度(m/s);

P—— 缓冲过程中冲击体上所受的外力(N);

$X_{\max}$—— 缓冲过程中冲击体的最大行程(m)。

2. 油(气)缸端部缓冲装置

当活塞运动到距离油(气)缸端盖某一距离时,能在活塞与端盖之间形成一缓冲室,利用节流原理使缓冲室产生临时背压阻力,使运动速度降低,至定位处降为零,这种避免硬性冲击的装置称为油(气)缸端部的缓冲装置。

(1) 油缸端部缓冲装置

与气体相比,由于油具有很小的压缩性,因此,油缸端部缓冲过程,根据节流口是否变化,有恒定节流缓冲与渐变节流缓冲之分。

图 2.39(a) 为圆柱塞恒定节流口式,从其减速特性曲线可以看出,开始减速时加速度绝对值出现峰值,产生较大的惯性冲击,而后加速度逐渐下降,减速效率比较低,因而减速行程较长,这是它的特点。这种形式的节流口具有结构简单、制造容易等优点,适用于低速机械手。利用它可以制造可调式固定节流口缓冲装置,可以根据油温、载荷等的参数变化来调节节流阀,得到所需要的运动特性,因此适应性比较强。

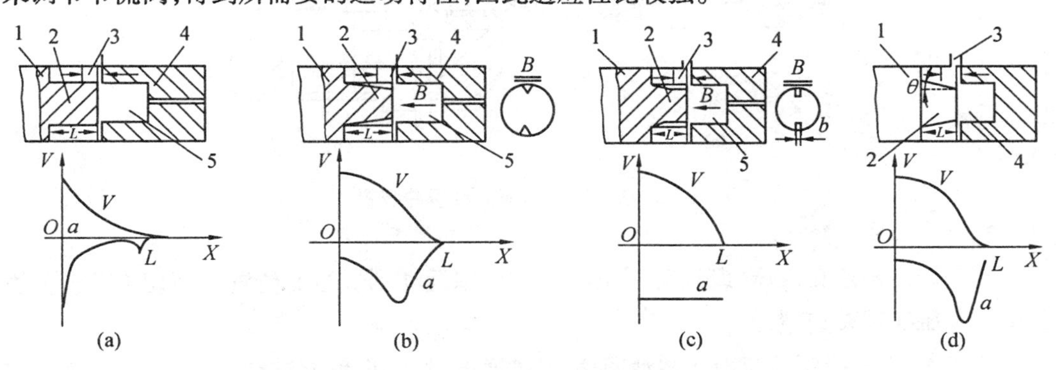

图 2.39 节流口形式及其减速特性

1— 活塞;2— 缓冲活塞;3— 回油口;4— 油缸端盖;5— 缓冲室

图 2.39(b) 为三角槽渐变节流口式,从其减速特性曲线可以看出,开始时,加速度的绝对值较小,随后连续变化,峰值接近中部,定位时加速度较小。与固定节流相比,开始减速时冲击小,运动平稳,减速行程短,其缺点是不宜调节,适应性差,而且制造也比较麻烦。

图 2.39(c) 为方槽抛物线渐变节流口式,从其减速特性曲线可看出,这种结构形式的减速特性较好,可实现等减速,减速行程比其他形式的短,但定位时有冲击,对定位精度有影响,而且槽口的加工较为麻烦。

图 2.39(d) 为圆锥形柱塞节流口式,由减速特性曲线可以看出,它的节流特性比三角形渐变节流减速特性稍差,减速初期速度下降较慢,后期加速度变化较大,减速峰值比较靠后,因而减速行程稍长,制造稍有偏差时,其减速峰值可能出现在定位点附近,易引起较大的冲击,应特别注意 θ 角的选择,θ 角太大时,前一段柱塞不起节流减速的作用,一般在 1° 左右。这种结构形式的最大优点是结构简单,制造容易,但使用时不能调节减速特性,适应性较差。

上述四种形式各有优缺点,在机器人或机械手的各种缓冲装置中都有应用。一般来说,单用一种节流形式,只能满足低速机器人或机械手缓冲的要求。综合应用固定节流与渐变节流,就可提高减速性能,满足中高速机器人或机械手的缓冲要求。

(2) 气缸端部缓冲装置

图 2.40(a)、(b) 是气缸端部节流缓冲装置的原理图和结构图。如图 2.40(a) 所示,活塞上的凸台 A 进入气缸盖的 B 孔时,C 腔的气体只能从可调节流阀 D 排出,由于节流口较小,C 腔的气压上升,使活塞右移速度减慢,达到缓冲效果。缓冲行程的长度就是活塞上凸台 A 的长度,缓冲的作用随节流口的减小而加强。缓冲作用还受到活塞凸台 A 与气缸端盖 B 孔的配合间隙的限制,由于其配合间隙不可能制造得很小,故影响了缓冲效果。

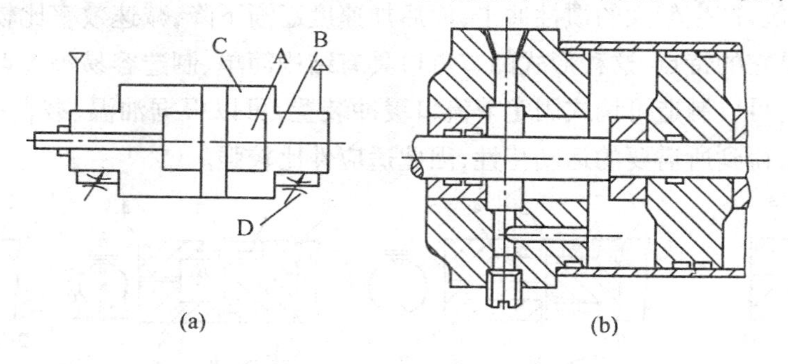

图 2.40 气缸端部节流缓冲装置

3. 缓冲回路

缓冲回路是指在液压(或气动) 回路中,在活塞运动到适当的位置时用切换节流的方法增加背压实现减速缓冲。

图 2.41 为一级恒节流液压缓冲回路。3DT 通电时,实现恒节流减速,这种回路适用于负载速度较低的机械手。

图 2.42 为节流缓冲气路,是用二位二通阀的排气口节流螺钉调节快速行程的速度,

关闭二位二通阀，通过单向节流阀实现节流减速。

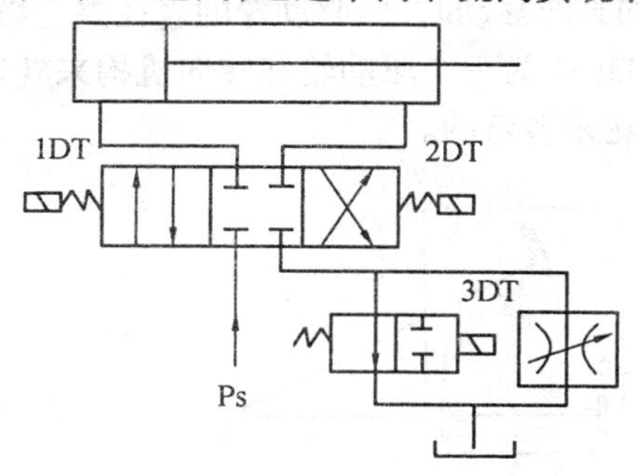

图 2.41　一级恒节流液压缓冲回路

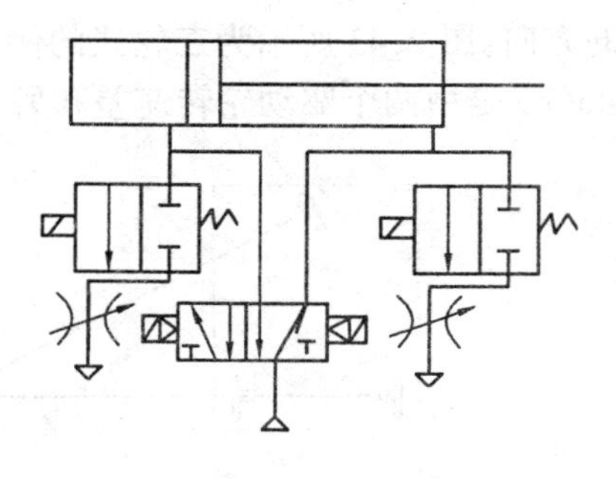

图 2.42　节流缓冲气路

4. 液压缓冲器

液压缓冲器也是利用液压节流产生阻力原理制造的，其结构比较简单，缓冲、制动性能可调，是气动机械手常用的一种缓冲方法。目前已有该类型商品化的液压缓冲器。

2.5　行走机构

机器人可以分为固定式和行走式两种。一般的工业机器人大多是固定式的，还有一部分可以沿固定轨道移动。但是随着海洋开发、原子能工业发展的需要，具有一定智能的可移动的行走式机器人将是今后机器人发展的方向之一，并在这些领域内得到广泛的应用。

2.5.1　概述

不同的行走环境情况对机器人的行走机构提出了不同的要求。对于在普通地面上工作的机器人来说，在平坦的车间或室外平地上行走，只需要有简单的前进推力，例如，常见的车轮即可实现行走功能。若要求机器人能够上下楼梯或在崎岖不平的山地行走，就需要采用特种的行走机构。根据机器人的行走环境，可将机器人所具有的移动机能分为：地面移动机能、水中移动机能、空中移动机能和地中移动机能。下面主要介绍具有地面移动员机能的行走机构。

具有地面移动机能的行走机构按其特点可以分为车轮式、履带式和步行式。它们在行走过程中，前两者与地面连续接触，后者为间断接触。前者的形态为运行车式，后者则为类人或动物的腿脚式。

2.5.2　车轮式行走机构

车轮式行走机构具有移动平稳、能耗小以及容易控制移动速度和方向等优点，因此得到普遍的应用，但这些优点只有在平坦的地面上才能发挥出来。目前得到应用的主要是三轮式和四轮式。

三轮式具有最基本的稳定性，其主要问题是移动方向的控制。典型车轮的配置方法是一个前轮，两个后轮，由前轮作为操纵舵来改变方向，后轮或前轮驱动；另一种是用后两轮独立驱动,另一个轮仅起支撑作用,并靠两轮的转速差或转向来改变移动方向,从而实现整体灵活的、小范围的移动。不过,要作较长距离的直线移动时,两驱动轮的直径差会影响前进的方向。图 2.43 所示为三轮式的例子,图 2.43(a) 为一个驱动轮和转向机构来转弯,图 2.43(b) 是由两个驱动轮转速差和另一个支撑轮来转弯的。

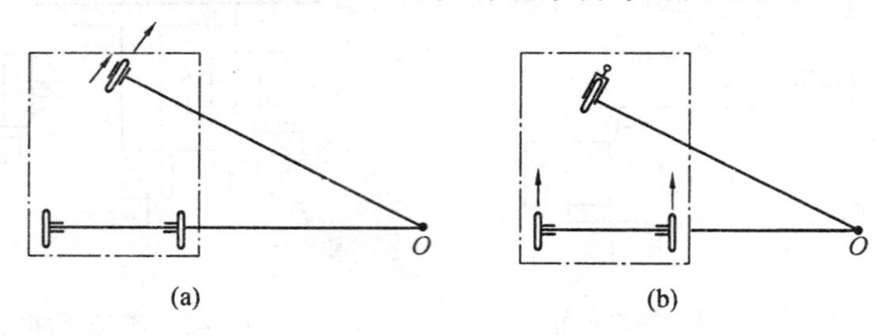

图 2.43　三个轮的行走和转弯机构

四轮式也是一种广泛应用的移动方式,其基本原理类似于三轮式。图2.44 为四个轮的例子。图 2.44(a)、(b) 是两个驱动轮和两个自位轮,图 2.44(c) 是和汽车的类型相同的移动机构,为了转向,采用四连杆机构,回转中心大致在后轮车轴的延长线上。图 2.44(d) 可以独立地进行左右转向,因而可以提高回转精度,图 2.44(e) 的全部轮子都可以进行转向,能够减小转弯半径。

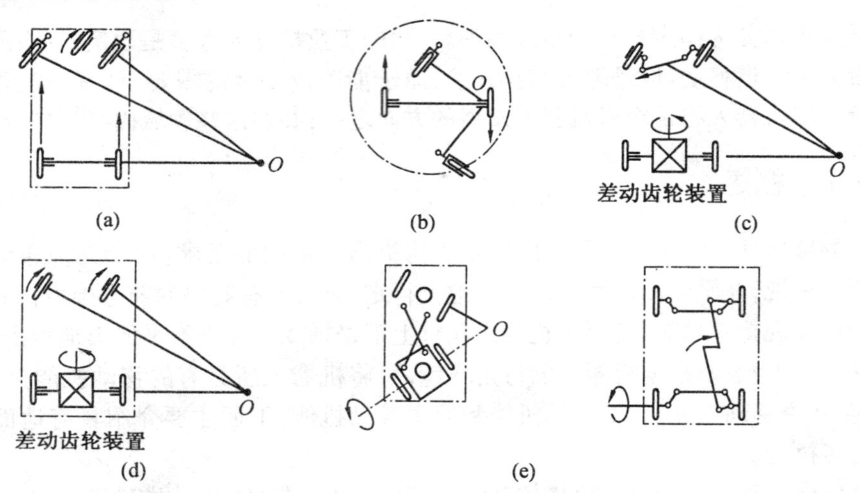

图 2.44　四个轮的行走和转弯机构

自位轮沿回转轴回转,直到转到转弯方向为止,这期间驱动轮产生滑动,因而很难求出正确的移动量。其缺点是在用转向机构改变运动方向时,在静止状态下会产生很大的阻力。

2.5.3　履带式行走机构

履带式行走机构的特点很突出,可以在有些凸凹不平的地面上行走,可以跨越障碍物,能爬不太高的台阶等。类似于坦克的履带式机器人,由于没有自位轮,没有转向机构,要转弯只能靠左右两个履带的速度差,所以不仅在横向,而且在前进方向也会产生滑动,转弯阻力大,不能准确地确定回转半径。

图2.45所示的移动机器人，主体前后装有转向器，因此它没有以上缺点，另外它还装有使转向器绕着图中 $A—A$ 轴旋转提起的机构，这使得它可以很容易地上下台阶，能得到诸如用折叠方式向高处伸臂、在斜面上保持水平等各种各样的动作。

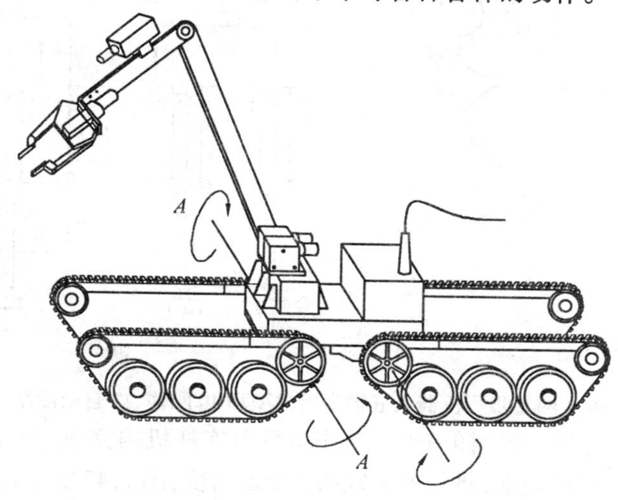

图2.45　容易上下台阶的履带式机器人

2.5.4　步行式行走机构

类似于动物那样，利用脚部关节机构、用步行方式实现移动的机械，称做步行机构。步行机器人采用步行机构，其特征是能够在凸凹不平的地上行走、跨越沟壑和上下台阶，因而具有广泛的适应性，但控制上有相当的难度，完全实现上述要求的例子很少。

两足步行机器人，目前除了用于假肢外，没有别的应用。该类机器人相当于一种多自由度的倒立的振子，使其稳定站立并移动的控制是难度极高的，如果能够让这样的机器人以和人一样的速度行走、上下台阶，那么这种技术所产生的效果将是不可估量的。对于以人为模型的两足步行机器人的研究在逐渐深入。人们在被测试人体的体侧包括两臂、躯干、两腿和两脚等处安装若干发光点，在暗室中慢走、快走和跑的同时用高速摄像机在侧面拍摄光点的运动情况，并将此图像转换成数字形式的电信号输入计算机进行存储和处理。根据所拍摄人体各关节运动的状态和规律及重心的变动情况的图像，进行分析，可以建立初步的模型，即左右踝关节、左右膝关节及左右同轴的股关节五轴步行模型，如图2.46(a)所示。经过实验分析，最后设计出以人体为理想模型的两足步行机器人，其模型是由10个刚体组成，即左右脚尖、左右脚掌、左右小腿、左右大腿、腹部躯干、头部与上身组成。它共有17个自由度，即足尖关节可绕 y 轴回转，左右共有2个自由度；踝关节可绕 x 轴回转，左右共4个自由度；膝关节可绕 z 轴回转，左右共有2个自由度；股关节可绕 x、y、z 轴回转，左右共有6个自由度；腰关节可绕 x、y、z 轴回转，即3个自由度，如图2.46(b)所示。

四足步行机器人静止状态是稳定的，具有一切步行机器人的优点，所以它和六足机器人一样具有实用性。四足机器人在步行中，当3只脚抬起、1只脚支撑自重时，有必要移动身体，让重心移动到3只脚着地点所组成的三角形内，如图2.47所示。各脚提起、向前伸

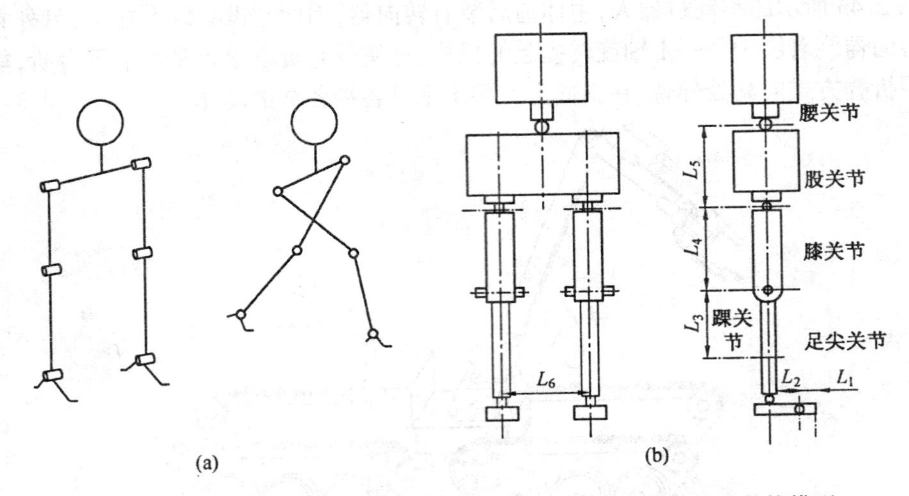

图 2.46 两足步行机器人五轴步行模型和 10 刚体、17 自由度结构模型

出、接地、水平向后返回,像这样一连串动作均可由连杆机构完成,不需要特别的控制。然而为了适应凸凹不平的地面,每只脚必须有 2 个自由度,图 2.47 所示是四足步行机构的例子。图 2.47(b) 是平移 - 平移变换,由于是缩放机构,脚尖的位置容易计算。要实现步行方向的改变和上下台阶,各只脚只要有 3 个自由度就足够了。

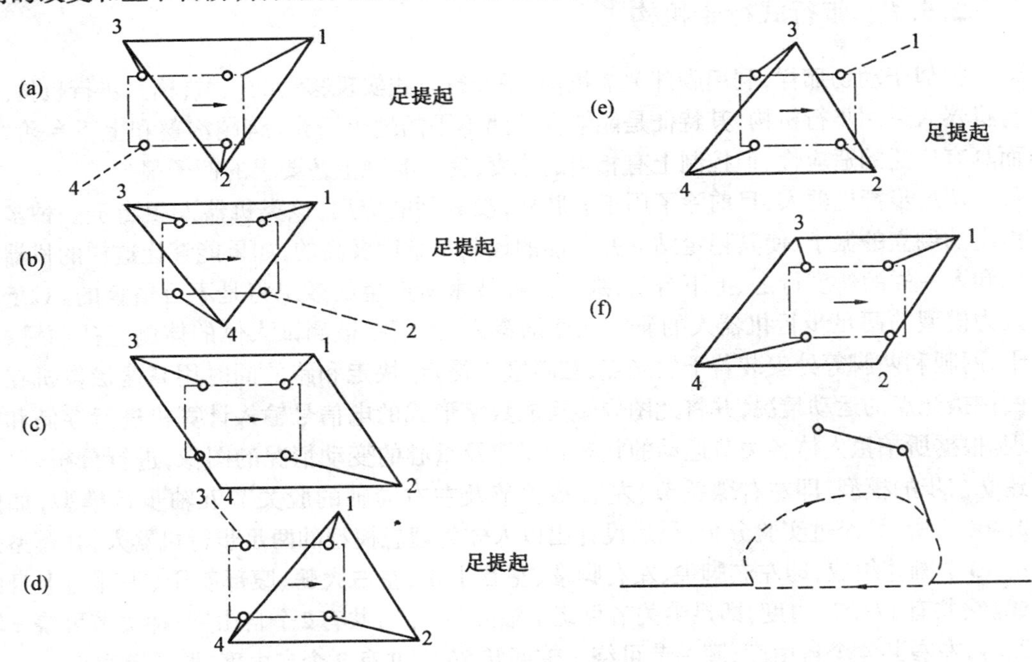

图 2.47 四足机器人步行图

六足步行机器人的控制比四足步行机器人的控制更容易。六足步行机构步行图如图 2.48 所示。从图中可以看到,为了保持机体以静稳定性的状态向前移动,首先令 A、B、C 3 只脚处于立脚相,支撑着机体的质量,使重心 G 在 $\triangle ABC$ 内。而 D、E、F 3 只脚处于游脚相,向前方位置移动,当 D、E、F 3 只脚移动预定步长,到达位置 D'、E'、F',并接触地面

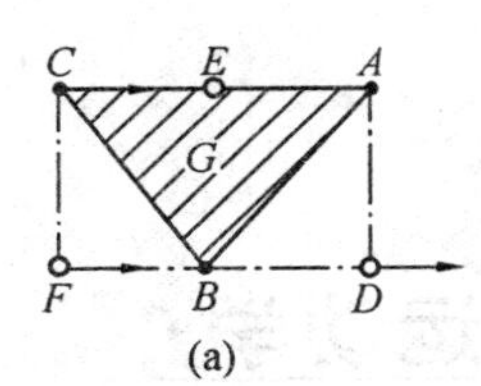

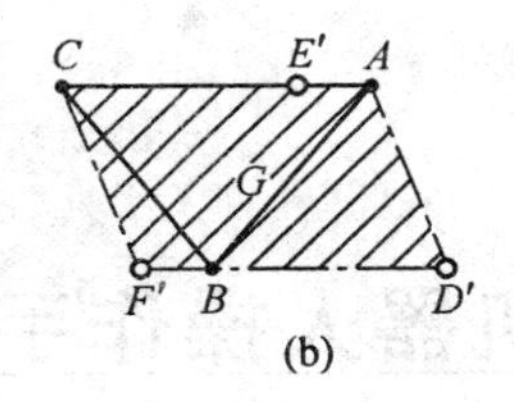

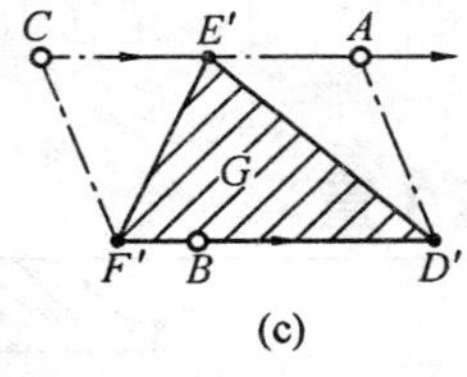

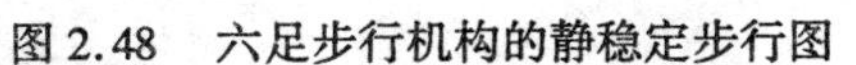

图 2.48 六足步行机构的静稳定步行图

时，与 A、B、C 3 只脚同时支持体重，重心自然前移，而当 A、B、C 3 只脚的提起，变为游脚相时，体重完全由 D、E、F 3 只脚支撑，重心 G 继续向前移，而 A、B、C 3 只脚则向 A'、B'、C' 处移动。这样交替着步行，始终最少保持有 3 只脚着地，而机体重心则始终在所支撑的 3 只脚所形成的三角形内，从而保持着静稳定的状态向前行走。若各只脚有 2 个自由度的话，就可以在凸凹不平的地面上行走，为了能够转变方向，各脚有 3 个自由度就足够了，图 2.49 所示为 18 个自由度的六足步行机器人，该机器人可能有相当从容的步态。但总共要有 18 个自由度，包含力传感器、接触传感器、倾斜传感器在内的稳定的步行控制也是相当复杂的。

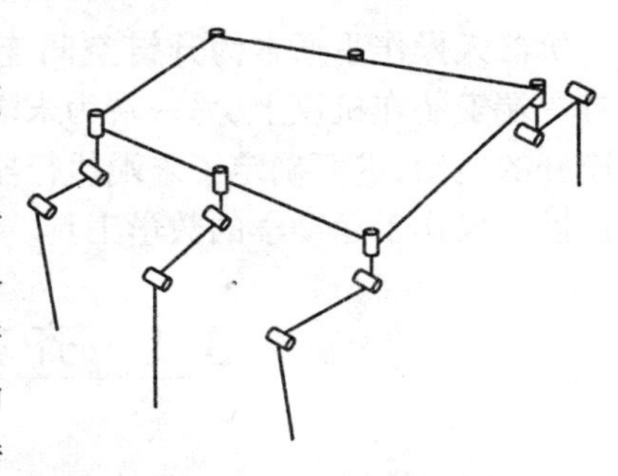

图 2.49 18 个自由度的六足步行机器人

第3章 机器人操作手运动学

机器人操作手通常为开链空间连杆机构，各杆件间通常用转动副和移动副相连接。开链一端安装在机座上，另一端为末端执行器。各关节由驱动器驱动，关节的相对运动导致连杆的运动，进而确定了末端执行器在空间的位置和姿态。齐次坐标和齐次变换是解决机器人操作手运动学的数学工具。

3.1 齐次坐标和齐次变换

3.1.1 引言

将连杆视为一个刚体，那么连杆在空间的运动即成为刚体的空间运动。刚体的空间运动可以看成两个分运动的合成，一个分运动是刚体随其上某点（又称为基点）的移动，另一个分运动是刚体绕基点的转动。

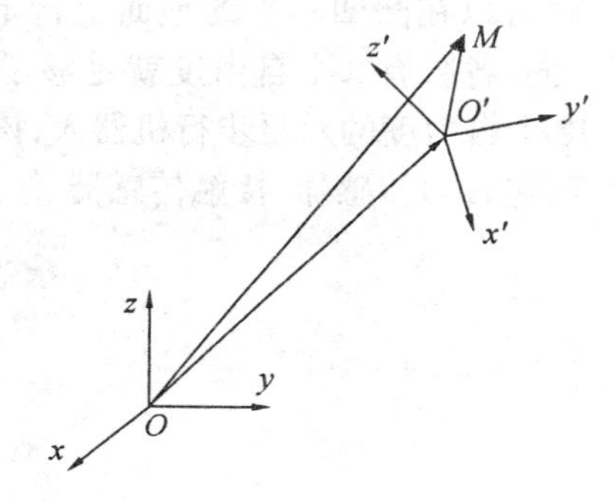

图 3.1 刚体的两个空间坐标系

为了描述刚体的空间运动，可选定两个坐标系，即基础坐标系 $Oxyz$ 和动坐标系 $O'x'y'z'$，动坐标系与刚体固连，随刚体运动。两坐标系原点的位置关系用矢量 $\boldsymbol{P} = \overrightarrow{OO'}$ 表示。若在动坐标系 $O'x'y'z'$ 上有一点 $M(x', y', z')$，它相当于矢量 $\overrightarrow{O'M}$ 的端点，那么点 M 在基础坐标系的坐标 (x, y, z) 相当于 OM 的端点，如图 3.1 所示。

两个坐标的关系可以写成

$$x = x' \cos(\widehat{ii'}) + y' \cos(\widehat{ij'}) + z' \cos(\widehat{ik'}) + P_x \tag{3.1}$$

$$y = x' \cos(\widehat{ji'}) + y' \cos(\widehat{jj'}) + z' \cos(\widehat{jk'}) + P_y \tag{3.2}$$

$$z = x' \cos(\widehat{ki'}) + y' \cos(\widehat{kj'}) + z' \cos(\widehat{kk'}) + P_z \tag{3.3}$$

式中 $\boldsymbol{i}$、$\boldsymbol{j}$、$\boldsymbol{k}$—— 坐标系 $Oxyz$ 中 x、y、z 轴的单位矢量；

$\boldsymbol{i}'$、$\boldsymbol{j}'$、$\boldsymbol{k}'$—— 坐标系 $O'x'y'z'$ 中 x'、y'、z' 轴的单位矢量；

$\widehat{ii'}$—— 单位矢量 $\boldsymbol{i}$ 与 $\boldsymbol{i}'$ 的夹角，其余类似项的含义，依次类推；

P_x、P_y、P_z—— 向量 $\boldsymbol{P} = \overrightarrow{OO'}$ 在 X、Y、Z 轴上的投影分量。

如将式(3.1)、(3.2)、(3.3) 写成矩阵形式，则为

$$\begin{bmatrix} x \\ y \\ z \\ 1 \end{bmatrix} = \begin{bmatrix} \cos(\widehat{ii'}) & \cos(\widehat{ij'}) & \cos(\widehat{ik'}) & P_x \\ \cos(\widehat{ji'}) & \cos(\widehat{jj'}) & \cos(\widehat{jk'}) & P_y \\ \cos(\widehat{ki'}) & \cos(\widehat{kj'}) & \cos(\widehat{kk'}) & P_z \\ 0 & 0 & 0 & 1 \end{bmatrix} \begin{bmatrix} x' \\ y' \\ z' \\ 1 \end{bmatrix} \tag{3.4}$$

式中 $[x \quad y \quad z \quad 1]^{\mathrm{T}}$——矢量$\overrightarrow{OM}$的齐次坐标；

$[x' \quad y' \quad z' \quad 1]^{\mathrm{T}}$——矢量$\overrightarrow{O'M}$的齐次坐标；

$$\begin{bmatrix} \cos(\widehat{ii'}) & \cos(\widehat{ij'}) & \cos(\widehat{ik'}) & P_x \\ \cos(\widehat{ji'}) & \cos(\widehat{jj'}) & \cos(\widehat{jk'}) & P_y \\ \cos(\widehat{ki'}) & \cos(\widehat{kj'}) & \cos(\widehat{kk'}) & P_z \\ 0 & 0 & 0 & 1 \end{bmatrix}$$——齐次坐标变换矩阵。

3.1.2 齐次坐标

1.点的齐次坐标

三维空间点的坐标在直角坐标系中表示为(x,y,z)，现在用不同时为零的四个数(x_1,x_2,x_3,x_4)来表示点的坐标，则称其为三维空间点的齐次坐标。齐次坐标与直角坐标关系为

$$x = \frac{x_1}{x_4} \qquad y = \frac{x_2}{x_4} \qquad z = \frac{x_3}{x_4} \tag{3.5}$$

式中 x_4——比例因子，且$x_4 \neq 0$，通常取$x_4 = 1$。

点的齐次坐标具有多值性。例如，三维空间中某点的齐次坐标为(x_1,x_2,x_3,x_4)，那么$(\lambda x_1,\lambda x_2,\lambda x_3,\lambda x_4)$也是该点的齐次坐标，其中$\lambda$是不为零的任意数。

齐次坐标(1,0,0,0)代表Ox轴上无穷远的点；

齐次坐标(0,1,0,0)代表Oy轴上无穷远的点；

齐次坐标(0,0,1,0)代表Oz轴上无穷远的点；

齐次坐标(0,0,0,1)代表坐标原点。

2.矢量的齐次坐标

三维空间矢量

$$\boldsymbol{r} = a\boldsymbol{i} + b\boldsymbol{j} + c\boldsymbol{k}$$

则$\boldsymbol{r}$的齐次坐标用列阵表示

$$\boldsymbol{r} = [x_1 \quad x_2 \quad x_3 \quad x_4]^{\mathrm{T}}$$

式中 $a = \dfrac{x_1}{x_4}, b = \dfrac{x_2}{x_4}, c = \dfrac{x_3}{x_4}, x_4 \neq 0$，称做比例项，通常取$x_4 = 1$；

齐次坐标$[1 \quad 0 \quad 0 \quad 0]^{\mathrm{T}}$、$[0 \quad 1 \quad 0 \quad 0]^{\mathrm{T}}$、$[0 \quad 0 \quad 1 \quad 0]^{\mathrm{T}}$——$Ox$轴、$Oy$轴、$Oz$轴

的方向；

齐次坐标$[3\quad 5\quad 1\quad 0]^{\mathrm{T}}$——$\boldsymbol{r} = 3\boldsymbol{i} + 5\boldsymbol{j} + \boldsymbol{k}$ 的方向。

矢量的齐次坐标运算公式：

① 矢量 $\boldsymbol{r} = [x_1\quad x_2\quad x_3\quad x_4]^{\mathrm{T}}$ 与标量 k 相乘，即

$$k\,\boldsymbol{r} = [x_1\quad x_2\quad x_3\quad x_4/k]^{\mathrm{T}} = [kx_1\quad kx_2\quad kx_3\quad x_4]^{\mathrm{T}} \tag{3.6}$$

② 二矢量 $\boldsymbol{a} = [a_1\quad a_2\quad a_3\quad a_4]^{\mathrm{T}}$ 和 $\boldsymbol{b} = [b_1\quad b_2\quad b_3\quad b_4]^{\mathrm{T}}$ 相加减，即

$$\boldsymbol{a} \pm \boldsymbol{b} = \boldsymbol{c} = [c_1\quad c_2\quad c_3\quad c_4]^{\mathrm{T}} \tag{3.7}$$

式中

$$c_i = \begin{cases} \dfrac{a_i}{a_4} \pm \dfrac{b_i}{b_4} & i = 1,2,3 \\ 1 & i = 4 \end{cases}$$

③ 二矢量点乘，即

$$\boldsymbol{a} \cdot \boldsymbol{b} = [a_1 b_1\quad a_2 b_2\quad a_3 b_3\quad a_4 b_4]^{\mathrm{T}} \tag{3.8}$$

④ 二矢量叉乘，即

$$\boldsymbol{a} \times \boldsymbol{b} = [a_2 b_3 - a_3 b_2\quad a_3 b_1 - a_1 b_3\quad a_1 b_2 - a_2 b_1\quad a_4 b_4]^{\mathrm{T}} \tag{3.9}$$

⑤ 矢量 $\boldsymbol{r}$ 的长度为

$$|\boldsymbol{r}| = \sqrt{x_1^2 + x_2^2 + x_3^2}/|x_4| \tag{3.10}$$

为避免利用矢量齐次坐标进行运算时出现错误，可将齐次坐标还原成三维矢量的列阵形式，然后进行相应运算，切记不可将齐次坐标混同于四维向量的列阵来进行运算。

3.1.3 齐次变换矩阵和齐次变换

式(3.4)中的齐次变换矩阵

$$\begin{bmatrix} \cos(\widehat{ii}') & \cos(\widehat{ij}') & \cos(\widehat{ik}') & P_x \\ \cos(\widehat{ji}') & \cos(\widehat{jj}') & \cos(\widehat{jk}') & P_y \\ \cos(\widehat{ki}') & \cos(\widehat{kj}') & \cos(\widehat{kk}') & P_z \\ 0 & 0 & 0 & 1 \end{bmatrix}$$

是一个 4×4 方矩阵，其中各列4个元素所形成的列矩阵可视为三维矢量的齐次坐标。

齐次坐标$[\cos(\widehat{ii}')\quad \cos(\widehat{ji}')\quad \cos(\widehat{ki}')\quad 0]^{\mathrm{T}}$ 中 $\cos(\widehat{ii}')$、$\cos(\widehat{ji}')$、$\cos(\widehat{ki}')$ 可以视为 $O'X'$ 轴的单位矢量 $\boldsymbol{i}'$ 的方向余弦，也就是 $\boldsymbol{i}'$ 矢量在坐标系 $Oxyz$ 三个轴的投影分量。因此，齐次坐标$[\cos(\widehat{ii}')\quad \cos(\widehat{ji}')\quad \cos(\widehat{ki}')\quad 0]^{\mathrm{T}}$表示 $\boldsymbol{i}'$ 矢量的方向，即 $O'x'$ 轴的方向，该方向的确定以 $Oxyz$ 为参照系。

同理，齐次坐标$[\cos(\widehat{ij}')\quad \cos(\widehat{jj}')\quad \cos(\widehat{kj}')\quad 0]^{\mathrm{T}}$表示矢量 $\boldsymbol{j}'$ 的方向，也就是 $O'y'$ 轴的方向；$[\cos(\widehat{ik}')\quad \cos(\widehat{jk}')\quad \cos(\widehat{kk}')\quad 0]^{\mathrm{T}}$表示矢量 $\boldsymbol{k}'$ 的方向，也就是 $O'z'$ 轴的方向。

齐次坐标$[P_x\quad P_y\quad P_z\quad 1]^{\mathrm{T}}$代表坐标系 $Oxyz$ 与 $O'x'y'z'$ 的原点间向量 $\boldsymbol{P} = \overrightarrow{OO'}$ 在

$Oxyz$ 坐标系上的齐次坐标，也是点 O' 在 $Oxyz$ 系上的等效表示形式(参看图3.1)。

由此可知，齐次变换矩阵表示了坐标系 $O'x'y'z'$ 以坐标系 $Oxyz$ 为参照系时，坐标原点 O' 的位置及 $O'x'$、$O'y'$、$O'z'$ 轴的方向。通常将 O' 的位置称为 $O'x'y'z'$ 坐标系的位置，将 $O'x'$、$O'y'$、$O'z'$ 轴的方向称为 $O'x'y'z'$ 坐标系的姿态。因此，齐次变换矩阵表明了 $O'x'y'z'$ 坐标系相对于参照系 $Oxyz$ 的位置和姿态，简称位姿，故又将齐次变换矩阵称为位姿矩阵。

齐次变换矩阵表示坐标系 $O'x'y'z'$ 相当对参照系 $Oxyz$ 的位姿，这里显然需要明确这种相对性，故通常用 $\boldsymbol{T}$ 代表齐次变换矩阵，用加注脚方式表明相对性，即用${}^{O}_{O'}\boldsymbol{T}$ 表示该矩阵是坐标系{O'}相对于坐标系{O}的齐次变换矩阵。

坐标系 $O'x'y'z'$ 也可看成坐标系$Oxyz$经二次变换而成。先将 $Oxyz$ 平移，使点 O 与点 O' 重合，得坐标系 $O'x''y''z''$(如图3.2)，然后再绕点 O' 转动到 $O'x'y'z'$ 位置。此种变化过程中的平移量和旋转量均可在齐次变换矩阵中反映出来，故又将齐次变换矩阵称为齐次变换，${}^{O}_{O'}\boldsymbol{T}$ 即表示坐标系{O}经 $\boldsymbol{T}$ 变换后成为坐标系{O'}。

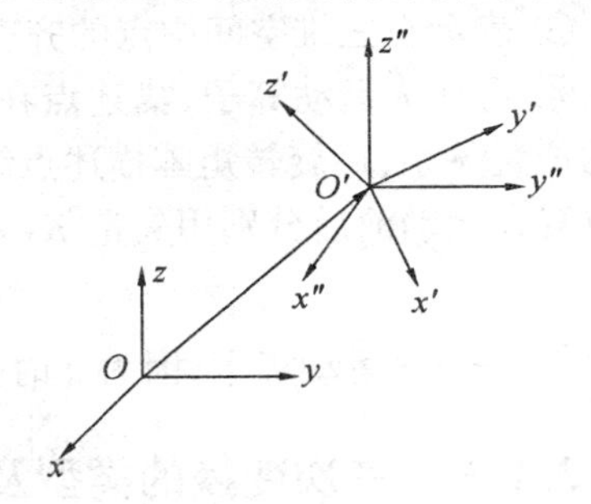

图3.2　坐标系的变换

3.1.4　齐次变换矩阵中各部分意义

1. 齐次变换矩阵中各部分意义

将齐次变换矩阵${}^{O}_{O'}\boldsymbol{T}$ 分块成为4个子矩阵。

$$
{}^{O}_{O'}\boldsymbol{T}=\begin{bmatrix}\cos(\widehat{\boldsymbol{i}\boldsymbol{i}'}) & \cos(\widehat{\boldsymbol{i}\boldsymbol{j}'}) & \cos(\widehat{\boldsymbol{i}\boldsymbol{k}'}) & P_x\\ \cos(\widehat{\boldsymbol{j}\boldsymbol{i}'}) & \cos(\widehat{\boldsymbol{j}\boldsymbol{j}'}) & \cos(\widehat{\boldsymbol{j}\boldsymbol{k}'}) & P_y\\ \cos(\widehat{\boldsymbol{k}\boldsymbol{i}'}) & \cos(\widehat{\boldsymbol{k}\boldsymbol{j}'}) & \cos(\widehat{\boldsymbol{k}\boldsymbol{k}'}) & P_z\\ 0 & 0 & 0 & 1\end{bmatrix}=\begin{bmatrix}{}^{O}_{O'}\boldsymbol{R} & {}^{O}_{O'}\boldsymbol{P}\\ 0 & 1\end{bmatrix} \tag{3.11}
$$

其中，左上角是一个 3×3 子矩阵，用${}^{O}_{O'}\boldsymbol{R}$ 表示，该矩阵是两个坐标系之间的方向余弦方矩阵。因为${}^{O}_{O'}\boldsymbol{R}$ 表示坐标系{O'}相对于坐标系{O}的姿态，故称${}^{O}_{O'}\boldsymbol{R}$ 为姿态矩阵或旋转矩阵。

由前面分析可知，旋转矩阵中各列向量分别代表坐标系{O'}各轴的单位矢量。因此任一列与其他列的总积为零，任一列自身点积等于1，依据相类似的分析，旋转矩阵${}^{O}_{O'}\boldsymbol{R}$ 任一行与其他行的总积相当于坐标系{O}的轴上单位矢量互相点乘。结果自然为零，并且每一行自身总积等于1，故旋转矩阵${}^{O}_{O'}\boldsymbol{R}$ 是一个正交矩阵。

右上角是一个 3×1 的列矩阵，用${}^{O}_{O'}\boldsymbol{P}$ 表示。该列矩阵是表示两坐标原点间矢量 $\boldsymbol{P}=\overrightarrow{OO'}$ 的列矩阵。由该矩阵可以得到坐标系{O}在齐次变换中的平移量，可以得到坐标系{O'}的坐标原点 O' 的相对位置，即坐标系{O'}相对{O}的位置。因此，又称${}^{O}_{O'}\boldsymbol{P}$ 为位置矢量。

左下角是 1×3 的子矩阵，是一个零矩阵。右下角是 1×1 的单位矩阵，表明两坐标系齐次坐标具有相同的比例因子。

由此可知,齐次变换矩阵可以反映出坐标系的平移变换和旋转变换。

2. 齐次变换${}_B^AT$的物理意义

① 表示坐标系{A}经过齐次变换 **T** 而转换为坐标系{B};

② 表示坐标系{B}相对于坐标系{A}的位置和姿态;

③ 表示在三维空间中点的齐次坐标由坐标系{B}向坐标系{A}的映射;

④ 可作为运动算子,描述点在某一坐标系内的运动情况,用位置矢量描述点平移前后的位置关系,用旋转矩阵描述点绕某轴转动前后的位置关系。令在坐标系{B}中,点 M 的位置在运动前后分别用矢量${}^B\boldsymbol{R}_1$ 和${}^B\boldsymbol{R}_2$ 表示,则二者的关系表示为

$$ {}^B\boldsymbol{R}_2 = \boldsymbol{T}\,{}^B\boldsymbol{R}_1 $$

式中 $\boldsymbol{T}$——运动算子,因为此时是在{B}参照系内进行运动,所以 $\boldsymbol{T}$ 的上下脚标取消。

3.1.5 齐次变换的类型及相关运算

1. 平移变换

坐标系{i}相对于坐标系{j}只作平移运动,则变换矩阵表示为

$$ {}_i^j\mathrm{Trans}(P_x,P_y,P_z) = \begin{bmatrix} 1 & 0 & 0 & P_x \\ 0 & 1 & 0 & P_y \\ 0 & 0 & 1 & P_z \\ 0 & 0 & 0 & 1 \end{bmatrix} = \begin{bmatrix} E & {}_i^jP \\ 0 & 1 \end{bmatrix} \tag{3.12} $$

式中 $\boldsymbol{E}$——3×3单位矩阵;

P_x、P_y、P_z——对应于 x、y、z 的平移量。

2. 旋转变换

(1) 绕坐标轴的旋转变换

旋转变换的齐次变换矩阵用 $\mathbf{rot}(\boldsymbol{k},\theta)$ 表示,其中 $\boldsymbol{k}$ 代表旋转轴,θ 代表转角。

如图3.3所示,坐标系 $Oxyz$ 绕 x 轴转 θ 角(逆时针旋转为正),得到坐标系 $O'x'y'z'$,其中 $O'x'$ 与 Ox 重合,那么得出 $\mathbf{rot}(\boldsymbol{k},\theta)$,即

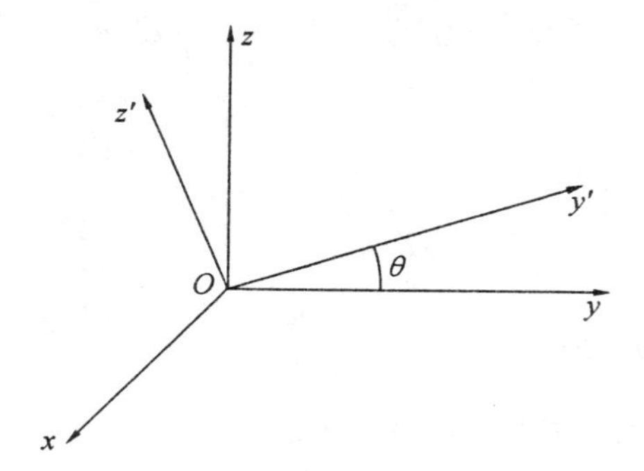

图3.3 绕坐标轴的旋转变换

$$ \mathbf{rot}(\boldsymbol{k},\theta) = \begin{bmatrix} \cos(\widehat{ii'}) & \cos(\widehat{ij'}) & \cos(\widehat{ik'}) & 0 \\ \cos(\widehat{ji'}) & \cos(\widehat{jj'}) & \cos(\widehat{jk'}) & 0 \\ \cos(\widehat{ki'}) & \cos(\widehat{kj'}) & \cos(\widehat{kk'}) & 0 \\ 0 & 0 & 0 & 1 \end{bmatrix} \tag{3.13} $$

式中 $\widehat{ii'} = 0°,\widehat{ij'} = \widehat{ik'} = \widehat{ji'} = \widehat{ki'} = 90°,\widehat{jj'} = \widehat{kk'} = \theta,\widehat{jk'} = 90° + \theta,\widehat{kj'} = 90° - \theta$。

$$\mathbf{rot}(\boldsymbol{x},\theta)=\begin{bmatrix}1 & 0 & 0 & 0\\ 0 & \cos\theta & -\sin\theta & 0\\ 0 & \sin\theta & \cos\theta & 0\\ 0 & 0 & 0 & 1\end{bmatrix} \tag{3.14}$$

同理可得

$$\mathbf{rot}(\boldsymbol{y},\theta)=\begin{bmatrix}\cos\theta & 0 & \sin\theta & 0\\ 0 & 1 & 0 & 0\\ -\sin\theta & 0 & \cos\theta & 0\\ 0 & 0 & 0 & 1\end{bmatrix} \tag{3.15}$$

$$\mathbf{rot}(\boldsymbol{z},\theta)=\begin{bmatrix}\cos\theta & -\sin\theta & 0 & 0\\ \sin\theta & \cos\theta & 0 & 0\\ 0 & 0 & 1 & 0\\ 0 & 0 & 0 & 1\end{bmatrix} \tag{3.16}$$

(2) 绕任意轴的旋转变换

绕任意轴旋转变换又称为一般转动变换。这里要讨论的是绕过原点的任意向量 $\boldsymbol{k}$ 转动的变换矩阵。开始我们可以把 $\boldsymbol{k}$ 设想为某坐标系$\{C\}$的 z 轴的单位矢量,即

$$\boldsymbol{C}=\begin{bmatrix}n_x & o_x & a_x & 0\\ n_y & o_y & a_y & 0\\ n_z & o_z & a_z & 0\\ 0 & 0 & 0 & 1\end{bmatrix}$$

式中 n_x、o_x、a_x—— 坐标系$\{C\}$的三个坐标轴 x_C、y_C、z_C 的单位矢量 $\boldsymbol{n}$、$\boldsymbol{o}$、$\boldsymbol{a}$ 在基础坐标系的 x 轴上的投影分量。其余类似项的意义依次类推,则有

$$\boldsymbol{K}=a_x\boldsymbol{i}+a_y\boldsymbol{j}+a_z\boldsymbol{k}$$

因此,绕 $\boldsymbol{k}$ 轴转动相当于绕坐标系$\{C\}$的 z_C 轴转动。

为了便于分析基础系$\{O\}$绕坐标系$\{C\}$的 z_C 轴转 θ 角的变换矩阵,现假设$\{C\}$为基础参照系,则$\{O\}$对$\{C\}$的位姿为 $\boldsymbol{C}^{-1}$,即齐次变换矩阵 $\boldsymbol{C}$ 的逆矩阵。$\{O\}$坐标系绕 $\boldsymbol{k}$ 轴转动后的变换为

$$\mathbf{rot}(\boldsymbol{k},\theta)\boldsymbol{C}^{-1}=\mathbf{rot}(z_C,\theta)\boldsymbol{C}^{-1} \tag{3.17}$$

此变换是$\{O\}$转换后相对于$\{C\}$的姿态,而$\{O\}$转动后相对于$\{O\}$转动前的姿态才是最后要求得到的齐次变换。即要将$\{O\}$转动后相对于$\{C\}$的变换求出,然后再由相对于$\{C\}$的变换求出相对于$\{O\}$转换前的变换,即

$$\mathbf{rot}(\boldsymbol{k},\theta)=\boldsymbol{C}\mathbf{rot}(z_C,\theta)\boldsymbol{C}^{-1} \tag{3.18}$$

$$\mathbf{rot}(\boldsymbol{k},\theta)=\begin{bmatrix}n_x & o_x & a_x & 0\\ n_y & o_y & a_y & 0\\ n_z & o_z & a_z & 0\\ 0 & 0 & 0 & 1\end{bmatrix}\begin{bmatrix}\cos\theta & -\sin\theta & 0 & 0\\ \sin\theta & \cos\theta & 0 & 0\\ 0 & 0 & 1 & 0\\ 0 & 0 & 0 & 1\end{bmatrix}\begin{bmatrix}n_x & n_y & n_z & 0\\ o_x & o_y & o_z & 0\\ a_x & a_y & a_z & 0\\ 0 & 0 & 0 & 1\end{bmatrix} \tag{3.19}$$

因为 $\boldsymbol{C}$ 是一个正交矩阵,所以 $\boldsymbol{C}^{-1}=\boldsymbol{C}^{\mathrm{T}}$;式(3.19)展开比较复杂,可进行相应的简

化，由 $\boldsymbol{a} = \boldsymbol{n} \times \boldsymbol{o}$ 可得

$$a_x = n_y o_z - n_z o_y$$
$$a_y = n_z o_x - n_x o_z$$
$$a_z = n_x o_y - n_y o_x$$

令

$$\text{ver s}\,\theta = 1 - \cos\theta$$
$$a_x = k_x,\ a_y = k_y,\ a_z = k_z,\ \text{s}\,\theta = \sin\theta, \text{c}\,\theta = \cos\theta$$

于是可得

$$\textbf{rot}(\boldsymbol{k},\theta) = \begin{bmatrix} k_x k_x \text{ver s}\,\theta + \text{c}\,\theta & k_x k_y \text{ver s}\,\theta - k_z\,\text{s}\,\theta & k_x k_z \text{ver s}\,\theta + k_z\,\text{s}\,\theta & 0 \\ k_y k_x \text{ver s}\,\theta + k_z\,\text{s}\,\theta & k_y k_y \text{ver s}\,\theta + \text{c}\,\theta & k_y k_z \text{ver s}\,\theta - k_z \text{s}\,\theta & 0 \\ k_z k_x \text{ver s}\,\theta - k_y \text{s}\,\theta & k_z k_y \text{ver s}\,\theta + k_x\,\text{s}\,\theta & k_z k_z \text{ver s}\,\theta + \text{c}\,\theta & 0 \\ 0 & 0 & 0 & 1 \end{bmatrix} \tag{3.20}$$

如果将绕坐标轴的旋转视为绕任意轴转动的特例，那么从一般转动变换中自然会导出绕坐标轴的转动变换。

3. 连续变换

上述分析解决了单一移动变换和单一连续变换的问题。在实际问题中，还会碰到连续变换的问题。所谓连续变换可以是连续转动、连续移动或转动与移动交叉进行的变换。

(1) 连续移动变换

如图 3.4 所示，坐标系 $\{O'\}$ 是坐标系 $\{O\}$ 沿矢量 $\overrightarrow{OO'}$ 平移而成，坐标系 $\{O''\}$ 是坐标系 $\{O'\}$ 沿矢量 $\overrightarrow{O'O''}$ 平移而成。显然齐次变换 ${}^{O}_{O''}\boldsymbol{T} = {}^{O}_{O'}\boldsymbol{T}{}^{O'}_{O''}\boldsymbol{T}$，即

$${}^{O}_{O''}\boldsymbol{T} = {}^{O}_{O'}\boldsymbol{T}\ \text{trans}(P_{1x}, P_{1y}, P_{1z}){}^{O'}_{O''}\boldsymbol{T}\ \text{trans}(P_{2x}, P_{2y}, P_{2z}) \tag{3.21}$$

$${}^{O}_{O''}\boldsymbol{T} = \begin{bmatrix} 1 & 0 & 0 & P_{1x} \\ 0 & 1 & 0 & P_{1y} \\ 0 & 0 & 1 & P_{1z} \\ 0 & 0 & 0 & 1 \end{bmatrix}\begin{bmatrix} 1 & 0 & 0 & P_{2x} \\ 0 & 1 & 0 & P_{2y} \\ 0 & 0 & 1 & P_{2z} \\ 0 & 0 & 0 & 1 \end{bmatrix} = \begin{bmatrix} 1 & 0 & 0 & P_{1x} + P_{2x} \\ 0 & 1 & 0 & P_{1y} + P_{2y} \\ 0 & 0 & 1 & P_{1z} + P_{2z} \\ 0 & 0 & 0 & 1 \end{bmatrix} \tag{3.22}$$

式中 P_{1x}、P_{1y}、P_{1z}——矢量 $\boldsymbol{P}_1 = \overrightarrow{OO'}$ 在坐标系 $\{O\}$ 各坐标轴上投影分量；

P_{2x}、P_{2y}、P_{2z}——矢量 $\boldsymbol{P}_2 = \overrightarrow{O'O''}$ 在坐标系 $\{O'\}$ 各坐标轴上的投影分量。

由式(3.22)可以得出以下结论：

① 连续变换等于各变换矩阵相乘；

② 变换矩阵相乘，无交换律，但在连续平移时，各矩阵相乘与次序无关，显然

$${}^{O}_{O''}\boldsymbol{T} = {}^{O'}_{O''}\boldsymbol{T}{}^{O}_{O'}\boldsymbol{T} = \begin{bmatrix} 1 & 0 & 0 & P_{2x} \\ 0 & 1 & 0 & P_{2y} \\ 0 & 0 & 1 & P_{2z} \\ 0 & 0 & 0 & 1 \end{bmatrix}\begin{bmatrix} 1 & 0 & 0 & P_{1x} \\ 0 & 1 & 0 & P_{1y} \\ 0 & 0 & 1 & P_{1z} \\ 0 & 0 & 0 & 1 \end{bmatrix} = \begin{bmatrix} 1 & 0 & 0 & P_{1x} + P_{2x} \\ 0 & 1 & 0 & P_{1y} + P_{2y} \\ 0 & 0 & 1 & P_{1z} + P_{2z} \\ 0 & 0 & 0 & 1 \end{bmatrix} = {}^{O}_{O'}\boldsymbol{T}{}^{O'}_{O''}\boldsymbol{T} \tag{3.23}$$

从图 3.4 中不难看出坐标系 $\{O''\}$ 相对于 $\{O\}$ 的位置由矢量 $\boldsymbol{P} = \boldsymbol{P}_1 + \boldsymbol{P}_2$ 来确定，即

$$P_x = P_{1x} + P_{2x} \qquad P_y = P_{1y} + P_{2y}$$
$$P_z = P_{1z} + P_{2z}$$

此时以$\{O\}$系为基础坐标系，因此 $\boldsymbol{P}_1$、$\boldsymbol{P}_2$ 应向$\{O\}$各坐标轴投影取对应分量相加。由于坐标系$\{O'\}$各轴与坐标系$\{O\}$各轴平行，故 $\boldsymbol{P}_2$ 在$\{O'\}$各轴的投影分量等于在$\{O\}$各轴上的投影分量，实际上已经不必区分在哪个坐标系上的投影，只要将各投影分量相加即可。

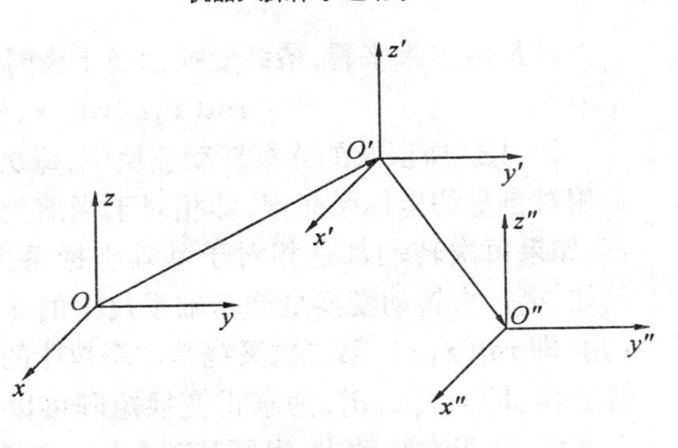

图 3.4 连续的平移变换

(2) 连续旋转变换

如图 3.5 所示，将坐标系$\{O\}$绕 z 轴旋转α角得坐标系$\{O'\}$，而后$\{O'\}$又绕 x' 轴旋转 β 角，得坐标系$\{O''\}$，则连续变换为

$$
{}^{O}_{O''}\boldsymbol{T} = {}^{O}_{O'}\boldsymbol{T}\,{}^{O'}_{O''}\boldsymbol{T} = {}^{O}_{O'}\mathbf{rot}(z,\alpha)\,{}^{O'}_{O''}\mathbf{rot}(x',\beta) =
$$

$$
\begin{bmatrix} \cos\alpha & -\sin\alpha & 0 & 0 \\ \sin\alpha & \cos\alpha & 0 & 0 \\ 0 & 0 & 1 & 0 \\ 0 & 0 & 0 & 1 \end{bmatrix}
\begin{bmatrix} 1 & 0 & 0 & 0 \\ 0 & \cos\beta & -\sin\beta & 0 \\ 0 & \sin\beta & \cos\beta & 0 \\ 0 & 0 & 0 & 1 \end{bmatrix} =
$$

$$
\begin{bmatrix} \cos\alpha & -\sin\alpha\cos\beta & \sin\alpha\sin\beta & 0 \\ \sin\alpha & \cos\alpha\cos\beta & -\cos\alpha\sin\beta & 0 \\ 0 & \sin\beta & \cos\beta & 0 \\ 0 & 0 & 0 & 1 \end{bmatrix} \tag{3.24}
$$

几点分析说明：

① 连续转动变换时，变换矩阵相乘次序不能更换，显然

$$
{}^{O'}_{O''}\mathbf{rot}(x,\beta)\,{}^{O}_{O'}\mathbf{rot}(z,\alpha) = \begin{bmatrix} \cos\alpha & -\sin\alpha & 0 & 0 \\ \sin\alpha\cos\beta & \cos\alpha\cos\beta & -\sin\beta & 0 \\ \sin\alpha\sin\beta & \cos\alpha\sin\beta & \cos\beta & 0 \\ 0 & 0 & 0 & 1 \end{bmatrix} \neq
$$

$$
{}^{O}_{O'}\mathbf{rot}(z,\alpha)\,{}^{O'}_{O''}\mathbf{rot}(x,\beta) \tag{3.25}
$$

② 连续旋转变换时，若始终相对于同一轴（或平行轴）转动，则变换矩阵相乘与次序无关。例如

$$
\mathbf{rot}(x,\alpha)\mathbf{rot}(x,\beta) = \begin{bmatrix} 1 & 0 & 0 & 0 \\ 0 & \cos\alpha & -\sin\alpha & 0 \\ 0 & \sin\alpha & \cos\alpha & 0 \\ 0 & 0 & 0 & 1 \end{bmatrix}
\begin{bmatrix} 1 & 0 & 0 & 0 \\ 0 & \cos\beta & -\sin\beta & 0 \\ 0 & \sin\beta & \cos\beta & 0 \\ 0 & 0 & 0 & 1 \end{bmatrix} =
$$

$$
\begin{bmatrix} 1 & 0 & 0 & 0 \\ 0 & \cos(\alpha+\beta) & -\sin(\alpha+\beta) & 0 \\ 0 & \sin(\alpha+\beta) & \cos(\alpha+\beta) & 0 \\ 0 & 0 & 0 & 1 \end{bmatrix} = \mathbf{rot}(x,\beta)\mathbf{rot}(x,\alpha) \tag{3.26}
$$

从最后结果来看，最终变换相当于绕同一轴转动，转角为两次转角之和，即

$$\mathbf{rot}(x,\alpha)\mathbf{rot}(x,\beta) = \mathbf{rot}(x,\alpha+\beta) \tag{3.27}$$

③ 上述所谈及的连续转动变换中，每次转动都是相对自身的坐标系而言，即相对于当前坐标系而言。如果每次转动都是相对于基础坐标系进行的，例如，第一次转动变换是绕基础系$\{O\}$的 z 轴旋转 α 角，即 $\mathbf{rot}(z,\alpha)$，第二次又绕基础系$\{O\}$的 x 轴旋转 β 角，即 $\mathbf{rot}(x,\beta)$。为求得变换矩阵可以做出如下假设：在每次转动中，视原基础系$\{O\}$为动系，而把当前坐标系视为定系，则第一次转动变为动系相对定系实现变换 $\mathbf{rot}^{-1}(z,\alpha)$（逆方向转动），第二次转动为动系绕自身 x' 实现变换 $\mathbf{rot}^{-1}(x,\beta)$。那么最后的变换结果是 $\mathbf{rot}^{-1}(z,\alpha)\mathbf{rot}^{-1}(x,\beta)$。但应注意此变换结果是由当前坐标系向基础坐标系而进行的变换，若改为由基础坐标系向当前坐标系变换，则变换矩阵为

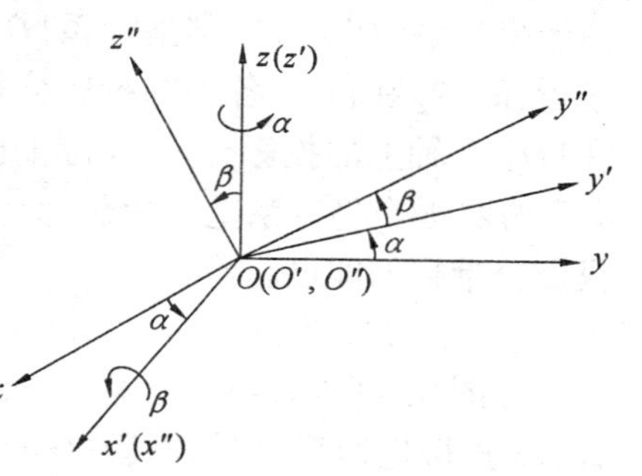

图 3.5　连续的旋转变化

$$^{O}_{O''}\boldsymbol{T} = [\mathbf{rot}^{-1}(z,\alpha)\mathbf{rot}^{-1}(x,\beta)]^{-1} = \mathbf{rot}(x,\beta)\mathbf{rot}(z,\alpha) \tag{3.28}$$

比较式(3.24)和式(3.28)，可得出如下结论：如果连续变换是相对于当前系进行的，则依次右乘变换矩阵；如果连续变换是相对于基础坐标系进行的，则依次左乘变换矩阵。

④ 对于一个连续的变换 $\boldsymbol{T}=\boldsymbol{T}_A\boldsymbol{T}_B\boldsymbol{T}_C$，根据③中结论，对于变换可以有两种解释。第一种是相对于当前坐标系，第一次变换为 $\boldsymbol{T}_A$，第二次变换为 $\boldsymbol{T}_B$，第三次变换为 $\boldsymbol{T}_C$；第二种解释是相对于基础坐标系，第一次变换为 $\boldsymbol{T}_C$，第二次变换为 $\boldsymbol{T}_B$，第三次变换为 $\boldsymbol{T}_A$。由此也可以得出结论：若相对于当前坐标系的变换依次为 $\boldsymbol{T}_A$、$\boldsymbol{T}_B$、$\boldsymbol{T}_C$，那么该变换等价于相对于基础坐标系的依次为 $\boldsymbol{T}_C$、$\boldsymbol{T}_B$、$\boldsymbol{T}_A$ 的变换。

(3) 移动变换和转动变换交叉进行

在处理交叉变换问题时，只要依据变换顺序，掌握好左乘还是右乘，然后按照矩阵相乘的法则进行运算，即可求得最终的变换。

4. 欧拉变换

直角坐标系 $Oxyz$ 的变换顺序为：先绕 z 轴转 ϕ 角，得坐标系 $O_1x_1y_1z_1$；再绕 x_1 轴转 θ 角得坐标系 $O_2x_2y_2z_2$；最后绕 z_2 轴转 ψ 角，得坐标系 $O_3x_3y_3z_3$。该变换称为欧拉变换，角 ϕ、θ、ψ 称为欧拉角，其欧拉变换为

$$\boldsymbol{T} = \mathbf{rot}(z,\phi)\mathbf{rot}(x_1,\theta)\mathbf{rot}(z_2,\psi) = \begin{bmatrix} \cos\phi & -\sin\phi & 0 & 0 \\ \sin\phi & \cos\phi & 0 & 0 \\ 0 & 0 & 1 & 0 \\ 0 & 0 & 0 & 1 \end{bmatrix} \begin{bmatrix} 1 & 0 & 0 & 0 \\ 0 & \cos\theta & -\sin\theta & 0 \\ 0 & \sin\theta & \cos\theta & 0 \\ 0 & 0 & 0 & 1 \end{bmatrix}$$

$$\begin{bmatrix} \cos\psi & -\sin\psi & 0 & 0 \\ \sin\psi & \cos\psi & 0 & 0 \\ 0 & 0 & 1 & 0 \\ 0 & 0 & 0 & 1 \end{bmatrix} = \begin{bmatrix} c\phi c\psi - s\phi c\theta s\psi & -c\phi s\psi - s\phi c\theta c\psi & s\phi s\theta & 0 \\ s\phi c\psi + c\phi c\theta s\psi & -s\phi s\psi + c\phi c\theta c\psi & -c\phi s\theta & 0 \\ s\theta s\psi & s\theta c\psi & c\theta & 0 \\ 0 & 0 & 0 & 1 \end{bmatrix} \tag{3.29}$$

式中　$c=\cos$，$s=\sin$。

上述三个欧拉角 ϕ、θ、ψ 是相对于当前坐标系的转角，故又叫动轴欧拉角。在此基础上将欧拉变换推广，得到广义欧拉变换和广义欧拉角。例如在变换中，依次绕基础参照系的 x、y、z 轴旋转，即 $\mathbf{rot}(z_2,\psi)\mathbf{rot}(\boldsymbol{y}_1,\theta)\mathbf{rot}(\boldsymbol{x},\varphi)$，这就是广义欧拉变换的一种，角 ϕ、θ、ψ 称为广义欧拉角，又叫定轴欧拉角。相应的欧拉变换矩阵读者可自行推导。

5. 等效旋转角和等效旋转轴

若有一变换 $\mathbf{rot}(\boldsymbol{k},\theta)=\begin{bmatrix} n_x & o_x & a_x & 0 \\ n_y & o_y & a_y & 0 \\ n_z & o_z & a_z & 0 \\ 0 & 0 & 0 & 1 \end{bmatrix}$，现问此转动变换是绕着哪一个轴线转了多少角度才得到的。

令

$$\mathbf{rot}(\boldsymbol{k},\theta)=\begin{bmatrix} n_x & o_x & a_x & 0 \\ n_y & o_y & a_y & 0 \\ n_z & o_z & a_z & 0 \\ 0 & 0 & 0 & 1 \end{bmatrix} \tag{3.30}$$

前面推导出了绕任意轴旋转的齐次变换，即式(3.20)。比较式(3.20) 和式(3.30)，按其对应元素相等原则进行运算，将对角线元素相加，则得

$$n_x+o_y+a_z+1=k_x^2\text{ver}\sin\theta+\cos\theta+k_y^2\text{ver}\sin\theta+\cos\theta+k_z^2\text{ver}\sin\theta+\cos\theta+1 \tag{3.31}$$

$$n_x+o_y+a_z=(k_x^2+k_y^2+k_z^2)\text{ver}\sin\theta+3\cos\theta \tag{3.32}$$

将 $\text{ver}\sin\theta=1-\cos\theta$ 和 $k_x^2+k_y^2+k_z^2=1$ 代入式(3.32)，得

$$n_x+o_y+a_z=1+2\cos\theta \tag{3.33}$$

$$\theta=\arccos\left[\frac{1}{2}(n_x+o_y+a_z-1)\right] \tag{3.34}$$

又依据等式

$$o_z-a_y=k_yk_z\text{ver}\sin\theta+k_x\sin\theta-k_yk_z\text{ver}\sin\theta+k_x\sin\theta=2k_x\sin\theta \tag{3.35}$$

得

$$k_x=(o_z-a_y)/2\sin\theta \tag{3.36}$$

同理可得

$$k_y=(a_x-n_z)/2\sin\theta \tag{3.37}$$

$$k_z=(n_y-o_x)/2\sin\theta \tag{3.38}$$

$$k_x^2+k_y^2+k_z^2=[(o_z-a_y)^2+(a_x-n_z)^2+(n_y-o_x)^2]/(4\sin^2\theta)=1 \tag{3.39}$$

$$2\sin\theta=\pm[(o_z-a_y)^2+(a_x-n_z)^2+(n_y-o_x)^2]^{\frac{1}{2}} \tag{3.40}$$

由式(3.33) 得

$$2\cos\theta=n_x+o_y+a_z-1$$

最后得到

$$\theta=\arctan\left\{\pm\frac{[(o_z-a_y)^2+(a_x-n_z)^2+(n_y-o_x)^2]^{\frac{1}{2}}}{n_x+o_y+a_z-1}\right\} \tag{3.41}$$

由式(3.36)、(3.37)、(3.38)得

$$\boldsymbol{k} = \begin{Bmatrix} k_x \\ k_y \\ k_z \end{Bmatrix} = \frac{1}{2\sin\theta}\begin{Bmatrix} o_z - a_y \\ a_x - n_z \\ n_y - o_x \end{Bmatrix} \tag{3.42}$$

在上面分析中,应注意以下两点:

① 多值性。$\boldsymbol{k}$ 和 θ 值不是惟一的。实际上,对于任一组解 $\boldsymbol{k}$ 和 θ,还有另一组解 $-\boldsymbol{k}$ 和 $-\theta$。$(\boldsymbol{k},\theta)$ 和 $(\boldsymbol{k},\theta+n\times360°)$($n$ 为整数)这两组解对应于同一旋转变换矩阵。因此,θ 值应在 0° ~ 180° 之间。

② 病态情况。当 θ 角很小时,由于式(3.41)的分子和分母都很小,若采用该公式获得数值解将产生很大的误差,因此需要寻求另外的公式进行计算。

6. 逆变换

将被变换的坐标系变换回原来的坐标系,可以利用变换 $\boldsymbol{T}$ 的逆矩阵 $\boldsymbol{T}^{-1}$ 来实现。

$$({}^1_2\boldsymbol{T})^{-1} = {}^2_1\boldsymbol{T} \tag{3.43}$$

式(3.43)说明坐标系{2}相对于坐标系{1}的逆矩阵即是坐标系{1}相对于坐标系{2}的变换矩阵。

若已知变换矩阵 ${}^1_2\boldsymbol{T} = \begin{bmatrix} {}^1_2\boldsymbol{R} & {}^1_2P_0 \\ 0 & 1 \end{bmatrix}$,它表明{1}经旋转矩阵 ${}^1_2\boldsymbol{R}$ 变换后,再按位置矢量 ${}^2_1\boldsymbol{P}_0$ 进行平移变换而得到坐标系{2}。而 ${}^2_1\boldsymbol{T}$ 是{1}相对于{2}的位姿变换矩阵。将{2}返回到{1},需要逆转动,即按 ${}^1_2\boldsymbol{R}^{-1}$ 转动,因为 ${}^1_2\boldsymbol{R}$ 是正交矩阵,所以 ${}^1_2\boldsymbol{R}^{-1} = {}^1_2\boldsymbol{R}^{\mathrm{T}}$,然后还需要平移,即按 $-{}^1_2\boldsymbol{P}_0$ 移动。值得注意的是 $-{}^1_2\boldsymbol{P}_0$ 是相对于坐标系{1}而言,而它在坐标系{2}的各轴上的投影分量显然应是 ${}^1_2\boldsymbol{R}^{-1}[-{}^1_2\boldsymbol{P}_0] = -{}^1_2\boldsymbol{R}^{\mathrm{T}1}_{\ 2}\boldsymbol{P}_0$,这样我们得到了 ${}^2_1\boldsymbol{T}$ 的两个子矩阵,下面将该矩阵列出

$${}^1_2\boldsymbol{T}^{-1} = {}^2_1\boldsymbol{T} = \begin{bmatrix} {}^1_2\boldsymbol{R}^{\mathrm{T}} & -{}^1_2\boldsymbol{R}^{\mathrm{T}1}_{\ 2}\boldsymbol{P}_0 \\ 0 & 1 \end{bmatrix} \tag{3.44}$$

若给定变换

$$\boldsymbol{T} = \begin{bmatrix} n_x & o_x & a_x & p_x \\ n_y & o_y & a_y & p_y \\ n_z & o_z & a_z & p_z \\ 0 & 0 & 0 & 1 \end{bmatrix}$$

则它的逆变换为

$$\boldsymbol{T}^{-1} = \begin{bmatrix} n_x & n_y & n_z & -\boldsymbol{p}\cdot\boldsymbol{n} \\ o_x & o_y & o_z & -\boldsymbol{p}\cdot\boldsymbol{o} \\ a_x & a_y & a_z & -\boldsymbol{p}\cdot\boldsymbol{a} \\ 0 & 0 & 0 & 1 \end{bmatrix} \tag{3.45}$$

7. 变换方程式

设空间有一多刚体系列 $A_1, A_2, A_3 \cdots A_n$,在每一刚体上的坐标原点为 $O_1, O_2, O_3 \cdots O_n$,相应的坐标系为 $\{O_1\}, \{O_2\}, \{O_3\} \cdots \{O_n\}$。再在空间选定一个参考坐标系 $\{O_0\}$,

若各坐标系之间相对变换矩阵 ${}^0_1T,{}^1_2T,{}^2_3T\cdots{}^{n-1}_{n}T$ 均已求出，则可得到关系式

$${}^0_nT={}^0_1T\cdot{}^1_2T\cdot{}^2_3T\cdots{}^{n-1}_{n}T \tag{3.46}$$

式(3.46)即是变换方程式。利用该方程可以求出任一未知的变换矩阵。

3.2 机器人操作手的运动学方程

表示机器人操作手的每个杆件在空间相对于基础坐标系位置和姿态的方程，称为机器人操作手的运动学方程。

3.2.1 概述

要描述机器人操作手每个杆件的空间位姿，需要使用以下直角坐标系。

① 绝对坐标系，即建立在工作现场地面的坐标系；

② 机座坐标系，即建立在机器人上的坐标系，它是机器人各活动杆件的公共参考坐标系。通常在研究问题时，认为机座相对于工作地面是静止的，因此又将机座坐标系称为固定坐标系或基础参照系；

③ 杆件坐标系，即建立在机器人指定的活动杆件上的坐标系。它与活动杆件相固连，随杆件一起运动，因此又称其为活动坐标系或当前坐标系；

④ 末端执行器坐标系，即建立在末端执行器上的坐标系，与末端执行器相固连。

在研究具体问题时，常将机座看为操作机的第0号杆件，即首端杆，而将末端执行器视为最后一个杆，即末端杆，因此相应坐标系均转为杆件坐标系。

若一个机器人操作手由 n 个杆组成，各杆件编号从机座到末端执行器依次为0,1,2,3,…,n，则可以写出变换方程

$${}^0_nT={}^0_1T{}^1_2T{}^2_3T{}^3_4T{}^4_5T{}^5_6T \tag{3.47}$$

式中 ${}^{i-1}_{i}T(i=1,2,3,\cdots,n)$——两杆间的相对变换矩阵。

依据上述变换方程，即可求出任一杆件相对机座坐标系的位姿，得到相应的运动学方程。确定相邻两杆间的变换矩阵是建立机器人运动学方程的基础。下面将讨论如何建立相邻两杆间的齐次变换矩阵。

3.2.2 机器人操作手相邻两杆间齐次变换矩阵的建立

1.机器人杆件的几何参数及关节变量

通常机器人操作手各杆件上有两个关节，依次与相邻两杆相连接，每个关节可能是转动关节或者是移动关节，为了便于分析问题，现给两个关节以相应的编号。i 杆的下关节（指靠近机座的关节）编号为 i，而上关节（靠近末端操作器的关节）编号为 $i+1$。

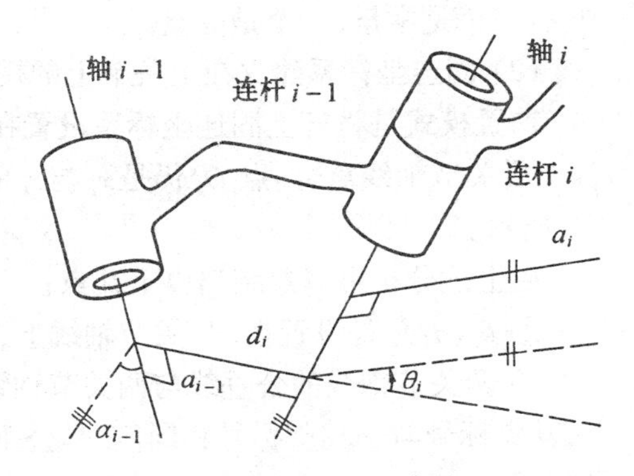

图3.6 杆件的几何参数

(1) 杆件的几何参数

如图3.6所示，与机器人运动学相关的杆的几何参数只有杆件长度 a_i 和杆件扭角 α_i

两个。

① 杆件长度 a_i，即两关节轴线之间的公垂线长。当两轴线相交于一点时 $a_i = 0$。对于机座(0号杆)及末端操作器(n 号杆)，由于它们只有一个关节，故规定其杆长为0，即 $a_0 = a_n = 0$。

② 杆件扭角 α_i，即两关节轴线的交错角。显然机座杆及末端杆的扭角为0，即 $\alpha_0 = \alpha_n = 0$。

(2) 关节变量

关节变量是用来表示相对运动的参数。当两杆通过转动关节相连接时，相对运动为角位移，以 θ_i 表示。当两关节通过移动关节相连接时，相对位移为线位移，以 d_i 表示。

对于转动关节，θ_i 是变量，而 d_i 为常数。同理，对于移动关节，d_i 是变量，而 θ_i 是常数。

2. 杆件上坐标系的确定

(1) 固连坐标系建立在下关节上的模式——后置模式

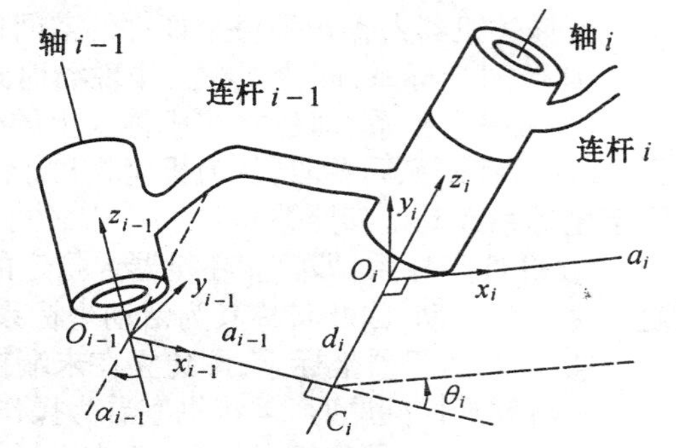

图3.7 转动副相连接的两相邻杆件上坐标系的建立

取通过转动副相连接的两相邻杆件，如图3.7所示。其一为 l_{i-1} 杆，靠近机座；另一为 l_i 杆，靠近末端执行器。现将杆 l_i 的固连坐标系的 z_i 轴置于i号关节的旋转轴线上(即 l_i 杆的下关节上)。同理，杆 l_{i-1} 的固连坐标系的 z_{i-1} 轴置于 $i-1$ 号关节的轴线上。z 轴的指向视具体情况自定。选回转轴 z 的公垂线为 x 轴，即 z_{i-1} 与 z_i 的垂线为x_{i-1}，z_i 与z_{i+1} 的公垂线为 x_i 轴。z 轴与x 轴的交点即为坐标原点O。如前所述，z_{i-1} 与 z_i 轴的交错角为α_{i-1}，z_i 与 z_{i+1} 的交错角为 α_i。两者分别以绕 x_{i-1}、x_i 轴右旋为正；x_{i-1} 与 x_i 轴的交错角为θ_i，以绕 z_i 右旋为正。x_{i-1} 与轴线 i 的交点为 C_i，C_i 到 O_i 的距离为 d_i，以 z_i 轴指向为正。

由坐标系的建立过程进一步明确，对于转动关节来说，d_i 为常量，又称其为偏距；θ_i 为变量，又称其为关节转角。对于移动关节来说，d_i 为变量，又称其为关节变量；θ_i 为常量，又称其为偏角。而杆长 a_i 及扭角α_i 一般均为常数。因此，一般情况下 a_i、α_i、θ_i、d_i 四个参数中，有三个是常量，一个是变量。

(2) 固连坐标系建立在上关节上的模式——前置模式

前置模式是将杆上固连坐标系设置在杆的一个上关节处，即将 l_i 的坐标系的z_i 轴与 $i+1$ 号关节轴线重合。点 O_i 仍是x_i 与z_i 的交点，但此时 O_i 落在$i+1$号关节轴线上。如图3.8所示。

由上述分析可以总结出以下几点：

① θ_i、d_i 总是设置在i号关节轴线上，与z轴如何设置无关。杆的扭角设置在点 O_i 处。

② 两关节轴线的公垂线与两关节轴线的交点分别为 C 与 O。O 是公垂线与z 轴的交点，其脚标号与 z 轴脚标号相同。C 是公垂线与另一关节轴线的交点，脚标号与关节轴线号相同。

③ z_i 轴可设置在 i 号关节轴线上，此时 z_i 轴脚标 i 与关节轴线号 i 相同。z_i 轴也可设置在 $i+1$ 号关节轴线上。此时 z_i 轴脚标 i 与关节轴线号 $i+1$ 是不同的，不要混淆。

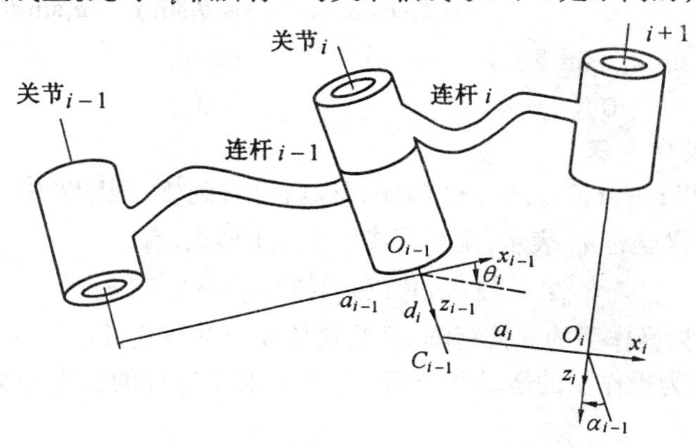

图 3.8 固连坐标系在上关节上的建立

3. *确定两杆件齐次变换矩阵的方法*

两相邻杆坐标系的齐次变换矩阵又称为 **A** 矩阵。它表明 i 号杆的坐标系相对于 $i-1$ 号杆的位姿，也就是 $i-1$ 号杆的坐标系经 **A** 矩阵变换而成 i 号杆的坐标系。杆上坐标系有两种不同的建立方法，由此可以得到两种在形式上不同的 **A** 矩阵。

(1) 第一种 **A** 矩阵

此时建立 **A** 矩阵是就后置模式而言。由图 3.7 可知，可以认为杆 l_i 的固连坐标系是相对于 l_{i-1} 的坐标系先绕 x_{i-1} 转 α_{i-1} 角，记作 $\mathbf{rot}(x_{i-1},\alpha_{i-1})$，再沿 x_{i-1} 平移 a_{i-1}，记作 $\mathrm{trans}(x_{i-1},a_{i-1})$，再沿 z_i 平移 d_i，记作 $\mathrm{trans}(z_i,d_i)$，再绕 z_i 转 θ_i 角，记作 $\mathbf{rot}(z_i,\theta_i)$。于是杆 l_i 的固连坐标系是相对于 l_{i-1} 的固连坐标系的变换矩阵，即由旋转(α_{i-1}) → 平移(a_{i-1}) → 平移(d_i) → 旋转(θ_i) 等变换而成，即

$$
{}^{i-1}_{i}\boldsymbol{T} = \mathbf{rot}(x_{i-1},\alpha_{i-1})\mathrm{trans}(x_{i-1},a_{i-1})\mathrm{trans}(z_i,d_i)\mathbf{rot}(z_i,\theta_i)
$$

$$
\begin{bmatrix} \cos\theta_i & -\sin\theta_i & 0 & a_{i-1} \\ \cos\alpha_{i-1}\sin\theta_i & \cos\alpha_{i-1}\cos\theta_i & -\sin\alpha_{i-1} & -d_i\sin\alpha_{i-1} \\ \sin\alpha_{i-1}\sin\theta_i & \sin\alpha_{i-1}\cos\theta_i & \cos\alpha_{i-1} & d_i\cos\alpha_{i-1} \\ 0 & 0 & 0 & 1 \end{bmatrix} \tag{3.48}
$$

若已知 α_{i-1}、a_{i-1}、d_i、θ_i 四个参数，即可利用式(3.48)求出 l_i 相对于 l_{i-1} 的变换矩阵，就是固连于 l_i 的坐标架相对固连于 l_{i-1} 的坐标架的变换矩阵 ${}^{i-1}_{i}\boldsymbol{T}$。

但在使用上述公式时，必须严格按照图 3.7 所示的规则设立坐标系和关节变量的初始值。

(2) 第二种 **A** 矩阵

此时建立 **A** 矩阵是就前置模式而言。由图 3.8 可知，固连于 l_i 的坐标架相对固连于 l_{i-1} 的坐标架的变换组合是：绕 z_{i-1} 转 θ_i 角，记作 $\mathbf{rot}(z_{i-1},\theta_i)$，沿 z_{i-1} 轴平移 d_i，记作 $\mathrm{trans}(z_{i-1},d_i)$，沿 x_i 平移 a_i，记作 $\mathrm{trans}(x_i,a_i)$，绕 x_i 转 α_i 角，记作 $\mathbf{rot}(x_i,\alpha_i)$。变换矩阵是

$$
{}^{i-1}_{i}\boldsymbol{T} = \mathbf{rot}(z_{i-1},\theta_i)\mathrm{trans}(z_{i-1},d_i)\mathrm{trans}(x_i,a_i)\mathbf{rot}(x_i,\alpha_i) =
$$

$$\begin{bmatrix} \cos\theta_i & -\sin\theta_i\cos\alpha_i & \sin\theta_i\sin\alpha_i & a_i\cos\theta_i \\ 0 & \cos\theta_i\cos\alpha_i & -\cos\theta_i\sin\alpha_i & a_i\sin\theta_i \\ \sin\alpha_{i-1}\sin\theta_i & \sin\alpha_i & \cos\alpha_i & d_i \\ 0 & 0 & 0 & 1 \end{bmatrix} \tag{3.49}$$

4. 机器人运动学方程

变换矩阵${}^{i-1}_{i}\boldsymbol{T}(i=1,2,3,\cdots,n)$顺序相乘就可得到${}^{0}_{n}\boldsymbol{T}$。因${}^{i-1}_{i}\boldsymbol{T}$中含有一个关节变量($\theta_i$ 或 d_i),若用广义坐标 q_i 表示,则可写成${}^{i-1}_{i}\boldsymbol{T}(q_i)$形式,有

$${}^{0}_{n}\boldsymbol{T} = {}^{0}_{1}\boldsymbol{T}(q_1){}^{1}_{2}\boldsymbol{T}(q_2){}^{2}_{3}\boldsymbol{T}(q_3)\cdots{}^{n-1}_{n}\boldsymbol{T}(q_n) \tag{3.50}$$

通常将${}^{0}_{n}\boldsymbol{T}$称为操作手的变换矩阵。显然它是 n 个关节变量 $q_i(i=1,2,3,\cdots,n)$ 的函数。将式(3.50)称为操作手的运动学方程,它表示末端连杆的位姿与关节变量之间的关系。

3.3 运动学方程的解

运动学方程的求解可分为正解问题和逆解问题。正解问题是指已知各杆的结构参数和关节变量,求末端执行器的空间位姿,即求${}^{0}_{n}\boldsymbol{T}$。逆解问题则是已知满足某工作要求时末端执行器的空间位姿,就是已知${}^{0}_{n}\boldsymbol{T}$中各元素的值以及各杆的结构参数,求关节变量。

逆解问题是机器人学中非常重要的问题,是对机器人控制的关键。因为只有求得各关节变量,才能使末端执行器达到工作要求的位置和姿态。

3.3.1 运动学方程的正解

正解问题就是由${}^{0}_{n}\boldsymbol{T} = {}^{0}_{1}\boldsymbol{T}{}^{1}_{2}\boldsymbol{T}{}^{2}_{3}\boldsymbol{T}\cdots{}^{n-1}_{n}\boldsymbol{T}$求出 c。

有时依据需要在末杆 n 上又设标架 s_e,作为末端操作器的坐标系,则可根据齐次变换原理求出${}^{n}_{e}\boldsymbol{T}$。

机器人运动学方程为

$${}^{0}_{e}\boldsymbol{T} = {}^{0}_{1}\boldsymbol{T}{}^{1}_{2}\boldsymbol{T}{}^{2}_{3}\boldsymbol{T}\cdots{}^{n-1}_{n}\boldsymbol{T}{}^{n}_{e}\boldsymbol{T} = {}^{0}_{n}\boldsymbol{T}{}^{n}_{e}\boldsymbol{T} \tag{3.51}$$

下面举例说明求解运动学方程的正解的方法。

例 3.1 图3.9 所示为平面三杆操作手,设杆 1、2 的长分别为 l_1 和 l_2。下面按下关节模式确定各杆件的 $\boldsymbol{A}$ 矩阵。所建立的坐标系如图 3.9 所示,由于各杆的 z 轴均相互平行,因此 α 角均为 0,又由于坐标原点 O 与 c 重合,所以 $d=0$。建立 $\boldsymbol{A}$ 矩阵所需要的参数值见表 3.1。

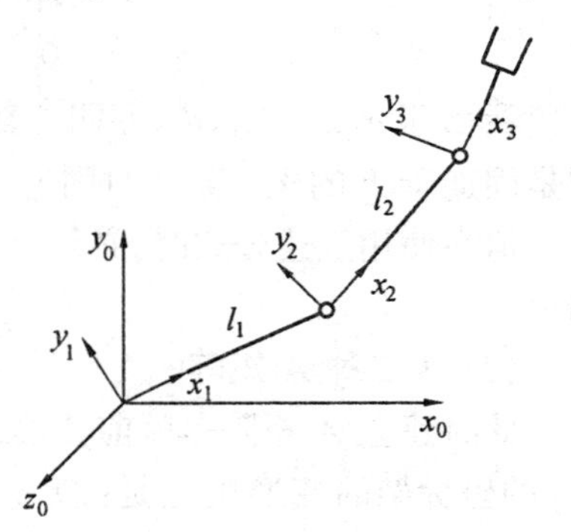

图 3.9 平面三杆操作手

表 3.1　平面三杆操作手的结构参数表(仔细校对表)

杆件号 i	关节变量	α_{i-1}	a_{i-1}	d_i	$\cos\alpha_{i-1}$	$\sin\alpha_{i-1}$
1	θ_1	0	0	0	1	0
2	θ_2	0	l_1	0	1	0
3	θ_3	0	l_2	0	1	0

将表 3.1 中数据代入式(3.48),得

$$
{}^0_1\boldsymbol{T} = \boldsymbol{A}_1 = \begin{bmatrix} \cos\theta_1 & -\sin\theta_1 & 0 & 0 \\ \sin\theta_1 & \cos\theta_1 & 0 & 0 \\ 0 & 0 & 1 & 0 \\ 0 & 0 & 0 & 1 \end{bmatrix}
$$

$$
{}^1_2\boldsymbol{T} = \boldsymbol{A}_2 = \begin{bmatrix} \cos\theta_2 & -\sin\theta_2 & 0 & l_1 \\ \sin\theta_2 & \cos\theta_2 & 0 & 0 \\ 0 & 0 & 1 & 0 \\ 0 & 0 & 0 & 1 \end{bmatrix}
$$

$$
{}^2_3\boldsymbol{T} = \boldsymbol{A}_3 = \begin{bmatrix} \cos\theta_3 & -\sin\theta_3 & 0 & l_2 \\ \sin\theta_3 & \cos\theta_3 & 0 & 0 \\ 0 & 0 & 1 & 0 \\ 0 & 0 & 0 & 1 \end{bmatrix}
$$

由此可得

$$
{}^0_3\boldsymbol{T} = {}^0_1\boldsymbol{T}{}^1_2\boldsymbol{T}{}^2_3\boldsymbol{T} = \boldsymbol{A}_1\boldsymbol{A}_2\boldsymbol{A}_3 = \begin{bmatrix} c_{123} & -s_{123} & 0 & l_1c_1 + l_2c_{12} \\ s_{123} & c_{123} & 0 & l_1s_1 + l_2s_{12} \\ 0 & 0 & 1 & 0 \\ 0 & 0 & 0 & 1 \end{bmatrix}
$$

式中　$c_{123} = \cos(\theta_1 + \theta_2 + \theta_3)$;

$s_{123} = \sin(\theta_1 + \theta_2 + \theta_3)$;

$c_{12} = \cos(\theta_1 + \theta_2)$;

$s_{12} = \sin(\theta_1 + \theta_2)$;

$c_1 = \cos(\theta_1)$;

$s_1 = \sin(\theta_1)$。

例 3.2　对于例3.1,试建立第二种 $\boldsymbol{A}$ 矩阵,并求运动学方程正解。用上关节设置坐标系,如图 3.10 所示。建立 $\boldsymbol{A}$ 矩阵所需要的参数见表 3.2。

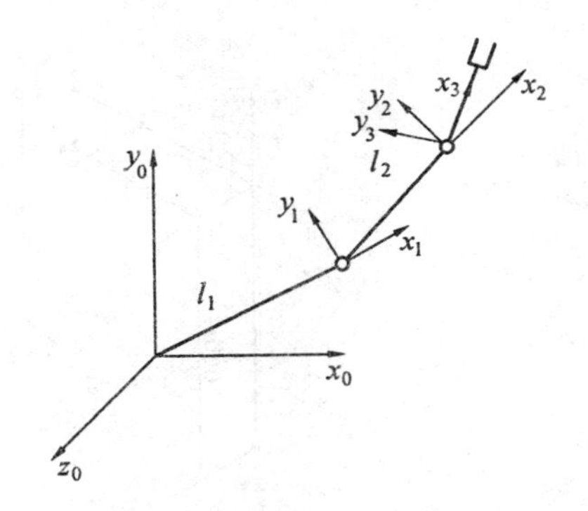

图 3.10　上关节设置法建立的坐标系

表 3.2 操作手的结构参数表

杆件号 i	关节变量	α_i	a_i	d_i	$\cos\alpha_i$	$\sin\alpha_i$
1	θ_1	0	l_1	0	1	0
2	θ_2	0	l_2	0	1	0
3	θ_3	0	0	0	1	0

将表 3.2 中数据代入公式(3.49) 得

$$
{}^0_1\boldsymbol{T} = \boldsymbol{A}_1 = \begin{bmatrix} \cos\theta_1 & -\sin\theta_1 & 0 & l_1\cos\theta_1 \\ \sin\theta_1 & \cos\theta_1 & 0 & l_1\sin\theta_1 \\ 0 & 0 & 1 & 0 \\ 0 & 0 & 0 & 1 \end{bmatrix}
$$

$$
{}^1_2\boldsymbol{T} = \boldsymbol{A}_2 = \begin{bmatrix} \cos\theta_2 & -\sin\theta_2 & 0 & l_2\cos\theta_2 \\ \sin\theta_2 & \cos\theta_2 & 0 & l_2\sin\theta_2 \\ 0 & 0 & 1 & 0 \\ 0 & 0 & 0 & 1 \end{bmatrix}
$$

$$
{}^2_3\boldsymbol{T} = \boldsymbol{A}_3 = \begin{bmatrix} \cos\theta_3 & -\sin\theta_3 & 0 & 0 \\ \sin\theta_3 & \cos\theta_3 & 0 & 0 \\ 0 & 0 & 1 & 0 \\ 0 & 0 & 0 & 1 \end{bmatrix}
$$

则得

$$
{}^0_3\boldsymbol{T} = {}^0_1\boldsymbol{T}{}^1_2\boldsymbol{T}{}^2_3\boldsymbol{T} = \boldsymbol{A}_1\boldsymbol{A}_2\boldsymbol{A}_3 = \begin{bmatrix} c_{123} & -s_{123} & 0 & l_1c_1 + l_2c_{12} \\ s_{123} & c_{123} & 0 & l_1s_1 + l_2s_{12} \\ 0 & 0 & 1 & 0 \\ 0 & 0 & 0 & 1 \end{bmatrix}
$$

各变换矩阵中的符号意义与例 3.1 相同。

比较以上两例可知,尽管计算 $\boldsymbol{A}$ 矩阵的方法不同,但是所得到的${}^0_3\boldsymbol{T}$ 是相同的。

例 3.3 求图3.11 所示的 PUMA560 机器人的六杆操作机的末杆位姿矩阵。

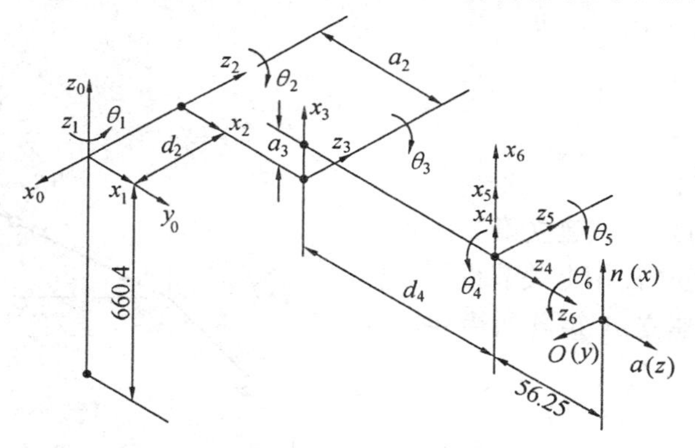

图 3.11 PUMA560 机器人的连杆坐标系

本例杆件较多,结构也较复杂。在例3.2基础上进一步明确分步进行解答。

① 设定杆件坐标系的由机座起依次到末端杆杆件编号为0,1,2,3,4,5,6,采用下关节模式,确定操作机的零位,即初始位置、姿态。自机座到末端杆的标架设置结果如图3.11所示。

注意:在设置杆件坐标系时,要使尽可能多的结构参数为0,不必完全按实物的自然结构设置。在结构简图中,通常无须表示出关节变量。在图3.11中,基础坐标系的原点设在0号关节处。

② 确定各杆参数及关节位移参数(关节变量)。各杆结构参数的设置如图3.11所示。因关节均为转动关节,所以关节变量均为 θ_i 角($i = 1 \sim 6$)。各有关参数数据列于表3.3。

表3.3 PUMA560机器人结构参数表

杆件号 i	关节变量	α_{i-1}	a_{i-1}	d_i	$\cos\alpha_{i-1}$	$\sin\theta_{i-1}$
1	θ_1	0	0	0	1	0
2	θ_2	-90°	0	d_2	0	-1
3	θ_3	0	a_2	0	1	0
4	θ_4	-90°	a_3	d_4	0	-1
5	θ_5	90°	0	0	0	1
6	θ_6	-90°	0	0	0	-1

③ 确定 $\boldsymbol{A}$ 矩阵,将表3.3中的相应数据代入公式(3.48),得

$$ {}^0_1\boldsymbol{T} = \begin{bmatrix} \cos\theta_1 & -\sin\theta_1 & 0 & 0 \\ \sin\theta_1 & \cos\theta_1 & 0 & 0 \\ 0 & 0 & 1 & 0 \\ 0 & 0 & 0 & 1 \end{bmatrix} \quad {}^1_2\boldsymbol{T} = \begin{bmatrix} \cos\theta_2 & -\sin\theta_2 & 0 & 0 \\ 0 & 0 & 1 & d_2 \\ -\sin\theta_2 & -\cos\theta_2 & 0 & 0 \\ 0 & 0 & 0 & 1 \end{bmatrix} $$

$$ {}^2_3\boldsymbol{T} = \begin{bmatrix} \cos\theta_3 & -\sin\theta_3 & 0 & a_2 \\ \sin\theta_3 & \cos\theta_3 & 0 & 0 \\ 0 & 0 & 1 & 0 \\ 0 & 0 & 0 & 1 \end{bmatrix} \quad {}^3_4\boldsymbol{T} = \begin{bmatrix} \cos\theta_4 & -\sin\theta_4 & 0 & a_3 \\ 0 & 0 & 1 & d_4 \\ -\sin\theta_4 & \cos\theta_4 & 0 & 0 \\ 0 & 0 & 0 & 1 \end{bmatrix} $$

$$ {}^4_5\boldsymbol{T} = \begin{bmatrix} \cos\theta_5 & -\sin\theta_5 & 0 & 0 \\ 0 & 0 & -1 & 0 \\ \sin\theta_5 & \cos\theta_5 & 0 & 0 \\ 0 & 0 & 0 & 1 \end{bmatrix} \quad {}^5_6\boldsymbol{T} = \begin{bmatrix} \cos\theta_6 & -\sin\theta_6 & 0 & 0 \\ 0 & 0 & 1 & 0 \\ -\sin\theta_6 & -\cos\theta_6 & 0 & 0 \\ 0 & 0 & 0 & 1 \end{bmatrix} $$

末杆的位姿矩阵为

$$ {}^0_6\boldsymbol{T} = {}^0_1\boldsymbol{T}{}^1_2\boldsymbol{T}{}^2_3\boldsymbol{T}{}^3_4\boldsymbol{T}{}^4_5\boldsymbol{T}{}^5_6\boldsymbol{T} = \begin{bmatrix} n_x & o_x & a_x & p_x \\ n_y & o_y & a_y & p_y \\ n_z & o_z & a_z & p_z \\ 0 & 0 & 0 & 1 \end{bmatrix} $$

矩阵中各元素的表达式为

$$n_x = c_1[c_{23}(c_4c_5c_6 - s_4s_6) - s_{23}s_5c_6] + s_1(s_4c_5c_6 + c_4s_6)$$
$$n_y = s_1[c_{23}(c_4c_5c_6 - s_4s_6) - s_{23}s_5c_6] - c_1(s_4c_5c_6 + c_4s_6)$$
$$n_z = -s_{23}(c_4c_5c_6 - s_4s_6) - c_{23}c_5c_6$$
$$o_x = c_1[-c_{23}(c_4c_5s_6 + s_4c_6) + s_{23}s_5s_6] + s_1(c_4c_6 - s_4c_5s_6)$$
$$o_y = s_1[-c_{23}(c_4c_5s_6 - s_4c_6) + s_{23}s_5s_6] - c_1(c_4c_6 - s_4c_5s_6)$$
$$o_z = s_{23}(c_4c_5c_6 + s_4s_6) + c_{23}s_5s_6$$
$$a_x = -c_1(c_{23}c_4s_5 + s_{23}c_5) - s_1s_4s_5$$
$$a_y = -s_1(c_{23}c_4s_5 + s_{23}c_5) + c_1s_4s_5$$
$$a_z = s_{23}c_4s_5 - c_{23}c_5$$
$$p_x = c_1(a_2c_2 + a_3c_{23} - d_4s_{23}) - d_2s_1$$
$$p_y = s_1(a_2c_2 + a_3c_{23} - d_4s_{23}) + d_2c_1$$
$$p_z = -a_3s_{23} - a_2s_2 - d_4c_{23}$$

在机器人操作手末端执行器位姿变换矩阵(运动学方程)的求解过程中,设置杆件坐标系时,应注意以下几点:

① 使操作手处于零位(初始位置),由机座开始,先设立机座坐标系(基础坐标系),其 z_0 的指向最好与重力加速度反向,原点设置在第一个关节的轴线上。x_0 位于操作手工作空间的对称平面内。

② 尽量使 x_i 与 x_{i-1} 同向,使得 $\theta_i = 0$。尽量使 O_i 与 O_{i-1} 在 z_i 方向同“高”,即使设置坐标时的 c 与 O 重合,使得 $d_i = 0$。否则关节变量 θ_i(或 d_i)要给定初始值。

③ 如果末端执行器的标架与工具坐标不同,那么工具坐标系的坐标原点最好选在中心点上,z_i 的方向指向(或背离)工件。

3.3.2 运动学方程的逆解

运动学方程的逆解是指已知末端执行器位姿变换矩阵,通过运动学方程求解关节变量的问题。机器人末端执行器的空间运动轨迹是由其操作任务所确定的。轨迹上的各点对应于所要求解的关节变量,解出这些关节变量,并据此控制机器人各关节驱动机构的运动,从而完成所规划的轨迹。这是机器人运动学的基本任务之一。

求运动学方程的逆解的方法可以分为三类,即代数法、几何法和数值法。这里以 6 杆操作手为例具体讨论代数法。由式(3.50)得

$$ {}^0_6\boldsymbol{T} = {}^0_1\boldsymbol{T}(q_1){}^1_2\boldsymbol{T}(q_2){}^2_3\boldsymbol{T}(q_3){}^3_4\boldsymbol{T}(q_4){}^4_5\boldsymbol{T}(q_5){}^5_6\boldsymbol{T}(q_6) \tag{3.52}$$

根据工作要求,有

$$ {}^0_6\boldsymbol{T} = \begin{bmatrix} n_x & o_x & a_x & p_x \\ n_y & o_y & a_y & p_y \\ n_z & o_z & a_z & p_z \\ 0 & 0 & 0 & 1 \end{bmatrix}$$

为了求 q_1,可用${}^0_1\boldsymbol{T}^{-1}(q_1)$ 乘以式(3.52) 的两端,得

$$ {}^0_1T^{-1}(q_1){}^0_6T = {}^1_2T(q_2){}^2_3T(q_3){}^3_4T(q_4){}^4_5T(q_5){}^5_6T(q_6) \tag{3.53}$$

利用两端的矩阵元素对应相等的关系,可以得到几个方程。从中可以消去 $q_2,q_3,\cdots,q_6$,求得 q_1。由此可以得出一般的递推解题步骤。

由 ${}^0_1T^{-1}(q_1){}^0_6T = {}^1_2T(q_2){}^2_3T(q_3){}^3_4T(q_4){}^4_5T(q_5){}^5_6T(q_6)$ 求 q_1;

${}^1_2T^{-1}(q_2){}^0_1T^{-1}(q_1){}^0_6T = {}^2_3T(q_3){}^3_4T(q_4){}^4_5T(q_5){}^5_6T(q_6)$ 求 q_2;

⋮

${}^4_5T^{-1}(q_5){}^3_4T^{-1}(q_4){}^2_3T^{-1}(q_3){}^1_2T^{-1}(q_2){}^0_1T^{-1}(q_1){}^0_6T = {}^5_6T(q_6)$ 求 q_5 和 q_6。

在具体递推过程中,上述递推不一定全部做完,可以利用等号两端矩阵元素相等的特点,求出全部的关节变量。

例 3.4 例3.3 中已知 PUMA560 位姿变换矩阵为

$$ {}^0_6T = \begin{bmatrix} n_x & o_x & a_x & p_x \\ n_y & o_y & a_y & p_y \\ n_z & o_z & a_z & p_z \\ 0 & 0 & 0 & 1 \end{bmatrix} $$

① 求 θ_1。根据 ${}^0_1T^{-1}(\theta_1){}^0_6T = {}^1_6T$,得

$$ {}^0_1T^{-1}(\theta_1){}^0_6T = \begin{bmatrix} c_1 & s_1 & 0 & 0 \\ -s_1 & c_1 & 0 & 0 \\ 0 & 0 & 1 & 0 \\ 0 & 0 & 0 & 1 \end{bmatrix} \begin{bmatrix} n_x & o_x & a_x & p_x \\ n_y & o_y & a_y & p_y \\ n_z & o_z & a_z & p_z \\ 0 & 0 & 0 & 1 \end{bmatrix} = $$

$$ \begin{bmatrix} c_1n_x + s_1n_y & c_1o_x + s_1o_y & c_1a_x + s_1a_y & c_1p_x + s_1p_y \\ -s_1n_x + c_1n_y & -s_1o_x + c_1o_y & -s_1a_x + c_1a_y & -s_1p_x + c_1p_y \\ n_z & o_z & a_z & p_z \\ 0 & 0 & 0 & 1 \end{bmatrix} $$

同时

$$ {}^1_6T = {}^1_2T{}^2_3T{}^3_4T{}^4_5T{}^5_6T = \begin{bmatrix} n'_x & o'_x & a'_x & p'_x \\ n'_y & o'_y & a'_y & p'_y \\ n'_z & o'_z & a'_z & p'_z \\ 0 & 0 & 0 & 1 \end{bmatrix} $$

式中

$$ \begin{aligned} n'_x &= c_{23}(c_4c_5c_6 - s_4s_6) - s_{23}s_5c_6 \\ n'_y &= s_4c_5c_6 - c_4s_6 \\ n'_z &= -s_{23}(c_4c_5c_6 - s_4s_6) - c_{23}s_5c_6 \\ o'_x &= -c_{23}(c_4c_5s_6 + s_4c_6) + s_{23}s_5s_6 \\ o'_y &= -s_4c_5s_6 - c_4c_6 \\ o'_z &= s_{23}(c_4c_5s_6 + s_4c_6) + c_{23}s_5s_6 \\ a'_x &= -c_{23}c_4s_5 - s_{23}c_5 \\ a'_y &= s_4s_5 \end{aligned} $$

$$a'_z = s_{23}c_4s_5 - c_{23}c_5$$

$$p'_x = a_2c_2 + a_3c_{23} - d_4s_{23}$$

$$p'_y = d_2$$

$$p'_z = -a_3s_{23} - a_2s_2 - d_4c_{23}$$

因为
$$ {}^0_1\boldsymbol{T}^{-1}(\theta_1){}^0_6\boldsymbol{T} = {}^1_6\boldsymbol{T} \tag{3.54}$$

令该式中等号两端矩阵第二行第四列对应元素相等,得

$$-s_1p_x + c_1p_y = d_2 \tag{3.55}$$

作三角代换,令

$$p_x = \rho\cos\phi \qquad p_y = \rho\sin\phi$$

则
$$\rho = \sqrt{p_x^2 + p_y^2} \qquad \phi = \arctan(p_y/p_x)$$

代入式(3.52)有

$$c_1\sin\phi - s_1\cos\phi = d_2/\rho$$

由此得

$$\sin(\phi - \theta_1) = d_2/\rho \qquad \cos(\phi - \theta_1) = \pm\sqrt{1 - d_2^2/\rho^2}$$

$$\phi - \theta_1 = \arctan\left(\pm d_2/\sqrt{\rho^2 - d_2^2}\right)$$

$$\theta_1 = \phi - \arctan\left(\pm d_2/\sqrt{\rho^2 - d_2^2}\right) = \arctan(p_y/p_x) - \arctan\left(\pm d_2/\sqrt{\rho^2 - d_2^2}\right) \tag{3.56}$$

② 求 θ_3。令式(3.54)两端(1,4)(第一行第四列元素,以下同)(3,4)对应元素相等,得

$$c_1p_x + s_1p_y = a_3c_{23} - d_4s_{23} + a_2c_2$$

$$-p_z = a_3s_{23} + d_4c_{23} + a_2s_2$$

将以上两式平方后相加,得

$$a_3c_3 - d_4s_3 = k \tag{3.57}$$

$$k = \frac{p_x^2 + p_y^2 + p_z^2 - a_2^2 - a_3^2 - d_2^2 - d_4^2}{2a_2} \tag{3.58}$$

式(3.57)与式(3.55)相似,类似地可求得

$$\theta_3 = \arctan(a_3/d_4) - \arctan\left(\pm k/\sqrt{a_3^2 + d_4^2 - k^2}\right) \tag{3.59}$$

③ 求 θ_2。因为已求出 θ_3,故可以利用式

求 θ_2。

$$ {}^2_3\boldsymbol{T}^{-1}(\theta_3){}^1_2\boldsymbol{T}^{-1}(\theta_2){}^0_1\boldsymbol{T}^{-1}(\theta_1){}^0_6\boldsymbol{T} = {}^3_4\boldsymbol{T}(\theta_4){}^4_5\boldsymbol{T}(\theta_5){}^5_6\boldsymbol{T}(\theta_6) \tag{3.60}$$

式(3.60)左端

$$ {}^2_3\boldsymbol{T}^{-1}(\theta_3){}^1_2\boldsymbol{T}^{-1}(\theta_2){}^0_1\boldsymbol{T}^{-1}(\theta_1){}^0_6\boldsymbol{T} = \begin{bmatrix} c_1c_{23} & s_1c_{23} & -s_{23} & -a_2c_3 \\ -c_1s_{23} & -s_1s_{23} & -c_{23} & a_2s_3 \\ -s_1 & c_1 & 0 & -d_2 \\ 0 & 0 & 0 & 1 \end{bmatrix} \begin{bmatrix} n_x & o_x & a_x & p_x \\ n_y & o_y & a_y & p_y \\ n_z & o_z & a_z & p_z \\ 0 & 0 & 0 & 1 \end{bmatrix}$$

式(3.60)右端

$$
{}^{3}_{4}\boldsymbol{T}(\theta_4){}^{4}_{5}\boldsymbol{T}(\theta_5){}^{5}_{6}\boldsymbol{T}(\theta_6)=\begin{bmatrix} c_4c_5c_6-s_4s_6 & -c_4c_5s_6-s_4c_6 & -c_4s_5 & a_3 \\ s_5c_6 & -s_5s_6 & c_5 & +d_4 \\ -s_4c_5c_6-c_4s_6 & s_4c_5s_6-c_4c_6 & s_4s_5 & 0 \\ 0 & 0 & 0 & 1 \end{bmatrix}
$$

令式(3.60)两侧矩阵的(1,4)和(2,4)元素分别相等,得

$$
c_1c_{23}p_x+s_1c_{23}p_y-s_{23}p_z-a_2c_3=a_3
$$

$$
-c_1s_{23}p_x-s_1s_{23}p_y-c_{23}p_z+a_2s_3=d_4
$$

将上两式联立求解,得

$$
s_{23}=p_z(-a_3-a_2c_3)+A(a_2s_3-d_4)/(p_z^2+A^2)
$$

$$
c_{23}=p_z(a_2s_3-d_4)-A(-a_3-a_2c_3)/(p_z^2+A^2)
$$

$$
A=c_1p_x+s_1p_y
$$

于是

$$
\tan\theta_{23}=\frac{p_z(-a_3-a_2c_3)+A(a_2s_3-d_4)}{p_z(a_2s_3-d_4)-A(-a_3-a_2c_3)}=B
$$

所以
$$
\theta_{23}=\arctan B
$$

又因为
$$
\theta_{23}=\theta_2+\theta_3
$$

所以
$$
\theta_2=\theta_{23}-\theta_3=\arctan\frac{p_z(-a_3-a_2c_3)+A(a_2s_3-d_4)}{p_z(a_2s_3-d_4)-A(-a_3-a_2c_3)}-\arctan\frac{a_3}{d_4}-\arctan\left(\pm k/\sqrt{a_3^2+d_4^2-k^2}\right) \tag{3.61}
$$

④ 求 θ_4。仍利用式(3.60),令两侧矩阵的(1,3)和(3,3)元素分别相等,得

$$
a_xc_1c_{23}+a_ys_1c_{23}-a_zs_{23}=-c_4s_5-
$$

$$
a_xs_1+a_yc_1=s_4s_5
$$

因为 θ_1、θ_2、θ_3 都是已知数,只需 $\theta_5\neq 0$,即可利用上式联立解出

$$
\theta_4=\arctan\left(\frac{-a_xs_1+a_yc_1}{-a_xc_1c_{23}-a_ys_1c_{23}+a_zs_{23}}\right) \tag{3.62}
$$

注意:当 $s_5=0,\theta_5=0$ 时,z_4 与 z_6 轴重合,θ_4 与 θ_6 的转动效果相同,所以这时可任取 θ_4,再算出相应的 θ_6。

⑤ 求 θ_5。利用公式 ${}^{3}_{4}\boldsymbol{T}^{-1}(\theta_4){}^{2}_{3}\boldsymbol{T}^{-1}(\theta_3){}^{1}_{2}\boldsymbol{T}^{-1}(\theta_2){}^{0}_{1}\boldsymbol{T}^{-1}(\theta_1){}^{0}_{6}\boldsymbol{T}={}^{4}_{5}\boldsymbol{T}(\theta_5){}^{5}_{6}\boldsymbol{T}(\theta_6)$

得
$$
{}^{0}_{4}\boldsymbol{T}^{-1}(\theta_4){}^{0}_{6}\boldsymbol{T}={}^{4}_{6}\boldsymbol{T} \tag{3.63}
$$

$$
{}^{0}_{4}\boldsymbol{T}^{-1}(\theta_4)=\begin{bmatrix} c_1c_{23}c_4+s_1s_4 & s_1c_{23}c_4-c_1s_4 & -s_{23}c_4 & -a_2c_3c_4+d_2s_4-a_3c_4 \\ -c_1c_{23}s_4+s_1c_4 & -s_1c_{23}s_4-c_1c_4 & s_{23}s_4 & a_2c_3s_4+d_4c_4+a_3s_4 \\ -c_1s_{23} & -s_1s_{23} & -c_{23} & a_2s_3-d_4 \\ 0 & 0 & 0 & 1 \end{bmatrix}
$$

$$
{}^{4}_{6}\boldsymbol{T}=\begin{bmatrix} c_5c_6 & -c_5s_6 & -s_5 & 0 \\ s_6 & c_6 & 0 & 0 \\ s_5c_6 & -s_5c_6 & c_5 & 0 \\ 0 & 0 & 0 & 1 \end{bmatrix}
$$

令式(3.63)两侧的(1,3)和(3,3)元素相等,得

$$a_x(c_1c_{23}c_4+s_1s_4)+a_y(s_1c_{23}c_4-c_1s_4)-a_z(s_{23}c_4)=-s_5 \tag{3.64}$$

$$a_x(-c_1s_{23})+a_y(-s_1s_{23})-a_zc_{23}=c_5 \tag{3.65}$$

于是

$$\theta_5=\arctan(-s_5/c_5) \tag{3.66}$$

式(3.66)中的 s_5、c_5 由式(3.64)、(3.65)两式给出。

⑥ 求 θ_6。可由式

$${}^0_5\boldsymbol{T}^{-1}(\theta_5)\,{}^0_6\boldsymbol{T}={}^5_6\boldsymbol{T} \tag{3.67}$$

求得。

首先利用 ${}^0_5\boldsymbol{T}={}^0_1\boldsymbol{T}(q_1)\,{}^1_2\boldsymbol{T}(q_2)\,{}^2_3\boldsymbol{T}(q_3)\,{}^3_4\boldsymbol{T}(q_4)\,{}^4_5\boldsymbol{T}(q_5)$ 求出 ${}^0_5\boldsymbol{T}$,再求出 ${}^0_5\boldsymbol{T}^{-1}$,并将 ${}^0_5\boldsymbol{T}$、${}^0_5\boldsymbol{T}^{-1}$ 一并代入式(3.67)的两侧,令式(3.67)两侧(3,1)和(1,1)对应元素相等,得

$$s_6=-n_x(c_1c_{23}s_4-s_1c_4)-n_y(s_1c_{23}s_4+c_1c_4)+n_z(s_{23}s_4) \tag{3.68}$$

$$\begin{aligned}c_6=\;&n_x[(c_1c_{23}c_4+s_1s_4)c_5-c_1s_{23}s_5]+\\&n_y[(s_1c_{23}c_4-c_1s_4)c_5-s_1s_{23}s_5]-n_z(s_{23}c_4c_5+c_{23}s_5)\end{aligned} \tag{3.69}$$

因上两式中 $\theta_1,\theta_2,\cdots,\theta_5$ 已经求出,故

$$\theta_6=\arctan(s_6/c_6) \tag{3.70}$$

从求得的 $\theta_1,\theta_2,\cdots,\theta_6$ 的各式中可以看出,只有 $\theta_1,\theta_2,\theta_3$ 三式中有 p_x,p_y,p_z,故它们确定了末杆标架原点的空间位置。$\theta_4,\theta_5,\theta_6$ 三式中有 $n_x,n_y,n_z,o_x,\cdots$,所以它们确定了末杆标架的姿态。由此可以得出,当6关节操作机后三个关节轴线交于一点时,前、后三个关节具有不同的功用。前三个关节连同它的杆件决定着机器人末端的位置,故称其为位置机构;而后三个关节连同它的杆件,决定机器人末端的姿态,故称其为姿态机构。

由例3.4可知,对于运动学方程的逆解,利用代数法时,可以归结为:

① 原则。等号两侧的矩阵中对应元素相等;列出相关方程进行求解。在确定对应元素时,要注意选择对象,使方程易解,并尽量获得单值(有时不可避免多值)。

② 步骤。利用矩阵方程进行递推,每递推一次可解一个或多于一个变量的公式。

③ 技巧。利用三角方程进行置换。在求 θ 角时,尽量采用 $\tan\theta=y/x$ 的形式,得到 $\theta=\arctan(y/x)$,依据 y 和 x 的"+、-"特性,可判定 θ 所在象限。

④ 问题。解题过程中有增根时,要根据操作机的机构特点确定位姿的可能性,选用适合的最终公式。

总之,运动学方程逆解意义非常重要,但求解过程比较复杂。这也就使该问题成为目前研究的重点问题之一。

3.4 微分运动与雅可比矩阵

微分运动(微分变换)是机器人运动学和动力学研究中的一个重要概念。通过微分变换可以获得机器人各杆件间的微动位置、速度及力和力矩的变化关系。在研究微分运动的过程中又将引出一个重要的概念——雅可比矩阵。雅可比矩阵是一个重要的微分运动研究分析工具。

3.4.1 概述

微分变换是解决机器人实用技术问题的重要手段。例如,在机器人末端执行器前一杆件上设置一个电视摄像机或其他测量器,取得视觉或其他测量信息,经过信息处理后,可以指示和控制末端执行器产生一定的微分运动,使末端执行器的位姿达到期望值,偏差得以纠正,进而保证机器人的工作精度。

从下面的例子中可对雅可比矩阵的概念及作用有个比较形象的认识。

例3.5 图3.12所示为一个有两个转动关节(2R)的平面机械手,杆长分别为 l_1 和 l_2,杆2的端点为 M,关节变量为 θ_1 和 θ_2,试求点 M 速度与 θ_i 的关系。

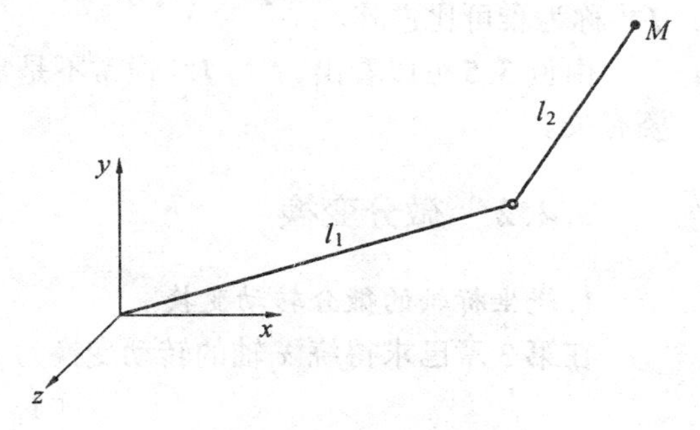

图3.12 平面二杆机构

首先建立齐次变换,即 ${}^0_2T$ 为

$$
{}^0_2\boldsymbol{T} = \begin{bmatrix} \cos(\theta_1+\theta_2) & -\sin(\theta_1+\theta_2) & 0 & l_1\cos\theta_1 \\ \sin(\theta_1+\theta_2) & \cos(\theta_1+\theta_2) & 0 & l_1\sin\theta_1 \\ 0 & 0 & 1 & 0 \\ 0 & 0 & 0 & 1 \end{bmatrix}
$$

点 M 在标架上的齐次坐标是 $(l_2,0,0,1)$,将点 M 映射到基础坐标系上,得

$$
\begin{bmatrix} x_M \\ y_M \\ 0 \\ 1 \end{bmatrix} = {}^0_2\boldsymbol{T}\begin{bmatrix} l_2 \\ 0 \\ 0 \\ 1 \end{bmatrix}
$$

则有

$$
x_M = l_1\cos\theta_1 + l_2\cos(\theta_1+\theta_2)
$$
$$
y_M = l_1\sin\theta_1 + l_2\sin(\theta_1+\theta_2)
$$

对上面两式求导,得

$$
\dot{x}_M = -l_1\sin\theta_1\dot{\theta}_1 - l_2\sin(\theta_1+\theta_2)\dot{\theta}_1 - l_2\sin(\theta_1+\theta_2)\dot{\theta}_2
$$
$$
\dot{y}_M = l_1\cos\theta_1\dot{\theta}_1 + l_2\cos(\theta_1+\theta_2)\dot{\theta}_1 + l_2\cos(\theta_1+\theta_2)\dot{\theta}_2
$$

写成矩阵形式,即为

$$
\begin{bmatrix} \dot{x}_M \\ \dot{y}_M \end{bmatrix} = \begin{bmatrix} -l_1\sin\theta_1 - l_2\sin(\theta_1+\theta_2) & -l_2\sin(\theta_1+\theta_2) \\ l_1\cos\theta_1 + l_2\cos(\theta_1+\theta_2) & l_2\cos(\theta_1+\theta_2) \end{bmatrix}\begin{bmatrix} \dot{\theta}_1 \\ \dot{\theta}_2 \end{bmatrix}
$$

简写为

$$
\dot{\boldsymbol{x}} = \boldsymbol{J}\dot{\boldsymbol{q}} \quad \dot{\boldsymbol{q}} = [\dot{\boldsymbol{\theta}}_1 \quad \dot{\boldsymbol{\theta}}_2]^{\mathrm{T}}
$$

$$
\boldsymbol{J} = \begin{bmatrix} -l_1\sin\theta_1 - l_2\sin(\theta_1+\theta_2) & -l_2\sin(\theta_1+\theta_2) \\ l_1\cos\theta_1 + l_2\cos(\theta_1+\theta_2) & l_2\cos(\theta_1+\theta_2) \end{bmatrix}
$$

称 $\boldsymbol{J}$ 为雅可比矩阵，$\boldsymbol{J}$ 表示末端执行器的速度 $\dot{\boldsymbol{x}}$ 与关节速度 $\dot{\boldsymbol{q}}$ 的“广义传动比”。又有

$$\dot{\boldsymbol{q}} = \boldsymbol{J}^{-1}\dot{\boldsymbol{x}}$$

$$\boldsymbol{J}^{-1} = \begin{bmatrix} l_2\cos(\theta_1+\theta_2) & l_2\sin(\theta_1+\theta_2) \\ -l_1\cos\theta_1 - l_2\cos(\theta_1+\theta_2) & -l_1\sin\theta_1 - l_2\sin(\theta_1+\theta_2) \end{bmatrix}$$

$\boldsymbol{J}^{-1}$ 称为雅可比逆阵。

由例 3.5 可以看出，$\boldsymbol{J}$ 与 $\boldsymbol{J}^{-1}$ 通常不是常数矩阵，而与关节变量有关，即与机器人的位姿有关。

3.4.2 微分变换

1. 绕坐标轴的微分转动变换

在第 3 章已求得绕 x 轴的转动变换为

$$\mathbf{rot}(\boldsymbol{x},\theta) = \begin{bmatrix} 1 & 0 & 0 & 0 \\ 0 & \cos\theta & -\sin\theta & 0 \\ 0 & \sin\theta & \cos\theta & 0 \\ 0 & 0 & 0 & 1 \end{bmatrix}$$

若令上式中的 θ 为微小的变量 δ_x，则有 $\cos\delta_x \Rightarrow 1, \sin\delta_x \Rightarrow \delta_x$，代入上式，得

$$\mathbf{rot}(\boldsymbol{x},\delta_x) = \begin{bmatrix} 1 & 0 & 0 & 0 \\ 0 & 1 & -\delta_x & 0 \\ 0 & \delta_x & 1 & 0 \\ 0 & 0 & 0 & 1 \end{bmatrix} \tag{3.71}$$

同理可得

$$\mathbf{rot}(\boldsymbol{y},\delta_y) = \begin{bmatrix} 1 & 0 & \delta_y & 0 \\ 0 & 1 & 0 & 0 \\ -\delta_y & 0 & 1 & 0 \\ 0 & 0 & 0 & 1 \end{bmatrix} \tag{3.72}$$

$$\mathbf{rot}(\boldsymbol{z},\delta_z) = \begin{bmatrix} 1 & -\delta_z & 0 & 0 \\ \delta_z & 1 & 0 & 0 \\ 0 & 0 & 1 & 0 \\ 0 & 0 & 0 & 1 \end{bmatrix} \tag{3.73}$$

在式(3.71)、(3.72)、(3.73) 的基础上，很容易得到连续微分变换的结果。例如

$$\mathbf{rot}(\boldsymbol{x},\delta_x)\mathbf{rot}(\boldsymbol{y},\delta_y) = \begin{bmatrix} 1 & 0 & 0 & 0 \\ 0 & 1 & -\delta_x & 0 \\ 0 & \delta_x & 1 & 0 \\ 0 & 0 & 0 & 1 \end{bmatrix}\begin{bmatrix} 1 & 0 & \delta_y & 0 \\ 0 & 1 & 0 & 0 \\ -\delta_y & 0 & 1 & 0 \\ 0 & 0 & 0 & 1 \end{bmatrix} =$$

$$\begin{bmatrix} 1 & 0 & \delta_y & 0 \\ \delta_x\delta_y & 1 & -\delta_x & 0 \\ -\delta_y & \delta_x & 1 & 0 \\ 0 & 0 & 0 & 1 \end{bmatrix}$$

若忽略二阶无穷小 $\delta_x\delta_y$，则

$$\mathbf{rot}(\boldsymbol{x},\delta_x)\mathbf{rot}(\boldsymbol{y},\delta_y) = \begin{bmatrix} 1 & 0 & \delta_y & 0 \\ 0 & 1 & -\delta_x & 0 \\ -\delta_y & \delta_x & 1 & 0 \\ 0 & 0 & 0 & 1 \end{bmatrix} \tag{3.74}$$

同理可得

$$\mathbf{rot}(\boldsymbol{y},\delta_y)\mathbf{rot}(\boldsymbol{x},\delta_x) = \begin{bmatrix} 1 & \delta_x\delta_y & \delta_y & 0 \\ 0 & 1 & -\delta_x & 0 \\ -\delta_y & \delta_x & 1 & 0 \\ 0 & 0 & 0 & 1 \end{bmatrix}$$

若忽略二阶无穷小 $\delta_x\delta_y$，则

$$\mathbf{rot}(\boldsymbol{y},\delta_y)\mathbf{rot}(\boldsymbol{x},\delta_x) = \begin{bmatrix} 1 & 0 & \delta_y & 0 \\ 0 & 1 & -\delta_x & 0 \\ -\delta_y & \delta_x & 1 & 0 \\ 0 & 0 & 0 & 1 \end{bmatrix} \tag{3.75}$$

比较式(3.74)、(3.75)，有

$$\mathbf{rot}(\boldsymbol{y},\delta_y)\mathbf{rot}(\boldsymbol{x},\delta_x) = \mathbf{rot}(\boldsymbol{x},\delta_x)\mathbf{rot}(\boldsymbol{y},\delta_y) \tag{3.76}$$

由此可知，微分转动变换的结果与变换次序无关。变换矩阵中对角线元素皆为1，其余元素相当于相应变换矩阵中对应元素的和。由此可得

$$\begin{aligned} \mathbf{rot}(\boldsymbol{x},\delta_x)\mathbf{rot}(\boldsymbol{y},\delta_y)\mathbf{rot}(\boldsymbol{z},\delta_z) &= \mathbf{rot}(\boldsymbol{z},\delta_z)\mathbf{rot}(\boldsymbol{y},\delta_y)\mathbf{rot}(\boldsymbol{x},\delta_x) = \\ &\mathbf{rot}(\boldsymbol{y},\delta_y)\mathbf{rot}(\boldsymbol{z},\delta_z)\mathbf{rot}(\boldsymbol{x},\delta_x) = \cdots = \\ &\begin{bmatrix} 1 & -\delta_z & \delta_y & 0 \\ \delta_z & 1 & -\delta_x & 0 \\ -\delta_y & \delta_x & 1 & 0 \\ 0 & 0 & 0 & 1 \end{bmatrix} \end{aligned} \tag{3.77}$$

2.绕任意轴转动的微分变换

在3.3节已求得绕任意轴转动的变换为

$$\mathbf{rot}(\boldsymbol{k},\theta) = \begin{bmatrix} k_xk_x\ \mathrm{ver}\sin\theta + \cos\theta & k_xk_y\ \mathrm{ver}\sin\theta - k_z\sin\theta & k_xk_z\ \mathrm{ver}\sin\theta + k_y\sin\theta & 0 \\ k_yk_x\ \mathrm{ver}\sin\theta + k_z\sin\theta & k_yk_y\ \mathrm{ver}\sin\theta + \cos\theta & k_yk_z\ \mathrm{ver}\sin\theta - k_x\sin\theta & 0 \\ k_zk_x\ \mathrm{ver}\sin\theta - k_y\sin\theta & k_zk_y\ \mathrm{ver}\sin\theta + k_x\sin\theta & k_zk_z\ \mathrm{ver}\sin\theta + \cos\theta & 0 \\ 0 & 0 & 0 & 1 \end{bmatrix}$$

令 $\theta = \delta_\theta$，则 $\mathrm{ver}\sin\delta_\theta = 1 - \cos\delta_\theta \Rightarrow 0$，$\cos\delta_\theta \Rightarrow 1$，$\sin\delta_\theta \Rightarrow \delta_\theta$，代入上式，得

$$\mathbf{rot}(\boldsymbol{k},\delta_\theta)=\begin{bmatrix}1 & -k_z\delta_\theta & k_y\delta_\theta & 0\\ k_z\delta_\theta & 1 & -k_x\delta_\theta & 0\\ -k_y\delta_\theta & k_x\delta_\theta & 1 & 0\\ 0 & 0 & 0 & 1\end{bmatrix}\tag{3.78}$$

比较式(3.77)、(3.78)可知，只要保证 $\delta_x=k_x\delta_\theta$、$\delta_y=k_y\delta_\theta$、$\delta_z=k_z\delta_\theta$，那么绕 $\boldsymbol{k}$ 轴的任何微转动变换 δ_θ，就相当于绕 x,y,z 轴的按任何次序进行的三个微转动变换 $\delta_x,\delta_y,\delta_z$。

3. 微分平移变换

在前节已求得平移变换为

$$\text{trans}(p_x,p_y,p_z)=\begin{bmatrix}1 & 0 & 0 & p_x\\ 0 & 1 & 0 & p_y\\ 0 & 0 & 1 & p_z\\ 0 & 0 & 0 & 1\end{bmatrix}$$

则微分平移变换为

$$\text{trans}(d_x,d_y,d_z)=\begin{bmatrix}1 & 0 & 0 & d_x\\ 0 & 1 & 0 & d_y\\ 0 & 0 & 1 & d_z\\ 0 & 0 & 0 & 1\end{bmatrix}\tag{3.79}$$

由3.1节可知，连续平移变换的最终结果与变换的次序无关，因此连续的微分平移变换也与变换次序无关。同样可以确信连续的微分转动变换与微分平移变换与变换次序无关。

3.4.3 变换微分

变换微分与微分变换是两个完全不同的概念，必须加以区分。微分变换是指微小变换即微小运动，变换微分是指对某齐次变换矩阵 $\boldsymbol{T}$ 取 $\mathrm{d}\boldsymbol{T}$，即 $\mathrm{d}\boldsymbol{T}$ 为 $\boldsymbol{T}$ 的变换微分。

如果某变换 $\boldsymbol{T}$ 经过相对于基础系的微分变换 $\text{trans}(d)\mathbf{rot}(\boldsymbol{k},\delta_\theta)$，则

$$\boldsymbol{T}+\mathrm{d}\boldsymbol{T}=\text{trans}(\boldsymbol{d})\mathbf{rot}(\boldsymbol{k},\delta_\theta)\boldsymbol{T}$$

$$\mathrm{d}\boldsymbol{T}=\text{trans}(\boldsymbol{d})\mathbf{rot}(\boldsymbol{k},\delta_\theta)\boldsymbol{T}-\boldsymbol{T}=[\text{trans}(\boldsymbol{d})\mathbf{rot}(\boldsymbol{k},\delta_\theta)-\boldsymbol{I}_4]\boldsymbol{T}$$

式中 $\boldsymbol{I}_4$ 为 4×4 单位矩阵，令 $[\text{trans}(\boldsymbol{d})\text{rot}(\boldsymbol{k},\delta_\theta)-\boldsymbol{I}_4]=\boldsymbol{\nabla}$，称 $\boldsymbol{\nabla}$ 为变换微分算子。

$$\boldsymbol{\nabla}=\begin{bmatrix}0 & -k_z\delta_\theta & k_y\delta_\theta & d_x\\ k_z\delta_\theta & 0 & -k_x\delta_\theta & d_y\\ -k_y\delta_\theta & k_x\delta_\theta & 0 & d_z\\ 0 & 0 & 0 & 0\end{bmatrix}\tag{3.80}$$

若确定出微分变换 $\mathbf{rot}(\boldsymbol{k},\delta_\theta)$ 等效的微分变换 $\mathbf{rot}(\delta_x,\delta_y,\delta_z)$（绕 x,y,z 轴进行的微分变换），则 $\boldsymbol{\nabla}$ 变成如下形式

$$\nabla = \begin{bmatrix} 0 & -\delta_z & \delta_y & d_x \\ \delta_z & 0 & -\delta_x & d_y \\ -\delta_y & \delta_x & 0 & d_z \\ 0 & 0 & 0 & 0 \end{bmatrix} \tag{3.81}$$

如果有变换 $\boldsymbol{T}$,经过相对于当前坐标系的微分变换 $\mathrm{trans}({}^T\mathrm{d})\mathbf{rot}({}^T\boldsymbol{k}, {}^T\delta_\theta)$,则有

$$\boldsymbol{T} + \mathrm{d}\boldsymbol{T} = \boldsymbol{T}\,\mathrm{trans}({}^T\boldsymbol{d})\mathbf{rot}({}^T\boldsymbol{k}, {}^T\delta_\theta)$$

$$\mathrm{d}\boldsymbol{T} = \boldsymbol{T}\,\mathrm{trans}({}^T\boldsymbol{d})\mathbf{rot}({}^T\boldsymbol{k}, {}^T\delta_\theta) - \boldsymbol{T} = \boldsymbol{T}[\mathrm{trans}({}^T\boldsymbol{d})\mathbf{rot}({}^T\boldsymbol{k}, {}^T\delta_\theta) - \boldsymbol{I}_4]$$

同前,令$[\mathrm{trans}({}^T\boldsymbol{d})\mathbf{rot}({}^T\boldsymbol{k}, {}^T\delta_\theta) - \boldsymbol{I}_4] = {}^T\nabla$,称${}^T\nabla$为变换微分算子。此处在$\nabla$左上角加标注 T 是为了明确该变换微分算子是相对于当前坐标系 T 进行的。

$${}^T\nabla = \begin{bmatrix} 0 & -{}^T\delta_z & {}^T\delta_y & {}^Td_x \\ {}^T\delta_z & 0 & -{}^T\delta_x & {}^Td_y \\ -{}^T\delta_y & {}^T\delta_x & 0 & {}^Td_z \\ 0 & 0 & 0 & 0 \end{bmatrix} \tag{3.82}$$

综上可知,$\mathrm{d}\boldsymbol{T} = \nabla\boldsymbol{T} = \boldsymbol{T}^{\mathrm{T}}\nabla$。微分算子$\nabla$可以认为是由微分移动矢量 $\boldsymbol{d}$ 和微分转动矢量 $\boldsymbol{\delta}$ 组成,即

$$\boldsymbol{d} = d_x\boldsymbol{i} + d_y\boldsymbol{j} + d_z\boldsymbol{k} \qquad \boldsymbol{\delta} = \delta_x\boldsymbol{i} + \delta_y\boldsymbol{j} + \delta_z\boldsymbol{k}$$

有时将两个矢量合并为一个6维列矢量 $\boldsymbol{D}$,称其为刚体坐标系的微分运动矢量,即

$$\boldsymbol{D} = \begin{bmatrix} d_x \\ d_y \\ d_z \\ \delta_x \\ \delta_y \\ \delta_z \end{bmatrix} = \begin{bmatrix} \boldsymbol{d} \\ \boldsymbol{\delta} \end{bmatrix} \tag{3.83}$$

式(3.83)是相对于基础坐标系而言的,若相对于当前坐标系,例如,相对于$\{T\}$,则应写为${}^T\boldsymbol{D}$,且有

$${}^T\boldsymbol{D} = [{}^Td_x \quad {}^Td_y \quad {}^Td_z \quad {}^T\delta_x \quad {}^T\delta_y \quad {}^T\delta_z]^{\mathrm{T}} = [{}^T\boldsymbol{d} \quad {}^T\boldsymbol{\delta}]^{\mathrm{T}}$$

3.4.4 微分运动的等价坐标变换

微分运动可以由微分运动矢量确定,但微分运动矢量可能是相对于不同的坐标系。那么在一个坐标系中的微分运动给出后,如何求出在另一个坐标系的表示呢?为了解决这一问题,可以先解决微分算子之间的相互关系,从中可以得出所需要的关系式。

现假定某变换 T 的变换微分为 $\mathrm{d}\boldsymbol{T}$,又有对于同一个 $\mathrm{d}\,\boldsymbol{T}$,相对于基础坐标系的微分算子为$\nabla$,相对于$\{T\}$的微分算子为${}^T\nabla$,则

$$\mathrm{d}\boldsymbol{T} = \nabla\boldsymbol{T} = \boldsymbol{T}^{\mathrm{T}}\nabla$$

可得

$${}^T\nabla = \boldsymbol{T}^{-1}\nabla\boldsymbol{T}$$

为了得到明确的表达式,将相对于基础坐标系的微分移动矢量 $\boldsymbol{d}$ 和微分转动矢量 $\boldsymbol{\delta}$ 表示为

$$\boldsymbol{d} = [d_x, d_y, d_z]^{\mathrm{T}} \quad \boldsymbol{\delta} = [\delta_x, \delta_y, \delta_z]^{\mathrm{T}}$$

而将 $\boldsymbol{T}$ 表示为

$$\boldsymbol{T} = \begin{bmatrix} n_x & o_x & a_x & p_x \\ n_y & o_y & a_y & p_y \\ n_z & o_z & a_z & p_z \\ 0 & 0 & 0 & 1 \end{bmatrix}$$

$$\nabla \boldsymbol{T} = \begin{bmatrix} 0 & -\delta_z & \delta_y & d_x \\ \delta_z & 0 & -\delta_x & d_y \\ -\delta_y & \delta_x & 0 & d_z \\ 0 & 0 & 0 & 0 \end{bmatrix} \begin{bmatrix} n_x & o_x & a_x & p_x \\ n_y & o_y & a_y & p_y \\ n_z & o_z & a_z & p_z \\ 0 & 0 & 0 & 1 \end{bmatrix} =$$

$$\begin{bmatrix} (\delta \times n)_x & (\delta \times o)_x & (\delta \times a)_x & [(\delta \times p) + d]_x \\ (\delta \times n)_y & (\delta \times o)_y & (\delta \times a)_y & [(\delta \times p) + d]_y \\ (\delta \times n)_z & (\delta \times o)_z & (\delta \times a)_z & [(\delta \times p) + d]_z \\ 0 & 0 & 0 & 0 \end{bmatrix}$$

$${}^{T}\nabla = \boldsymbol{T}^{-1} \nabla \boldsymbol{T} = \begin{bmatrix} \boldsymbol{n} \cdot (\boldsymbol{\delta} \times \boldsymbol{n}) & \boldsymbol{n} \cdot (\boldsymbol{\delta} \times \boldsymbol{o}) & \boldsymbol{n} \cdot (\boldsymbol{\delta} \times \boldsymbol{a}) & \boldsymbol{n} \cdot [(\boldsymbol{\delta} \times \boldsymbol{p}) + \boldsymbol{d}] \\ \boldsymbol{o} \cdot (\boldsymbol{\delta} \times \boldsymbol{n}) & \boldsymbol{o} \cdot (\boldsymbol{\delta} \times \boldsymbol{o}) & \boldsymbol{o} \cdot (\boldsymbol{\delta} \times \boldsymbol{a}) & \boldsymbol{o} \cdot [(\boldsymbol{\delta} \times \boldsymbol{p}) + \boldsymbol{d}] \\ \boldsymbol{a} \cdot (\boldsymbol{\delta} \times \boldsymbol{n}) & \boldsymbol{a} \cdot (\boldsymbol{\delta} \times \boldsymbol{o}) & \boldsymbol{a} \cdot (\boldsymbol{\delta} \times \boldsymbol{a}) & \boldsymbol{a} \cdot [(\boldsymbol{\delta} \times \boldsymbol{p}) + \boldsymbol{d}] \\ 0 & 0 & 0 & 0 \end{bmatrix} \tag{3.84}$$

根据矢量三重混合积 $\boldsymbol{a} \cdot (\boldsymbol{b} \times \boldsymbol{c})$ 的性质:

① $\boldsymbol{a} \cdot (\boldsymbol{b} \times \boldsymbol{c}) = -\boldsymbol{b} \cdot (\boldsymbol{a} \times \boldsymbol{c}) = \boldsymbol{b} \cdot (\boldsymbol{c} \times \boldsymbol{a})$

② $\boldsymbol{a} \cdot (\boldsymbol{a} \times \boldsymbol{c}) = 0$

$${}^{T}\nabla = \begin{bmatrix} 0 & -\boldsymbol{\delta} \cdot (\boldsymbol{n} \times \boldsymbol{o}) & \boldsymbol{\delta} \cdot (\boldsymbol{a} \times \boldsymbol{n}) & \boldsymbol{\delta} \cdot (\boldsymbol{p} \times \boldsymbol{n}) + \boldsymbol{d} \cdot \boldsymbol{n} \\ \boldsymbol{\delta} \cdot (\boldsymbol{n} \times \boldsymbol{o}) & 0 & -\boldsymbol{\delta} \cdot (\boldsymbol{o} \times \boldsymbol{a}) & \boldsymbol{\delta} \cdot (\boldsymbol{p} \times \boldsymbol{o}) + \boldsymbol{d} \cdot \boldsymbol{o} \\ -\boldsymbol{\delta} \cdot (\boldsymbol{a} \times \boldsymbol{n}) & \boldsymbol{\delta} \cdot (\boldsymbol{o} \times \boldsymbol{a}) & 0 & \boldsymbol{\delta} \cdot (\boldsymbol{p} \times \boldsymbol{a}) + \boldsymbol{d} \cdot \boldsymbol{a} \\ 0 & 0 & 0 & 0 \end{bmatrix}$$

又因为 $\boldsymbol{n} \times \boldsymbol{o} = \boldsymbol{a}, \boldsymbol{o} \times \boldsymbol{a} = \boldsymbol{n}, \boldsymbol{a} \times \boldsymbol{n} = \boldsymbol{o}$,所以得到

$${}^{T}\nabla = \begin{bmatrix} 0 & -\boldsymbol{\delta} \cdot \boldsymbol{a} & \boldsymbol{\delta} \cdot \boldsymbol{o} & \boldsymbol{\delta} \cdot (\boldsymbol{p} \times \boldsymbol{n}) + \boldsymbol{d} \cdot \boldsymbol{n} \\ \boldsymbol{\delta} \cdot \boldsymbol{a} & 0 & -\boldsymbol{\delta} \cdot \boldsymbol{n} & \boldsymbol{\delta} \cdot (\boldsymbol{p} \times \boldsymbol{o}) + \boldsymbol{d} \cdot \boldsymbol{o} \\ -\boldsymbol{\delta} \cdot \boldsymbol{o} & \boldsymbol{\delta} \cdot \boldsymbol{n} & 0 & \boldsymbol{\delta} \cdot (\boldsymbol{p} \times \boldsymbol{a}) + \boldsymbol{d} \cdot \boldsymbol{a} \\ 0 & 0 & 0 & 0 \end{bmatrix} \tag{3.85}$$

比较式(3.82) 和式(3.85) 得

$$\left.\begin{aligned}
{}^{T}d_x &= \boldsymbol{\delta}\cdot(\boldsymbol{p}\times\boldsymbol{n})+\boldsymbol{d}\cdot\boldsymbol{n}=\boldsymbol{n}\cdot[\boldsymbol{\delta}\times\boldsymbol{p}+\boldsymbol{d}]\\
{}^{T}d_y &= \boldsymbol{\delta}\cdot(\boldsymbol{p}\times\boldsymbol{o})+\boldsymbol{d}\cdot\boldsymbol{o}=\boldsymbol{o}\cdot[\boldsymbol{\delta}\times\boldsymbol{p}+\boldsymbol{d}]\\
{}^{T}d_z &= \boldsymbol{\delta}\cdot(\boldsymbol{p}\times\boldsymbol{a})+\boldsymbol{d}\cdot\boldsymbol{a}=\boldsymbol{a}\cdot[\boldsymbol{\delta}\times\boldsymbol{p}+\boldsymbol{d}]\\
{}^{T}\delta_x &= \boldsymbol{\delta}\cdot\boldsymbol{n}=\boldsymbol{n}\cdot\boldsymbol{\delta}\\
{}^{T}\delta_y &= \boldsymbol{\delta}\cdot\boldsymbol{o}=\boldsymbol{o}\cdot\boldsymbol{\delta}\\
{}^{T}\delta_z &= \boldsymbol{\delta}\cdot\boldsymbol{a}=\boldsymbol{a}\cdot\boldsymbol{\delta}
\end{aligned}\right\}\tag{3.86}$$

将微分转动和微分移动合并为微分运动矢量 $\boldsymbol{D}$,即

$$\boldsymbol{D}=[d_x\quad d_y\quad d_z\quad \delta_x\quad \delta_y\quad \delta_z]^{\mathrm{T}}$$

$$^{T}\boldsymbol{D}=[{}^{T}d_x\quad {}^{T}d_y\quad {}^{T}d_z\quad {}^{T}\delta_x\quad {}^{T}\delta_y\quad {}^{T}\delta_z]^{\mathrm{T}}$$

则由式(3.83)可得

$$\begin{bmatrix}{}^{T}d_x\\{}^{T}d_y\\{}^{T}d_z\\{}^{T}\delta_x\\{}^{T}\delta_y\\{}^{T}\delta_z\end{bmatrix}=\begin{bmatrix}n_x & n_y & n_z & (\boldsymbol{p}\times\boldsymbol{n})_x & (\boldsymbol{p}\times\boldsymbol{n})_y & (\boldsymbol{p}\times\boldsymbol{n})_z\\ o_x & o_y & o_z & (\boldsymbol{p}\times\boldsymbol{o})_x & (\boldsymbol{p}\times\boldsymbol{o})_y & (\boldsymbol{p}\times\boldsymbol{o})_z\\ a_x & a_y & a_z & (\boldsymbol{p}\times\boldsymbol{a})_x & (\boldsymbol{p}\times\boldsymbol{a})_y & (\boldsymbol{p}\times\boldsymbol{a})_z\\ 0&0&0&n_x&n_y&n_z\\0&0&0&o_x&o_y&o_z\\0&0&0&a_x&a_y&a_z\end{bmatrix}\begin{bmatrix}d_x\\d_y\\d_z\\\delta_x\\\delta_y\\\delta_z\end{bmatrix}\tag{3.87}$$

上式表明,根据基础坐标系的微分运动矢量 $\boldsymbol{D}$,可以得到相对于当前坐标系$\{T\}$的微分运动矢量$^{T}\boldsymbol{D}$,6×6 的变换矩阵将其值从一个坐标系映射到另一个坐标系。书写简便起见,将转换矩阵写成子块形式,微分运动矢量为

$$\boldsymbol{D}=\begin{bmatrix}\boldsymbol{d}\\\boldsymbol{\omega}\end{bmatrix}\qquad {}^{T}\boldsymbol{D}=\begin{bmatrix}{}^{T}\boldsymbol{d}\\{}^{T}\boldsymbol{\omega}\end{bmatrix}$$

式(3.87)可以写成

$$\begin{bmatrix}{}^{T}\boldsymbol{d}\\{}^{T}\boldsymbol{\omega}\end{bmatrix}=\begin{bmatrix}\boldsymbol{R}^{\mathrm{T}} & -\boldsymbol{R}^{\mathrm{T}}\boldsymbol{S}(p)\\0 & \boldsymbol{R}^{\mathrm{T}}\end{bmatrix}\begin{bmatrix}\boldsymbol{d}\\\boldsymbol{\omega}\end{bmatrix}\tag{3.88}$$

式中 $\boldsymbol{R}$——旋转矩阵(方向余弦矩阵),$\boldsymbol{R}=\begin{bmatrix}n_x&o_x&a_x\\n_y&o_y&a_y\\n_z&o_z&a_z\end{bmatrix}$;$\boldsymbol{S}(\boldsymbol{p})$ 为反对称矩阵

$$\boldsymbol{S}(\boldsymbol{p})=\begin{bmatrix}0&-p_z&p_y\\p_z&0&-p_x\\-p_y&p_x&0\end{bmatrix},\ -\boldsymbol{R}^{\mathrm{T}}\boldsymbol{S}(\boldsymbol{p})=\begin{bmatrix}(\boldsymbol{p}\times\boldsymbol{n})_x&(\boldsymbol{p}\times\boldsymbol{n})_y&(\boldsymbol{p}\times\boldsymbol{n})_z\\(\boldsymbol{p}\times\boldsymbol{o})_x&(\boldsymbol{p}\times\boldsymbol{o})_y&(\boldsymbol{p}\times\boldsymbol{o})_z\\(\boldsymbol{p}\times\boldsymbol{a})_x&(\boldsymbol{p}\times\boldsymbol{a})_y&(\boldsymbol{p}\times\boldsymbol{a})_z\end{bmatrix}$$

物体的广义速度定义为微分运动矢量与相应的时间间隔 Δt 的比值,取 $\Delta t\to0$ 的极限,即

$$\boldsymbol{V}=\begin{bmatrix}\boldsymbol{v}\\\boldsymbol{\omega}\end{bmatrix}=\lim_{\Delta t\to0}\frac{1}{\Delta t}\begin{bmatrix}\boldsymbol{d}\\\boldsymbol{\omega}\end{bmatrix}$$

式中 $\boldsymbol{v}$——3×1 的速度矢量,即 $\boldsymbol{v}=[v_x\quad v_y\quad v_z]^{\mathrm{T}}$;

$\boldsymbol{\omega}$—— 3×1的角速度矢量，即 $\omega=[\omega_x \quad \omega_y \quad \omega_z]^{\mathrm{T}}$，在两个坐标系中，广义速度之间的关系与微分运动矢量的关系相同，即

$$\begin{bmatrix} {}^{T}v \\ {}^{T}\omega \end{bmatrix} = \begin{bmatrix} \boldsymbol{R}^{\mathrm{T}} & -\boldsymbol{R}^{\mathrm{T}}\boldsymbol{S}(p) \\ 0 & \boldsymbol{R}^{\mathrm{T}} \end{bmatrix} \begin{bmatrix} \boldsymbol{v} \\ \boldsymbol{\omega} \end{bmatrix} \tag{3.89}$$

3.5 雅可比矩阵

3.5.1 机器人雅可比矩阵一般概念

机器人雅可比矩阵 $\boldsymbol{J}$ 通常是指从关节空间向操作空间运动速度的广义传动比，即

$$\boldsymbol{V} = \dot{\boldsymbol{x}} = \boldsymbol{J}(\boldsymbol{q})\dot{\boldsymbol{q}} \tag{3.90}$$

式中 $\dot{\boldsymbol{q}}$—— 关节速度矢量；

$\dot{\boldsymbol{x}}$—— 操作空间速度矢量。

由于速度可以看成是单位时间内的微分运动，因此雅可比矩阵也可看成是关节空间的微分运动向操作空间的微分运动的转换矩阵，即

$$\boldsymbol{D} = \boldsymbol{J}(\boldsymbol{q})\mathrm{d}\boldsymbol{q} \tag{3.91}$$

式中 $\boldsymbol{D}$—— 末端执行器的微分运动矢量；

$\mathrm{d}\boldsymbol{q}$—— 关节微分运动矢量。

值得注意的是，由于雅可比矩阵依赖于 $\boldsymbol{q}$，即依赖于机器人的位置姿态，因此记作 $\boldsymbol{J}(\boldsymbol{q})$，这是一个依赖于 $\boldsymbol{q}$ 的线性变换矩阵。$\boldsymbol{J}(\boldsymbol{q})$ 不一定是方矩阵，其行数等于机器人操作空间的维数，而列数等于它的关节数。例如，平面操作手的雅可比矩阵一般有 3 行，而空间操作手则有 6 行。具有 n 个关节的机器人，雅可比矩阵 $\boldsymbol{J}(\boldsymbol{q})$ 是 $6\times n$ 阶矩阵，其中前 3 行是对末端线速度的传递，而后 3 行则与末端的角速度有关。每一个列向量代表相应的关节速度对末端线速度和角速度的影响。

机器人雅可比矩阵可以表示成分块矩阵的形式

$$\begin{bmatrix} \boldsymbol{v} \\ \boldsymbol{\omega} \end{bmatrix} = \begin{bmatrix} \boldsymbol{J}_{L1} & \boldsymbol{J}_{L2} & \cdots & \boldsymbol{J}_{Ln} \\ \boldsymbol{J}_{A1} & \boldsymbol{J}_{A2} & \cdots & \boldsymbol{J}_{An} \end{bmatrix} \begin{bmatrix} \dot{q}_1 \\ \dot{q}_2 \\ \vdots \\ \dot{q}_n \end{bmatrix} \tag{3.92}$$

于是末端执行器的线速度 v 和角速度 ω 可表示为关节速度的线性函数，即

$$\left.\begin{aligned} \boldsymbol{v} &= \boldsymbol{J}_{L1}\dot{q}_1 + \boldsymbol{J}_{L2}\dot{q}_2 + \cdots + \boldsymbol{J}_{Ln}\dot{q}_n \\ \omega &= \boldsymbol{J}_{A1}\dot{q}_1 + \boldsymbol{J}_{A2}\dot{q}_2 + \cdots + \boldsymbol{J}_{An}\dot{q}_n \end{aligned}\right\} \tag{3.93}$$

同样末端执行器的微分移动矢量 $\boldsymbol{d}$ 和微分转动矢量 $\boldsymbol{\delta}$ 与各关节的微分运动 $\mathrm{d}\boldsymbol{q}$ 之间的关系为

$$\left.\begin{aligned} \boldsymbol{d} &= \boldsymbol{J}_{L1}\mathrm{d}q_1 + \boldsymbol{J}_{L2}\mathrm{d}q_2 + \cdots + \boldsymbol{J}_{Ln}\mathrm{d}q_n \\ \boldsymbol{\omega} &= \boldsymbol{J}_{A1}\mathrm{d}q_1 + \boldsymbol{J}_{A2}\mathrm{d}q_2 + \cdots + \boldsymbol{J}_{An}\mathrm{d}q_n \end{aligned}\right\} \tag{3.94}$$

式(3.92)、(3.93)、(3.94) 中 $\boldsymbol{J}_{Li}$ 和 $\boldsymbol{J}_{Ai}$ 分别代表第 i 个关节单独微分运动引起的末端

执行器的微分移动和微分转动。

雅可比矩阵可以利用微分变换方法求得。对于转动关节 i,连杆 i 相对于 $i-1$ 绕坐标系的 z_i 作微分转动 $\mathrm{d}\theta_i$,则连杆 i 坐标系的相应微分运动矢量为

$$\boldsymbol{d}=\begin{bmatrix}0\\0\\0\end{bmatrix}\qquad \boldsymbol{\delta}=\begin{bmatrix}0\\0\\1\end{bmatrix}\cdot \mathrm{d}\theta_i=\begin{bmatrix}0\\0\\\delta_z\end{bmatrix}$$

利用式(3.87)可得出末端执行器的相应的微分运动,即由关节 i 的微分运动 $\mathrm{d}\theta_i$ 所引起的末端执行器的相应的微分运动。此时可以认为第 i 号关节以外的其余关节没有发生微分运动。

$$\begin{bmatrix}{}^Td_x\\{}^Td_y\\{}^Td_z\\{}^T\delta_x\\{}^T\delta_y\\{}^T\delta_z\end{bmatrix}=\begin{bmatrix}(\boldsymbol{p}\times\boldsymbol{n})_z\\(\boldsymbol{p}\times\boldsymbol{o})_z\\(\boldsymbol{p}\times\boldsymbol{a})_z\\\boldsymbol{n}_z\\\boldsymbol{o}_z\\\boldsymbol{a}_z\end{bmatrix}\cdot \mathrm{d}\theta_i(\delta_z) \tag{3.95}$$

式中 $\boldsymbol{n}$、$\boldsymbol{o}$、$\boldsymbol{a}$、$\boldsymbol{p}$——末端执行器 ${}^i_n\boldsymbol{T}$ 的四个列向量。

若关节 i 是移动关节,连杆 i 相对于连杆 $i-1$ 作微分移动 $\mathrm{d}d_i$,相应的微分运动矢量为

$$\boldsymbol{d}=\begin{bmatrix}0\\0\\1\end{bmatrix}\cdot \mathrm{d}d_i(d_z)\qquad \boldsymbol{\delta}=\begin{bmatrix}0\\0\\0\end{bmatrix}$$

末端执行器的相应微分运动矢量为

$$\begin{bmatrix}{}^Td_x\\{}^Td_y\\{}^Td_z\\{}^T\delta_x\\{}^T\delta_y\\{}^T\delta_z\end{bmatrix}=\begin{bmatrix}\boldsymbol{n}_z\\\boldsymbol{o}_z\\\boldsymbol{a}_z\\0\\0\\0\end{bmatrix}\cdot \mathrm{d}d_i(d_z) \tag{3.96}$$

利用式(3.95)、(3.96)可以得到雅可比矩阵的各个列矢量。

如果关节 i 是转动关节,则 $\boldsymbol{J}$ 的第 i 列为

$${}^T\boldsymbol{J}_{Li}=\begin{bmatrix}(\boldsymbol{p}\times\boldsymbol{n})_z\\(\boldsymbol{p}\times\boldsymbol{o})_z\\(\boldsymbol{p}\times\boldsymbol{a})_z\end{bmatrix}=\begin{bmatrix}-n_xp_y+n_yp_x\\-o_xp_y+o_yp_x\\-a_xp_y+a_yp_x\end{bmatrix}\qquad {}^T\boldsymbol{J}_{Ai}=\begin{bmatrix}n_z\\o_z\\a_z\end{bmatrix} \tag{3.97}$$

如果关节是移动关节,则 $\boldsymbol{J}$ 的第 $\boldsymbol{i}$ 列按式(3.96)计算,即

$$ {}^{T}J_{Li} = \begin{bmatrix} n_z \\ o_z \\ a_z \end{bmatrix} \qquad {}^{T}J_{Ai} = \begin{bmatrix} 0 \\ 0 \\ 0 \end{bmatrix} \tag{3.98} $$

式中 $\boldsymbol{n}$、$\boldsymbol{o}$、$\boldsymbol{a}$、$\boldsymbol{p}$——${}^{i}_{n}\boldsymbol{T}$ 的四个列向量。

上面计算机器人雅可比矩阵的方法是构造型的，只要知道机器人操作机各杆变换矩阵 ${}^{i-1}_{i}\boldsymbol{T}$ 就可以此为基础求出 ${}^{i}_{n}\boldsymbol{T}$，并自动生成它的雅可比矩阵。

3.5.2 雅可比矩阵的奇异问题

在一般情况下，雅可比矩阵可以写成形式

$$ \boldsymbol{J} = \begin{bmatrix} J_{11} & J_{12} & J_{13} & \cdots & J_{1n} \\ J_{21} & J_{22} & J_{23} & \cdots & J_{2n} \\ \vdots & \vdots & \vdots & & \vdots \\ J_{m1} & J_{m2} & J_{m3} & \cdots & J_{mn} \end{bmatrix} \tag{3.99} $$

由式(3.99) 可得到表示速度关系的一般简写形式

$$ \dot{\boldsymbol{x}}_{m\times 1} = \boldsymbol{J}_{m\times n}\dot{\boldsymbol{q}}_{n\times 1} \tag{3.100} $$

式中 m—— 机器人操作手末端执行器的自由度数；

n—— 机器人操作手运动链的自由度数，由具体结构而定，一般情况下自由度数等于独立的关节变量数；

$\dot{\boldsymbol{x}}$—— 广义速度列向量；

$\dot{\boldsymbol{q}}$—— 广义关节速度列向量。

当 $m \neq n$，$\boldsymbol{J}$ 为非方矩阵，这时式(3.85) 的求逆运算可用引出 $\boldsymbol{J}$ 的伪逆矩阵的方法解决。在式(3.100) 两边各乘 $\boldsymbol{J}^{\mathrm{T}}$，即

$$ \boldsymbol{J}^{\mathrm{T}}\dot{\boldsymbol{x}} = \boldsymbol{J}^{\mathrm{T}}\boldsymbol{J}\dot{\boldsymbol{q}} \tag{3.101} $$

$$ \dot{\boldsymbol{q}} = [\boldsymbol{J}^{\mathrm{T}}\boldsymbol{J}]^{-1}\boldsymbol{J}^{\mathrm{T}}\dot{\boldsymbol{x}} \tag{3.102} $$

当 $m > n$，机器人操作手的独立关节变量少于末端执行器的运动自由度数时，一般说来式(3.100) 无逆解。也就是说，在这种情况下，无法对操作手末端的速度进行全面的控制。

当 $m < n$，即机器人操作手的独立关节变量多于末端执行器的运动自由度数时，其中 $n - m$ 个关节变量可作为自由变量，即冗余变量，可取任意可能的值，这就构成了无穷多的解，可从中进行选择和优化。

当 $m = n$ 时，分为两种情况：

① 当 $|\boldsymbol{J}| \neq 0$ 时，$\boldsymbol{J}$ 存在逆阵，故式(3.100) 有惟一的逆解；

② 当 $|\boldsymbol{J}| = 0$ 时，雅可比矩阵 $\boldsymbol{J}$ 奇异，此时 $\boldsymbol{J}$ 的逆阵不存在，即在 $\boldsymbol{J}$ 中存在线性相关的行(或列) 向量。也就是说，其中总有一行(列) 向量与其他一个或几个行(列) 向量平行，即某个关节或几个关节丧失了自由度。这时由关节速度所引起的末端执行器的速度向量只对应某一特定方向，获得任意的速度向量是不可能的(在计算上将出现某些关节的速率为无穷大的情况)。

第4章 机器人操作手动力学

4.1 概 述

机器人动力学与其他一般的机构动力学相比,是一种复杂的动力学系统,它与现代控制技术和计算技术更为密切相关。机器人是主动的机械装置,研究和控制这个系统,必须首先建立它的动力学模型,即动力学方程。动力学方程就是指作用于机器人各关节的力或力矩与其位置、速度、加速度关系的方程式,也就是以力或力矩为输入量,机器人的各关节的位移、速度、加速度为输出量的关系式。

机器人操作手臂是一个复杂的动力学系统,存在严重的非线性,是由多个关节和连杆组成,具有多个输入和多个输出,它们之间存在着复杂的耦合关系。分析机器人的动力特性,目前所采用的方法很多,本章主要介绍以下两种方法:

(1) 牛顿-欧拉法

牛顿-欧拉法建立在牛顿第二定律的基础上,用此方法时,需要从运动学出发应用牛顿方程求得加速度,并消去各内作用力,最后得到各关节输入转矩和机器人输出运动之间的关系。这种方法的表达式直观,但求解工作量较大。

(2) 拉格朗日法

拉格朗日法即拉格朗日功能平衡法,是达朗贝尔方程的一种特殊形式。它只需要速度而不必求内力,因此机器人的拉格朗日方程较为简捷,其解算过程也较方便。

4.2 动力学分析基础

4.2.1 广义坐标

动力学系统的广义坐标是描述动力学系统的最少的一组独立变量,它表征了动力学系统的状态。

在一般情况下,设由 N 个质点组成的力学系统具有 S 个约束方程,即

$$\begin{cases} f_1(x_1, y_1, z_1, \cdots, x_N, y_N, z_N) = 0 \\ f_2(x_1, y_1, z_1, \cdots, x_N, y_N, z_N) = 0 \\ \vdots \\ f_S(x_1, y_1, z_1, \cdots, x_N, y_N, z_N) = 0 \end{cases} \tag{4.1}$$

因此，在 $3N$ 个坐标 x_i、y_i、$z_i(i = 1,2,\cdots,N)$ 中有 $k = 3N - S$ 个坐标是独立的，它就等于系统的自由度。我们可以选择 k 个独立的参数，把系统的坐标表示成它们的函数，即

$$\begin{cases} x_i = x_i(q_1, q_2, \cdots, q_k) \\ y_i = y_i(q_1, q_2, \cdots, q_k) \qquad i = 1,2,\cdots,N \\ z_i = z_i(q_1, q_2, \cdots, q_k) \end{cases} \tag{4.2}$$

或合并成为一个向量形式，即

$$\boldsymbol{r}_i = \boldsymbol{r}_i(q_1, q_2, \cdots, q_k) \qquad (i = 1,2,\cdots,N) \tag{4.3}$$

这 k 个决定质点系统位置的独立参数，称为系统的广义坐标，在系统的约束都是几何约束的情况下，广义坐标数等于系统的自由度数。广义坐标在具体问题中可以取直角坐标，也可以取其他坐标。

4.2.2 虚位移和虚功原理

机器人机构是一个复杂的系统，在它们的动力学平衡方程中，将出现很多未知的约束反力，而这些未知的约束反力在研究的问题中往往不需要知道。应用虚位移原理求解系统的平衡问题，在所列的方程中将不出现约束反力，联立方程的数目也将减少，因而使运算简化。

对于非自由质点系，由于约束的存在，系统各质点的位移将受到一定的限制。有些位移是约束所允许的，而另一些位移则是约束不允许的。在给定瞬时，约束所允许的系统各质点任何无限小的位移，称为虚位移。虚位移与质点的实际位移是不同的，实位移与作用在质点系上的力、初始条件及时间有关，随着这些条件的变化而发生变换。而虚位移与质点系上的力、初始条件及时间无关，它完全由约束的性质决定。

质点系统的虚位移由各质点的虚位移 $\delta\boldsymbol{r}_i(i = 1,2,\cdots,N)$ 组成。在广义坐标系中，各质点的虚位移 $\delta\boldsymbol{r}_i(i = 1,2,\cdots,N)$ 也可以用广义坐标的变分 $\delta q_1,\delta q_2,\cdots,\delta q_k$（称为广义虚位移）来表示。只需对式(4.2)、(4.3)进行虚微分或变分，即

$$\begin{cases} \delta x_i = \sum\limits_{j=1}^{k} \dfrac{\partial x_i}{\partial q_j}\delta q_j \\ \delta y_i = \sum\limits_{j=1}^{k} \dfrac{\partial y_i}{\partial q_j}\delta q_j \qquad i = 1,2,\cdots,N \\ \delta z_i = \sum\limits_{j=1}^{k} \dfrac{\partial z_i}{\partial q_j}\delta q_j \end{cases} \tag{4.4}$$

$$\delta\boldsymbol{r}_i = \sum_{j=1}^{k} \frac{\partial \boldsymbol{r}_i}{\partial q_j}\delta q_j \qquad i = 1,2,\cdots,N \tag{4.5}$$

当质点系统处于平衡状态时，作用于质点系中任一质点 M_i 上的合力 $\boldsymbol{F}_i = 0$。$\boldsymbol{F}_i$ 所引起的质点 i 的虚位移为 $\delta\boldsymbol{r}_i$，相应的虚功也为零，即 $\delta\boldsymbol{r}_i \cdot \boldsymbol{F}_i = 0$，系统中各质点的虚功之和也为零，即

$$\sum_{i=1}^{N} \boldsymbol{F}_i\delta\boldsymbol{r}_i = 0 \tag{4.6}$$

$$\sum_{i=1}^{N}\boldsymbol{F}_i\delta\boldsymbol{r}_i = \sum_{i=1}^{N}(F_{xi}\boldsymbol{i} + F_{yi}\boldsymbol{j} + F_{zi}\boldsymbol{k})(\delta_{xi}\boldsymbol{i} + \delta_{yi}\boldsymbol{j} + \delta_{zi}\boldsymbol{k}) = \sum_{i=1}^{N}(F_{xi}\delta_{xi} + F_{yi}\delta_{yi} + F_{zi}\delta_{zi}) = 0 \tag{4.7}$$

其中 F_{xi}, F_{yi}, F_{zi}—— 主动力 F_i 在 x、y、z 坐标轴上的投影；

δ_{xi}、δ_{yi}、δ_{zi}—— 虚位移 $\delta\boldsymbol{r}_i$ 在 x、y、z 坐标轴上的投影。

F_i 由内力 $F_{i内}$ 和外力 $F_{i外}$ 两部分组成，当质点系是刚体或相接触的刚体集合时，内力或接触力在任意方向都成对存在且和为零，所以内力的虚功和为零，式(4.6) 变为

$$\sum_{i=1}^{N}\boldsymbol{F}_{i外}\delta\boldsymbol{r}_i = 0 \tag{4.8}$$

式(4.8) 指出，处于平衡状态的质点系统，作用在系统上外力的虚功之和为零，这就是虚功原理。

4.2.3 广义外力

由于质点系统内力的虚功和为零，$F_{i外}$ 在虚位移上所做的功为

$$\delta W_F = \sum_{i=1}^{N}\boldsymbol{F}_{i外}\delta\boldsymbol{r}_i \tag{4.9}$$

将式(4.5) 代入式(4.9)，得

$$\delta W_F = \sum_{i=1}^{N}\boldsymbol{F}_{i外}\sum_{j=1}^{k}\frac{\partial\boldsymbol{r}_i}{\partial q_j}\delta q_j = \sum_{j=1}^{k}\sum_{i=1}^{N}\boldsymbol{F}_{i外}\frac{\partial\boldsymbol{r}_i}{\partial q_j}\delta q_j \tag{4.10}$$

令 $Q_j = \sum_{i=1}^{N}\boldsymbol{F}_{i外}\frac{\partial\boldsymbol{r}_i}{\partial q_j}(j = 1,\cdots,k)$，则

$$\delta W_F = \sum_{j=1}^{k}Q_j\,\delta q_j \tag{4.11}$$

我们称 $Q_j(j = 1,2,\cdots,k)$ 为对应于广义坐标 $q_j(j = 1,2,\cdots,k)$ 的广义外力。

4.2.4 达朗伯原理

达朗伯原理将动力学问题在形式上转化为静力学问题来进行求解，这种方法称为动静法。达朗伯原理与上述虚位移原理结合起来，组成动力学方程，为求解复杂的动力学问题提供了一种普遍适用的方法。

$\boldsymbol{P}_i(i = 1,2,\cdots,N)$ 为质点系中各质点的动量，任意一个质点 i 的动力学平衡方程式为

$$\boldsymbol{F}_i - \dot{\boldsymbol{p}}_i = 0 \tag{4.12}$$

$\boldsymbol{F}_i$ 是作用在 i 质点上的合力，$\delta\boldsymbol{r}_i$ 为质点 i 的虚位移，则

$$(\boldsymbol{F}_i - \dot{\boldsymbol{p}}_i)\delta\boldsymbol{r}_i = 0 \tag{4.13}$$

这里，$\boldsymbol{r}_i$ 是质点 i 的位置矢量。

对整个质点系统，有

$$\sum_{i=1}^{N}(\boldsymbol{F}_i - \dot{\boldsymbol{p}}_i)\delta\boldsymbol{r}_i = 0 \tag{4.14}$$

由于质点系统内力的虚功和为零,由式(4.14)得

$$\sum_{i=1}^{N}(\boldsymbol{F}_{外i} - \dot{\boldsymbol{p}}_i)\delta\boldsymbol{r}_i = 0 \tag{4.15}$$

这就是达朗伯原理的符号表达式。

将式(4.5)代入式(4.15)得

$$\sum_{i=1}^{N}(\boldsymbol{F}_{外i} - \dot{\boldsymbol{p}}_i)\sum_{j=1}^{k}\frac{\partial \boldsymbol{r}_i}{\partial q_j}\delta q_j = 0$$

即

$$\sum_{i=1}^{N}\sum_{j=1}^{k}\boldsymbol{F}_{外i}\frac{\partial \boldsymbol{r}_i}{\partial q_j}\delta q_j - \sum_{i=1}^{N}\sum_{j=1}^{k}\dot{p}_i\frac{\partial \boldsymbol{r}_i}{\partial q_j}\delta q_j = 0 \tag{4.16}$$

$$\dot{\boldsymbol{p}}_i = m_i\ddot{\boldsymbol{r}}_i \quad (m_i \text{ 是质点 } i \text{ 的质量}) \tag{4.17}$$

将式(4.17)、(4.11)代入式(4.16),得

$$\sum_{j=1}^{k}Q_j\,\delta q_j - \sum_{i=1}^{N}\sum_{j=1}^{k}m_i\ddot{r}_i\frac{\partial \boldsymbol{r}_i}{\partial \boldsymbol{q}_j}\delta q_j = 0 \tag{4.18}$$

已知$\sum_{i=1}^{N}\frac{\mathrm{d}}{\mathrm{d}t}\left(m_i\dot{\boldsymbol{r}}_i\frac{\partial \boldsymbol{r}_i}{\partial q_j}\right) = \sum_{i=1}^{N}m_i\ddot{\boldsymbol{r}}_i\frac{\partial \boldsymbol{r}_i}{\partial q_j} + \sum_{i=1}^{N}m_i\dot{\boldsymbol{r}}_i\frac{\partial \dot{\boldsymbol{r}}_i}{\partial \boldsymbol{q}_j}$,即

$$\sum_{i=1}^{N}\boldsymbol{m}_i\ddot{\boldsymbol{r}}_i\frac{\partial \boldsymbol{r}_i}{\partial \boldsymbol{q}_j} = -\sum_{i=1}^{N}\boldsymbol{m}_i\dot{\boldsymbol{r}}_i\frac{\partial \dot{\boldsymbol{r}}_i}{\partial q_j} + \sum_{i=1}^{N}\frac{\mathrm{d}}{\mathrm{d}t}\left(m_i\dot{\boldsymbol{r}}_i\frac{\partial \boldsymbol{r}_i}{\partial q_j}\right) \tag{4.19}$$

将式(4.19)代入式(4.18),得

$$\sum_{j=1}^{k}Q_j\delta q_j - \sum_{j=1}^{k}\left[\sum_{i=1}^{N}\frac{\mathrm{d}}{\mathrm{d}t}\left(m_i\dot{\boldsymbol{r}}_i\frac{\partial \boldsymbol{r}_i}{\partial q_j}\right) - \sum_{i=1}^{N}m_i\dot{\boldsymbol{r}}_i\frac{\partial \dot{\boldsymbol{r}}_i}{\partial q_j}\right]\delta q_j = 0 \tag{4.20}$$

由于$\frac{\partial \boldsymbol{r}_i}{\partial q_j} = \frac{\partial \dot{\boldsymbol{r}}_i}{\partial \dot{q}_j}$,代入式(4.20),得

$$\sum_{j=1}^{k}Q_j\delta q_j - \sum_{j=1}^{k}\left[\sum_{i=1}^{N}\frac{\mathrm{d}}{\mathrm{d}t}\left(m_i\dot{\boldsymbol{r}}_i\frac{\partial \dot{\boldsymbol{r}}_i}{\partial \dot{q}_j}\right) - \sum_{i=1}^{N}m_i\dot{\boldsymbol{r}}_i\frac{\partial \dot{\boldsymbol{r}}_i}{\partial q_j}\right]\delta q_j = 0$$

$$\sum_{j=1}^{k}Q_j\delta q_j - \sum_{j=1}^{k}\left\{\frac{\mathrm{d}}{\mathrm{d}t}\left[\frac{\partial}{\partial \dot{q}_j}\left(\sum_{i=1}^{N}\frac{1}{2}m_i\dot{\boldsymbol{r}}_i^2\right)\right] - \frac{\partial}{\partial q_j}\left(\sum_{i=1}^{N}\frac{1}{2}m_i\dot{\boldsymbol{r}}_i^2\right)\right\}\delta q_j = 0 \tag{4.21}$$

上式中质点系统的动能$\sum_{i=1}\frac{1}{2}m_i\dot{\boldsymbol{r}}_i^2$用$T$表示

$$\sum_{j=1}^{k}Q_j\delta q_j - \sum_{j=1}^{k}\left[\frac{\mathrm{d}}{\mathrm{d}t}\left(\frac{\partial T}{\partial \dot{q}_j}\right) - \frac{\partial T}{\partial q_j}\right]\delta q_j = 0$$

即

$$\sum_{j=1}^{k}\left\{\left[\frac{\mathrm{d}}{\mathrm{d}t}\left(\frac{\partial T}{\partial \dot{q}_j}\right) - \frac{\partial T}{\partial q_j}\right] - Q_j\right\}\delta q_j = 0 \tag{4.22}$$

式(4.22)就是达朗伯原理的力学表达式,由于广义坐标和虚位移相互独立,所以式(4.22)成立的惟一条件是

$$\frac{\mathrm{d}}{\mathrm{d}t}\left(\frac{\partial T}{\partial \dot{q}_j}\right) - \frac{\partial T}{\partial q_j} = Q_j \qquad j = 1,2,\cdots,k \tag{4.23}$$

式(4.23)表征了质点系统的动态力学关系,式中 T 是质点的动能,Q_j 是广义外力,q_j 是广义坐标。

4.2.5 拉格朗日方程

拉格朗日方程是达朗伯原理力学表达式的一个特例,是关于广义坐标的 k 个二阶微分方程组。

① 如果作用在质点系上的合力是有势力,则质点系具有势能,势能 P 是各质点坐标的函数,即

$$P = P(x_1, y_1, z_1, x_2, y_2, z_2, \cdots, x_n, y_n, z_n)$$

当质点系中各质点的位置以广义坐标来决定时,质点的势能可以表达为广义坐标的函数,而与广义速度无关,即

$$P = P(q_1, q_2, \cdots, q_k)$$

作用于质点系中任意点上的力在直角坐标上的投影等于势能对相应坐标的偏导数冠以负号,即

$$F_{xi} = -\frac{\partial P}{\partial x_i} \qquad F_{yi} = -\frac{\partial P}{\partial y_i} \qquad F_{zi} = -\frac{\partial P}{\partial z_i}$$

则广义力

$$Q_j = -\sum_{i=1}^{N}\left(\frac{\partial P}{\partial x_i}\cdot\frac{\partial x_i}{\partial q_j} + \frac{\partial P}{\partial y_i}\cdot\frac{\partial y_i}{\partial q_j} + \frac{\partial P}{\partial z_i}\cdot\frac{\partial z_i}{\partial q_j}\right) = \cdot$$

$$-\frac{\partial P}{\partial q_j} \qquad j = 1,2,\cdots,k \tag{4.24}$$

将式(4.24)代入式(4.23),得

$$\frac{\mathrm{d}}{\mathrm{d}t}\left[\frac{\partial(T-P)}{\partial \dot{q}_j}\right] - \frac{\partial(T-P)}{\partial q_j} = 0 \qquad j = 1,2,\cdots,k \tag{4.25}$$

定义拉格朗日函数(拉格朗日算子或动势)L 为

$$L = T - P$$

式(4.25)可写为

$$\frac{\mathrm{d}}{\mathrm{d}t}\left(\frac{\partial L}{\partial \dot{q}_j}\right) - \frac{\partial L}{\partial q_j} = 0 \qquad (j = 1,2,k) \tag{4.26}$$

这就是拉格朗日方程,它描述了在只和广义坐标有关的广义力作用下,质点系统的动力学关系,L 是 t、q_j 和 $\dot{q}_j$ 的函数。

② 如果作用在质点系上的广义外力 Q_j 中同时含有和广义坐标系有关而和广义速度无关的有势力,以及部分其他广义力 Q_{jj} 时,有

$$Q_j = -\frac{\partial P}{\partial q_j} + Q_{jj} \tag{4.27}$$

将式(4.27)代入式(4.23),得

$$\frac{\mathrm{d}}{\mathrm{d}t}\frac{\partial(T-P)}{\partial \dot{q}_j} - \frac{\partial(T-P)}{\partial q_j} = Q_{jj} \qquad j = 1,2,\cdots,k \tag{4.28}$$

4.2.6 连杆惯性张量

在基准坐标系内连杆 L_i 的转动动力学性能将用连杆依质心转动的动量矩 $\boldsymbol{H}_i$ 及其对时间的导数描述，已知

$$\boldsymbol{H}_i = \sum_j \boldsymbol{r}_j \times (m_j \boldsymbol{v}_j) = \sum_j m_j (\boldsymbol{r}_j \times \boldsymbol{v}_j) \tag{4.29}$$

式中 m_j—— 连杆上点 j 的质量；

$\boldsymbol{r}_j$—— 点 j 以质心为原点的位置矢量；

$\boldsymbol{v}_j$—— 点 j 相对质心的线速度。

设连杆 L_i 绕质心转动的瞬间角速度为 ω_i，则有

$$\boldsymbol{v}_j = \omega_i \times \boldsymbol{r}_j \tag{4.30}$$

将式(4.30) 代入式(4.29)，得

$$\boldsymbol{H}_i = \sum_j m_j [\boldsymbol{r}_j \times (\omega_i \times \boldsymbol{r}_j)] \tag{4.31}$$

写成代数式，则为

$$\begin{cases} H_{ix} = \sum_j [\omega_{ix}(y_j^2 + z_j^2) - \omega_{iy} x_j y_j - \omega_{iz} z_j x_j] m_j \\ H_{iy} = \sum_j [-\omega_{ix} x_j y_j + \omega_{iy}(z_j^2 + x_j^2) - \omega_{iz} z_j y_j] m_j \\ H_{iz} = \sum_j [-\omega_{ix} z_j x_j - \omega_{iy} z_j y_j + \omega_{iz}(y_j^2 + x_j^2)] m_j \end{cases} \tag{4.32}$$

即

$$\begin{bmatrix} H_{ix} \\ H_{iy} \\ H_{iz} \end{bmatrix} = \begin{bmatrix} I_{xx} & -I_{xy} & -I_{xz} \\ -I_{yx} & I_{yy} & -I_{yz} \\ -I_{zx} & -I_{zy} & I_{zz} \end{bmatrix} \begin{bmatrix} \omega_{ix} \\ \omega_{iy} \\ \omega_{iz} \end{bmatrix} \tag{4.33}$$

式中 I_{xx}、I_{yy}、I_{zz}—— 对 x、y、z 轴的惯性矩；

$I_{xx} = \sum_j m_j (y_j^2 + z_j^2)$；

$I_{yy} = \sum_j m_j (z_j^2 + x_j^2)$；

$I_{zz} = \sum_j m_j (x_j^2 + y_j^2)$；

I_{xy}、I_{yx}、I_{xz}、I_{zx}、I_{yz}、I_{zy}—— 惯性积；

$I_{xy} = I_{yx} = \sum_j m_j x_j y_j$；

$I_{xz} = I_{zx} = \sum_j m_j x_j z_j$；

$I_{yz} = I_{zy} = \sum_j m_j y_j z_j$。

式(4.33) 又可写成

$$\boldsymbol{H}_i = \boldsymbol{I}_i \omega_i \tag{4.34}$$

式中 I_i—— 连杆 L_i 的惯性张量。

4.2.7 欧拉方程

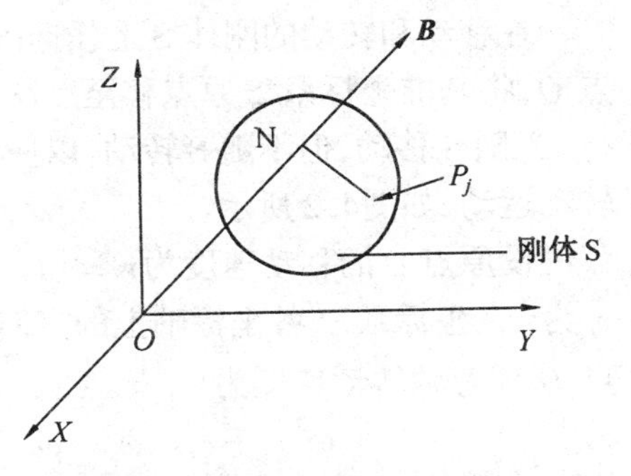

图4.1 绕 **B** 轴旋转的刚体

刚体的运动可以分解为刚体质心的移动和刚体绕质心的转动。应用牛顿－欧拉方程来建立机器人机构的动力学方程，是指相对质心的移动用牛顿方程，相对于质心的转动用欧拉方程。

牛顿方程和欧拉方程都是由牛顿第二定律推导出来的，即用力和动量、力矩和动量矩描述刚体的动力学性能。

设 **B** 为过基础坐标系Σ原点的任意方向轴线，在Σ内 **B** 的方向余弦为 l,m,n，绕 **B** 轴旋转的刚体S上一点 P_j 的定义于Σ的坐标为 x_j,y_j,z_j，如图4.1所示。

$$|\overline{OP_j}| = \sqrt{(x_j^2 + y_j^2 + z_j^2)} \tag{4.35}$$

$$|\overline{ON}| = x_j l + y_j m + z_j n \tag{4.36}$$

点 P_j 对 **B** 轴的旋转半径 $r_j = |\overline{NP_j}|$，而

$$r_j^2 = |\overline{OP_j}|^2 - |\overline{ON}|^2 = l^2(y_j^2 + z_j^2) + m^2(z_j^2 + x_j^2) + n^2(x_j^2 + y_j^2) = \\ -2mny_j z_j - 2nlz_j x_j - 2lmx_j y_j \tag{4.37}$$

设点 P_j 的质量为 m_j，则刚体S绕 **B** 轴的旋转惯性矩 I 为

$$I = \sum_j m_j r_j^2 \tag{4.38}$$

将式(4.37)代入式(4.38)，得

$$\begin{aligned} I = {} & l^2\sum_j m_j(y_j^2 + z_j^2) + m^2\sum_j m_j(z_j^2 + x_j^2) + n^2\sum_j m_j(x_j^2 + y_j^2) = \\ & -2mn\sum_j m_j y_j z_j - 2nl\sum_j m_j z_j x_j - 2lm\sum_j m_j x_j y_j = \\ & l^2 I_{xx} + m^2 I_{yy} + n^2 I_{zz} - 2mnI_{yz} - 2nlI_{zx} - 2lmI_{xy} \end{aligned} \tag{4.39}$$

式中 I_{xx}——刚体S绕 x 轴的惯性矩，$I_{xx} = \sum_j m_j(y_j^2 + z_j^2)$；

I_{yy}——刚体S绕 y 轴的惯性矩，$I_{yy} = \sum_j m_j(x_j^2 + z_j^2)$；

I_{zz}——刚体S绕 z 轴的惯性矩，$I_{zz} = \sum_j m_j(x_j^2 + y_j^2)$；

I_{yx}——刚体S绕坐标系Σ的惯性积，$I_{yx} = \sum_j m_j y_j x_j$；

I_{xz}——刚体S绕坐标系Σ的惯性积，$I_{xz} = \sum_j m_j x_j z_j$；

I_{yz}——刚体S绕坐标系Σ的惯性积，$I_{yz} = \sum_j m_j y_j z_j$。

原点不动，选取基准坐标系，使惯性积 $I_{yx} = I_{xz} = I_{yz} = 0$，这一基准坐标系的三个轴即为刚体的惯性主轴。对于惯性主轴刚体的惯性矩 I 为 I_m，即

$$I_m = l^2 I_{xx} + m^2 I_{yy} + n^2 I_{zz} \tag{4.40}$$

在移动和转动的刚体S上任选固定在刚体上的一点 O，将基准坐标系 Σ 原点移至点 O 上成为随行 Σ'，随行 Σ' 随S移动，但不随S转动，以便考察S相对 Σ' 的转动运动，如图4.2所示。

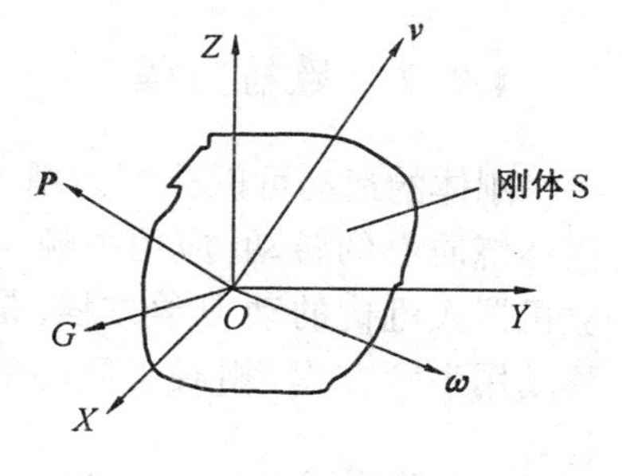

图4.2 S相对随行 Σ 的转动运动

设原点 O 的移动速度为 $\boldsymbol{v} = [v_x \quad v_y \quad v_z]^{\mathrm{T}}$，$v_x$、$v_y$、$v_z$ 为 $\boldsymbol{v}$ 在坐标系 Σ' 各坐标轴上的方向分量。刚体S绕过点 O 任意轴转动速度为

$$\boldsymbol{\omega} = [\omega_x \quad \omega_y \quad \omega_z]^{\mathrm{T}}$$

ω_x、ω_y、ω_z 是 $\boldsymbol{\omega}$ 在坐标系 Σ 各坐标轴上的方向分量。

刚体上点 A 在坐标系 Σ' 中的径矢为 $\boldsymbol{P}$（$\boldsymbol{P} = [x, y, z]^{\mathrm{T}}$），其移动速度为 $\boldsymbol{v}_A^{\Sigma'}$（$\boldsymbol{v}_A^{\Sigma'} = [\dot{x}, \dot{y}, \dot{z}]^{\mathrm{T}}$），绝对速度为

$$\boldsymbol{v}_A = \boldsymbol{v}_A^{\Sigma'} + \boldsymbol{v} = [v_x + \dot{x}, v_y + \dot{y}, v_z + \dot{z}]^{\mathrm{T}} \tag{4.41}$$

点 A 绕随行 Σ' 各轴的动量矩为

$$\begin{cases} H_{Ax} = y m_A(v_z + \dot{z}) - z m_A(v_y + \dot{y}) \\ H_{Ay} = z m_A(v_x + \dot{x}) - x m_A(v_z + \dot{z}) \\ H_{Az} = x m_A(v_y + \dot{y}) - y m_A(v_x + \dot{x}) \end{cases} \tag{4.42}$$

式中 m_A——点 A 的质量。

若刚体S在 t 时刻受到相对于随行 Σ' 的外力矩 $\boldsymbol{M} = [M_x, M_y, M_z]^{\mathrm{T}}$，则根据动量矩定理，得

$$\begin{cases} M_x = \dfrac{\mathrm{d}}{\mathrm{d}t}\sum_A H_{Ax} = \dfrac{\mathrm{d}}{\mathrm{d}t}\sum_A m_A[y(v_z + \dot{z}) - z(v_y + \dot{y})] \\ M_y = \dfrac{\mathrm{d}}{\mathrm{d}t}\sum_A H_{Ay} = \dfrac{\mathrm{d}}{\mathrm{d}t}\sum_A m_A[z(v_x + \dot{x}) - x(v_z + \dot{z})] \\ M_z = \dfrac{\mathrm{d}}{\mathrm{d}t}\sum_A H_{Az} = \dfrac{\mathrm{d}}{\mathrm{d}t}\sum_A m_A[x(v_y + \dot{y}) - y(v_x + \dot{x})] \end{cases} \tag{4.43}$$

因为 $\boldsymbol{v} = \boldsymbol{\omega} \times \boldsymbol{r}$，所以对于随行坐标系 Σ' 有

$$\begin{cases} \dot{x} = \omega_y z - \omega_z y, \ddot{x} = \omega_y \dot{z} + \dot{\omega}_y z - \omega_z \dot{y} - \dot{\omega}_z y \\ \dot{y} = \omega_z x - \omega_x z, \ddot{y} = \omega_z \dot{x} + \dot{\omega}_z x - \omega_x \dot{z} - \dot{\omega}_x z \\ \dot{z} = \omega_x y - \omega_y x, \ddot{z} = \omega_x \dot{y} + \dot{\omega}_x y - \omega_y \dot{x} - \dot{\omega}_y x \end{cases} \tag{4.44}$$

整理式(4.43)，得

$$\begin{cases} M_x = \dfrac{\mathrm{d}}{\mathrm{d}t}\sum_A m_A(y\dot{z} - z\dot{y}) + \dfrac{\mathrm{d}}{\mathrm{d}t}\sum_A m_A(y v_z - z v_y) \\ M_y = \dfrac{\mathrm{d}}{\mathrm{d}t}\sum_A m_A(z\dot{x} - x\dot{z}) + \dfrac{\mathrm{d}}{\mathrm{d}t}\sum_A m_A(z v_x - x v_z) \\ M_z = \dfrac{\mathrm{d}}{\mathrm{d}t}\sum_A m_A(x\dot{y} - y\dot{x}) + \dfrac{\mathrm{d}}{\mathrm{d}t}\sum_A m_A(x v_y - y v_x) \end{cases}$$

设刚体S的质量为 m_g，其质心 G 在坐标系 Σ 中的位置矢量为

$$\boldsymbol{\rho} = [x_g, y_g, z_g]^{\mathrm{T}}$$

所以

$$\begin{cases}\sum_A m_A x = m_g x_g \\ \sum_A m_A y = m_g y_g \\ \sum_A m_A z = m_g z_g\end{cases} \tag{4.45}$$

将式(4.45)代入式(4.43),整理后得

$$\begin{cases}M_x = \sum_A m_A(y\ddot{z} + \dot{y}\dot{z} - z\ddot{y} - \dot{z}\dot{y}) + \frac{\mathrm{d}}{\mathrm{d}t}m_g(y_g v_z - z_g v_y) \\ M_y = \sum_A m_A(z\ddot{x} + \dot{z}\dot{x} - x\ddot{z} - \dot{x}\dot{z}) + \frac{\mathrm{d}}{\mathrm{d}t}m_g(z_g v_x - x_g v_z) \\ M_z = \sum_A m_A(x\ddot{y} + \dot{x}\dot{y} - y\ddot{x} - \dot{y}\dot{x}) + \frac{\mathrm{d}}{\mathrm{d}t}m_g(x_g v_y - y_g v_x)\end{cases}$$

将式(4.44)代入上式,有

$$\begin{cases}M_x = \sum_A m_A(y^2 + z^2)\dot{\omega}_x - \sum_A m_A xy\,\dot{\omega}_y - \sum_A m_A xz\,\dot{\omega}_z - \sum_A m_A yz(\omega_y^2 - \omega_z^2) + \\ \quad \sum_A m_A(y^2 - z^2)\omega_y\omega_z - \sum_A m_A zx\omega_y\omega_x + \sum_A m_A xy\omega_z\omega_x + \frac{\mathrm{d}}{\mathrm{d}t}m_g(y_g v_z - z_g v_y) = \\ \quad \boldsymbol{I}_{xx}\dot{\omega}_x - \boldsymbol{I}_{xy}\dot{\omega}_y - \boldsymbol{I}_{xz}\dot{\omega}_z - \boldsymbol{I}_{yz}(\omega_y^2 - \omega_z^2) - (\boldsymbol{I}_{yy} - \boldsymbol{I}_{zz})\omega_y\omega_z - \boldsymbol{I}_{xz}\omega_y\omega_x + \boldsymbol{I}_{xy}\omega_z\omega_x + \\ \quad \frac{\mathrm{d}}{\mathrm{d}t}m_g(y_g v_z - z_g v_y) \\ M_y = \boldsymbol{I}_{yy}\dot{\omega}_y - \boldsymbol{I}_{yz}\dot{\omega}_z - \boldsymbol{I}_{xy}\dot{\omega}_x - \boldsymbol{I}_{zx}(\dot{\omega}_z - \dot{\omega}_x) - (\boldsymbol{I}_{zz} - \boldsymbol{I}_{xx})\omega_z\omega_x - \boldsymbol{I}_{xy}\omega_z\omega_y + \boldsymbol{I}_{yz}\omega_x\omega_y + \\ \quad \frac{\mathrm{d}}{\mathrm{d}t}m_g(z_g v_x - x_g v_z) \\ M_z = \boldsymbol{I}_{zz}\dot{\omega}_z - \boldsymbol{I}_{zx}\dot{\omega}_x - \boldsymbol{I}_{zy}\dot{\omega}_y - \boldsymbol{I}_{xy}(\dot{\omega}_x - \dot{\omega}_y) - (\boldsymbol{I}_{xx} - \boldsymbol{I}_{yy})\omega_x\omega_y - \boldsymbol{I}_{yz}\omega_x\omega_z + \boldsymbol{I}_{zx}\omega_y\omega_z + \\ \quad \frac{\mathrm{d}}{\mathrm{d}t}m_g(x_g v_y - y_g v_x)\end{cases} \tag{4.46}$$

由式(4.33),已知刚体的惯性张量为 $\boldsymbol{I}$,则式(4.46)可写成矩阵形式

$$\boldsymbol{M} = \boldsymbol{I}\cdot\dot{\boldsymbol{\omega}} + \boldsymbol{\omega}\times(\boldsymbol{I}\cdot\boldsymbol{\omega}) + \frac{\mathrm{d}}{\mathrm{d}t}m_g(\rho\times\boldsymbol{v}) \tag{4.47}$$

式中 $\boldsymbol{M}$——外力矩,$\boldsymbol{M} = [M_x, M_y, M_z]^{\mathrm{T}}$;

$\boldsymbol{\omega}$——刚体转动角速度,$\boldsymbol{\omega} = [\omega_x, \omega_y, \omega_z]^{\mathrm{T}}$;

$\dot{\boldsymbol{\omega}}$——刚体转动角加速度,$\dot{\boldsymbol{\omega}} = [\dot{\omega}_x, \dot{\omega}_y, \dot{\omega}_z]^{\mathrm{T}}$;

m_g——刚体的质量;

$\boldsymbol{\rho}$——刚体S质心 G 在随行坐标系 Σ' 中的位置矢量;

$\boldsymbol{v}$——随行坐标系 Σ' 原点的移动速度。

某随行坐标系 Σ' 原点不动,即 $\boldsymbol{v} = 0$,则式(4.47)变为

$$\boldsymbol{M} = \boldsymbol{I}\cdot\dot{\boldsymbol{\omega}} + \boldsymbol{\omega}\times(\boldsymbol{I}\cdot\boldsymbol{\omega}) \tag{4.48}$$

若随行坐标系 Σ' 的三轴方向和刚体 S 的惯性主轴方向一致，则有

$$I_{yz} = I_{zx} = I_{xy} = 0$$

则式(4.47)变为

$$\boldsymbol{M} = \boldsymbol{I}_m \cdot \dot{\boldsymbol{\omega}} + \boldsymbol{\omega} \times (\boldsymbol{I}_m \cdot \boldsymbol{\omega}) + \frac{\mathrm{d}}{\mathrm{d}t} m_g (\boldsymbol{\rho} \times \boldsymbol{v}) \tag{4.49}$$

若再取随行坐标系 Σ' 的原点 O 和刚体 S 的质心重合，则有 $\boldsymbol{\rho} = \boldsymbol{0}$ 或是随行坐标系 Σ 的原点 O 不动，则 $\boldsymbol{v} = \boldsymbol{0}$，或者 $\boldsymbol{\rho} = \boldsymbol{v} = \boldsymbol{0}$，在这三种情况下，式(4.47)变为

$$\boldsymbol{M} = \boldsymbol{I}_m \cdot \dot{\boldsymbol{\omega}} + \boldsymbol{\omega} \times (\boldsymbol{I}_m \cdot \boldsymbol{\omega}) \tag{4.50}$$

式中　$\boldsymbol{I}_m$—— 主惯性张量，$\boldsymbol{I}_m = \begin{bmatrix} I_{xx} & 0 & 0 \\ 0 & I_{yy} & 0 \\ 0 & 0 & I_{zz} \end{bmatrix}$。

这就是描述刚体转动动力学性能的欧拉方程。

4.3 机器人牛顿 - 欧拉动力学方程的建立

根据所建坐标系的不同，机器人牛顿 - 欧拉动力学的递推计算公式有两种不同的形式：一种是将所有力学变量定义于一个基准坐标系中；另一种所采用的坐标系形式是作用于第 i 号杆件质心上的力及力矩，质心线性加速度都是该坐标系 $\{i\}$ 描述的矢量。

4.3.1 坐标系形式牛顿 - 欧拉方程

采用第二种方法，可由两个迭代过程来实现。第一个迭代过程是从构件 1 到构件 n 计算各构件的速度和加速度，并对每个构件应用牛顿 - 欧拉方程，初始条件是机座的确定运动；第二个迭代过程是从构件 n 到构件 1 计算各关节的驱动力和反力，初始条件是已知构件 n 所受的力及力矩。此种方法因计算量较大，在此不作详细介绍。下面介绍第一种方法。

图 4.3 是连杆作为力学隔离体略去摩擦力时的受力和运动状态，各力学变量为：

$f_{i-1,i}$——L_{i-1} 连杆施加给 L_i 连杆的力；

$n_{i-1,i}$——L_{i-1} 连杆施加给 L_i 连杆的力矩；

$f_{i,i+1}$——L_{i+1} 连杆施加给 L_i 连杆的力；

$n_{i,i+1}$——L_{i+1} 连杆施加给 L_i 连杆的力矩；

$m_i g$——L_i 连杆所受的重力；

v_i——L_i 连杆质心的线速度；

ω_i——L_i 连杆质心的角速度。

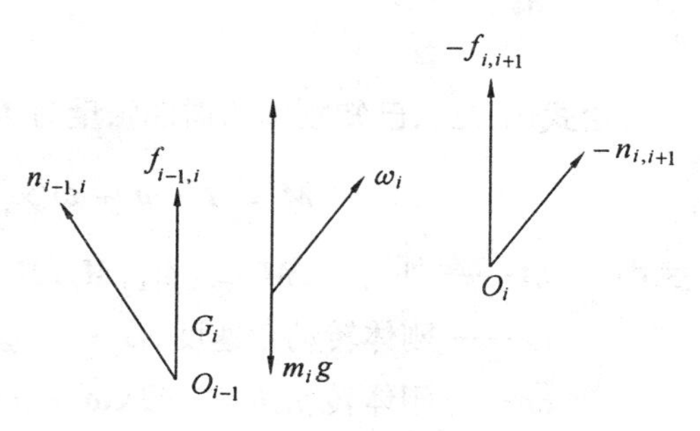

图 4.3　L_i 连杆的受力和运动状态

以上各力学变量均定义于基准坐标系 Σ 中。

设 F_i 为连杆L_i产生质心线加速度$\dot{\boldsymbol{v}}_i$的惯性力，则相对连杆 L_i 质心的移动的牛顿方程为

$$\boldsymbol{F}_i = m_i\dot{\boldsymbol{v}}_i \tag{4.51}$$

$$\boldsymbol{F}_i = \boldsymbol{f}_{i-1,i} - \boldsymbol{f}_{i,i+1} + m_i\boldsymbol{g} \tag{4.52}$$

$$\boldsymbol{f}_{i-1,i} - \boldsymbol{f}_{i,i+1} + m_i\boldsymbol{g} = m_i\dot{\boldsymbol{v}}_i \tag{4.53}$$

连杆 L_i 绕质心的转动用欧拉方程描述，由式(4.48)可知，Σ 坐标系固定时的连杆 L_i 转动动力学方程为

$$N_i = \boldsymbol{I}_i \cdot \dot{\omega}_i + \omega_i \times (\boldsymbol{I}_i \cdot \boldsymbol{\omega}_i) \tag{4.54}$$

式中　N_i—— 产生角加速度 $\dot{\omega}_i$ 的力矩。

$$\boldsymbol{I}_i = \begin{bmatrix} I_{xxi} & -I_{xyi} & -I_{xzi} \\ -I_{yxi} & I_{yyi} & -I_{yzi} \\ -I_{zxi} & -I_{zyi} & I_{zzi} \end{bmatrix} \tag{4.55}$$

由连杆 L_i 质心的力矩平衡可得

$$N_i = \boldsymbol{n}_{i-1,i} - \boldsymbol{f}_{i-1,i} \times \overline{G_iO_{i-1}} - \boldsymbol{n}_{i,i+1} + \boldsymbol{f}_{i,i+1} \times \overline{G_iO_i} \tag{4.56}$$

由式(4.54)、(4.56)得

$$\boldsymbol{n}_{i-1,i} - \boldsymbol{f}_{i-1,i} \times \overline{G_iO_{i-1}} - \boldsymbol{n}_{i,i+1} + \boldsymbol{f}_{i,i+1} \times \overline{G_iO_i} = \boldsymbol{I}_i \cdot \dot{\boldsymbol{\omega}}_i + \boldsymbol{\omega}_i \times (\boldsymbol{I}_i \cdot \boldsymbol{\omega}_i) \tag{4.57}$$

式(4.53)、(4.57)组成了描述连杆 L_i 动力学性能的方程组

$$\begin{cases} \boldsymbol{f}_{i-1,i} - \boldsymbol{f}_{i,i+1} + m_i\boldsymbol{g} = m_i\dot{\boldsymbol{v}}_i \\ \boldsymbol{n}_{i-1,i} - \boldsymbol{f}_{i-1,i} \times \overline{G_iO_{i-1}} - \boldsymbol{n}_{i,i+1} + \boldsymbol{f}_{i,i+1} \times \overline{G_iO_i} = \boldsymbol{I}_i \cdot \dot{\boldsymbol{\omega}}_i + \boldsymbol{\omega}_i \times (\boldsymbol{I}_i \cdot \boldsymbol{\omega}_i) \end{cases} \tag{4.58}$$

式(4.58)给出的机器人动力学方程，对于数值计算解决动力学问题是比较方便的，当深入了解方程的结构(如重力项的形式、重力影响与惯性影响的比较等)，以及解决动力学逆问题时，常常需要封闭形式的动力学方程。

4.3.2 封闭形式的动力学方程

下面以两个自由度的机器人手臂为例，说明如何将式(4.58)转化为封闭形式的动力学方程。

一个两自由度平面机器人如图4.4所示，选取关节1、2的转角 α_1、α_2 为系统的广义坐标，关节 A_1、A_2 的驱动转矩为 n_{11} 和 n_{22}，选取基础坐标系 Σ_0 为参考坐标系，且连杆运动在 x_0y_0 平面内。

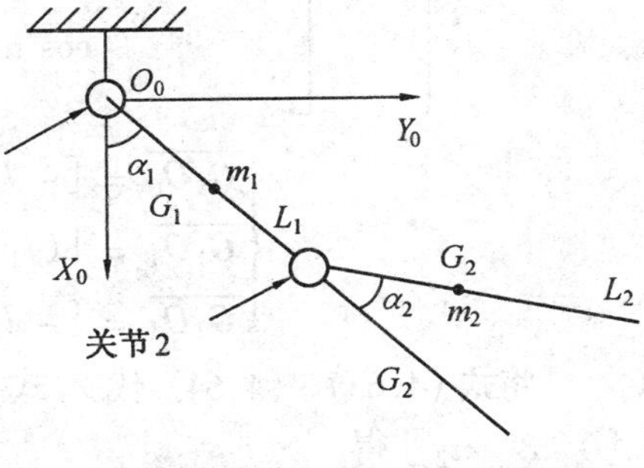

图4.4　具有两个自由度的机器人手臂

描述 L_1 连杆的牛顿 - 欧拉方程组为

$$\begin{cases} \boldsymbol{f}_{0,1} - \boldsymbol{f}_{1,2} + m_1\boldsymbol{g} = m_1\dot{\boldsymbol{v}}_1 \\ \boldsymbol{n}_{0,1} - \boldsymbol{f}_{0,1} \times \overline{G_1O_0} - \boldsymbol{n}_{1,2} + \boldsymbol{f}_{1,2} \times \overline{G_1O_1} = \boldsymbol{I}_1 \cdot \dot{\omega}_1 \end{cases} \tag{4.59}$$

当 L_2 连杆终端为自由端时，描述 L_2 连杆的牛顿 - 欧拉方程组为

$$\begin{cases} \boldsymbol{f}_{1,2} + m_2\boldsymbol{g} = m_2\dot{\boldsymbol{v}}_2 \\ \boldsymbol{n}_{1,2} - \boldsymbol{f}_{1,2} \times \overline{G_2O_1} = I_2 \cdot \dot{\omega}_2 \end{cases} \tag{4.60}$$

因为 $\boldsymbol{n}_{0,1} = \boldsymbol{n}_{11}, \boldsymbol{n}_{1,2} = \boldsymbol{n}_{22}$，代入式(4.59)、(4.60)中，并消去 $\boldsymbol{f}_{0,1}$ 和 $\boldsymbol{f}_{1,2}$ 后得

$$\boldsymbol{n}_{22} = (m_2\dot{\boldsymbol{v}}_2 - m_2\boldsymbol{g}) \times \overline{G_2O_1} + \boldsymbol{I}_2 \cdot \dot{\omega}_2 \tag{4.61}$$

$$\boldsymbol{n}_{11} = \boldsymbol{I}_1 \cdot \dot{\omega}_1 + (m_1\dot{\boldsymbol{v}}_1 - m_1\boldsymbol{g} - m_2\boldsymbol{v}_2 + m_2\boldsymbol{g}) \times \overline{G_1O_0} - (m_2\dot{\boldsymbol{v}}_2 - m_2\boldsymbol{g}) \times \overline{G_1O_1} + \boldsymbol{n}_{22} \tag{4.62}$$

又由于 $\dot{\omega}_1$ 和 $\dot{\omega}_2$ 均定义于基础坐标系 Σ_0 中，所以有 $\dot{\omega}_1 = \ddot{\alpha}_1, \dot{\omega}_2 = \ddot{\alpha}_1 + \ddot{\alpha}_2$。

令 $\overline{O_0O_1} = l_1, \overline{G_1O_0} = l_{11}, \overline{G_1O_1} = l_1 - l_{11}, G_2O_1 = l_{22}$。参照图4.4，由几何关系得

$$\begin{cases} \boldsymbol{v}_1 = \begin{bmatrix} l_{11}\cos\alpha_1 \cdot \dot{\alpha}_1 \\ l_{11}\sin\alpha_1 \cdot \dot{\alpha}_1 \\ 0 \end{bmatrix} \\ \boldsymbol{v}_2 = \begin{bmatrix} l_1\cos\alpha_1 \cdot \dot{\alpha}_1 + l_{22}\cos(\alpha_1+\alpha_2)\cdot(\dot{\alpha}_1+\dot{\alpha}_2) \\ l_1\sin\alpha_1 \cdot \dot{\alpha}_1 + l_{22}\sin(\alpha_1+\alpha_2)\cdot(\dot{\alpha}_1+\dot{\alpha}_2) \\ 0 \end{bmatrix} \end{cases} \tag{4.63}$$

求导后，得

$$\begin{cases} \dot{\boldsymbol{v}}_1 = \begin{bmatrix} l_{11}(-\sin\alpha_1 \cdot \dot{\alpha}_1^2 + \cos\alpha_1 \cdot \ddot{\alpha}_1) \\ l_{11}(\sin\alpha_1 \cdot \ddot{\alpha}_1 + \cos\alpha_1 \cdot \dot{\alpha}_1^2) \\ 0 \end{bmatrix} \\ \dot{\boldsymbol{v}}_2 = \begin{bmatrix} -[l_1\sin\alpha_1 \cdot \dot{\alpha}_1^2 + l_{22}\sin(\alpha_1+\alpha_2)\cdot(\dot{\alpha}_1+\dot{\alpha}_2)^2] + \\ [l_1\cos\alpha_1 \cdot \ddot{\alpha}_1 + l_{22}\cos(\alpha_1+\alpha_2)\cdot(\ddot{\alpha}_1+\ddot{\alpha}_2)] \\ [l_1\sin\alpha_1 + l_{22}\sin(\alpha_1+\alpha_2)]\cdot\ddot{\alpha}_1 + l_{22}\sin(\alpha_1+\alpha_2)\cdot\ddot{\alpha}_2 + \\ l_1\cos\alpha_1 \cdot \dot{\alpha}_1^2 + l_{22}\cos(\alpha_1+\alpha_2)(\dot{\alpha}_1+\dot{\alpha}_2)^2 \\ 0 \end{bmatrix} \end{cases} \tag{4.64}$$

$$\begin{cases} \overline{G_1O_0} = [-l_{11}\sin\alpha_1 \quad l_{11}\cos\alpha_1]^{\mathrm{T}} \\ \overline{G_1O_1} = [(-l_1 - l_{11})\sin\alpha_1 \quad (l_{11} - l_1)\cos\alpha_1]^{\mathrm{T}} \\ \overline{G_2O_1} = [-l_{22}\sin(\alpha_1+\alpha_2) \quad l_{22}\cos(\alpha_1+\alpha_2)]^{\mathrm{T}} \end{cases} \tag{4.65}$$

将式(4.63)、(4.64)代入式(4.61)并整理，考虑到 $\boldsymbol{n}_{11} = [0 \quad 0 \quad n_{11}], \boldsymbol{n}_{22} = [0 \quad 0 \quad n_{22}]$ 得

$$\begin{aligned} \boldsymbol{n}_{11} = {} & [I_{zz1} + I_{zz2} + 2m_2l_1l_{22}\cos\alpha_2 + m_1l_{11}^2 + m_2l_1^2 + m_2l_{22}^2]\ddot{\alpha}_1 + \\ & [I_{zz2} + m_2l_{22}^2 + m_2l_1l_{22}\cos\alpha_2]\ddot{\alpha}_2 + [-m_2l_1l_{22}\sin\alpha_2]\dot{\alpha}_2^2 + \\ & [-2m_2l_1l_{22}\sin\alpha_2]\dot{\alpha}_1\dot{\alpha}_2 - [m_2l_{22}\sin(\alpha_1+\alpha_2) + m_1l_{11}\sin\alpha_1 + m_2l_1\sin\alpha_1]g \end{aligned} \tag{4.66}$$

$$\begin{aligned} n_{22} = {} & [I_{zz2} + m_2l_{22}^2 + m_2l_1l_{22}\cos\alpha_2]\ddot{\alpha}_1 + [I_{zz2} + m_2l_{22}^2]\ddot{\alpha}_2 + \\ & [m_2l_1l_{22}\sin\alpha_2]\dot{\alpha}_1^2 - [m_2l_{22}\,g\,\sin(\alpha_1+\alpha_2)] \end{aligned} \tag{4.67}$$

式(4.66)、(4.67)就是图中所示具有两个自由度的机器人手臂的牛顿－欧拉显式方

程,它给出了关节转矩和以机器手臂位姿为参数的各关节角速度、角加速度之间的动力学关系。

具有 N 个自由度的机器人手臂,其牛顿－欧拉方程的普遍形式为

$$n_{ii} = n_{ii}(\alpha_j, \dot{\alpha}_j, \ddot{\alpha}_j, \text{构件尺寸}) \quad \begin{matrix} i = 1,2,\cdots,N \\ j = 1,2,\cdots,N \end{matrix} \tag{4.68}$$

其范式为

$$n_{ii} = \sum_{j=1}^{N} D_{ij} \cdot \ddot{\alpha}_j + \sum_{j=1}^{N}\sum_{k=1}^{N} D_{ijk} \cdot \dot{\alpha}_j \dot{\alpha}_k + D_i \quad i = 1,2,\cdots,N \tag{4.69}$$

式中　变参数 D_{ij}、D_{ijk}、D_i 都是各关节角位移和构件尺寸的函数。

范式(4.66)、(4.67)、(4.69)又可写成

$$\begin{cases} n_{11} = D_{11}\ddot{\alpha}_1 + D_{12}\ddot{\alpha}_2 + D_{122}\dot{\alpha}_2^2 + D_{112}\dot{\alpha}_1\dot{\alpha}_2 + D_1 \\ n_{22} = D_{21}\ddot{\alpha}_1 + D_{22}\ddot{\alpha}_2 + D_{211}\dot{\alpha}_1^2 + D_2 \end{cases} \tag{4.70}$$

其中

$$D_{11} = I_{zz1} + I_{zz2} + 2m_2 l_1 l_{22}\cos\alpha_2 + m_1 l_{11}^2 + m_2 l_{22}^2 + m_2 l_1^2$$

$$D_{12} = I_{zz2} + m_2 l_{22}^2 + m_2 l_1 l_{22}\cos\alpha_2$$

$$D_{122} = -m_2 l_1 l_{22}\sin\alpha_2$$

$$D_{112} = -2m_2 l_1 l_{22}\sin\alpha_2$$

$$D_1 = -[m_2 l_{22}\sin(\alpha_1 + \alpha_2) + m_1 l_{11}\sin\alpha_1 + m_2 l_1\sin\alpha_1]g$$

$$D_{21} = I_{zz2} + m_2 l_{22}^2 + m_2 l_1 l_{22}\cos\alpha_2$$

$$D_{22} = I_{zz2} + m_2 l_{22}^2$$

$$D_{211} = m_2 l_1 l_{22}\sin\alpha_2$$

$$D_2 = -[m_2 l_{22}\sin(\alpha_1 + \alpha_2)]g$$

系数 D_{11} 是归算到关节1的连杆 L_1 和 L_2 的合成转动惯量,其中 L_1 的归算部分为 $I_{zz1} + m_1 l_{11}^2$;L_2 的归算部分为 $I_{zz2} + m_2(l_1^2 + l_{22}^2 + 2l_1 l_{22}\cos\alpha_2)$。

系数 D_{12} 给出了连杆 L_2 依 A_2 作加速运动时对 A_1 处力的影响,表征了 A_1,A_2 两关节之间的动力学交联影响。

系数 D_{122} 给出了当 A_2 关节作 $\dot{\alpha}_2$ 恒速转动时所产生的向心力对 A_1 处力的影响。

系数 D_{112} 给出了哥氏力的力矩对 A_1 处力的影响。

系数 D_1 表示连杆质量 m_1 和 m_2 对 A_1 关节的重力矩。显然 $\alpha_1 = 90°$、$\alpha_2 = 0°$ 或 $\alpha_1 = -90°$、$\alpha_2 = 0°$ 时,即 L_1L_2 连杆水平共线时 D_1 绝对值最大。

系数 D_{21}、D_{22}、D_{211} 和 D_2 的意义和上述对应系数相同。

所有上述系数都和机器人的终端位姿及整机形态有关,这些系数都是变系数。式(4.70)给出的动力学方程是个非线性变参动力学方程。

综上可以看出,机器人作为多刚体动力学系统,它的牛顿－欧拉方程组中各个变量并不都是独立的。为了得到机器人动力学系统中各关节输入转矩和各关节角位移运动输出之间的显式关系,需要作代数消元和矢量运算。

4.4 机器人拉格朗日动力学方程的建立

拉格朗日动力学方程是在机器人动力学系统积蓄动能和势能的基础上建立的，而牛顿－欧拉方程则是在各个连杆力矩平衡的基础上建立的。

由式(4.23)可知，机器人动力学系统拉格朗日动力学方程的普遍形式为

$$\frac{\mathrm{d}}{\mathrm{d}t}\frac{\partial L}{\partial \dot{q}_j}-\frac{\partial L}{\partial q_j}=Q_j \qquad j=1,2,\cdots,N \tag{4.71}$$

其中

$$L=T-P$$

式中 L——机器人动力学系统的拉格朗日函数；

T——系统的动能；

P——系统的势能；

q_j——系统的广义坐标即为 j 关节转角 α_j；

Q_j——作用在系统上对应于 q_j 的广义外力，即作用于关节的驱动转矩 n_{ii}；

N——机器人的运动关节数。

4.4.1 连杆系统动力学方程的建立

首先以图4.5所示平面关节机器人手臂为例，说明其拉格朗日动力学方程的建立。图4.6是这二连杆平面关节机器人手臂机构的俯视图，A_1、A_2 是平面关节，l_1、l_2 是连杆有效长度，m_1、m_2 是集中于连杆端部的归算质量，α_1、α_2 是连杆自零位算起的角位移变量。广义坐标选为 α_1 和 α_2。

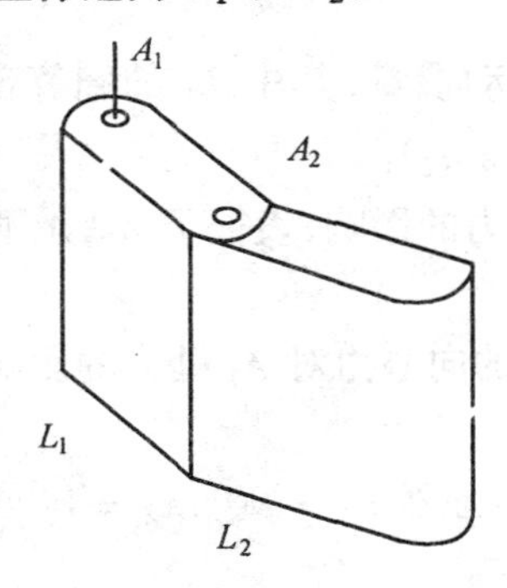

图4.5 平面关节机器人手臂

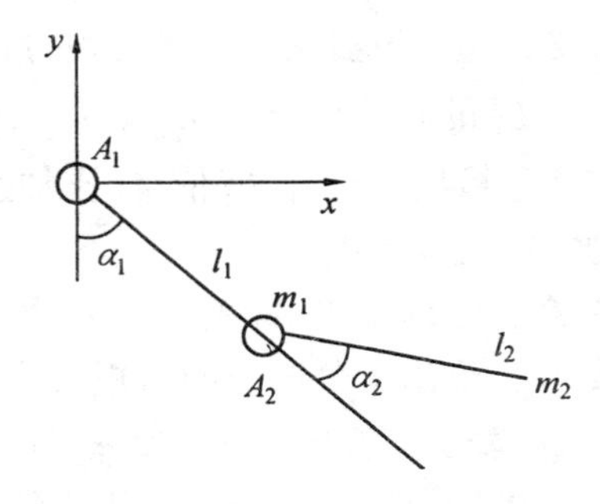

图4.6 平面机器人手臂机构的俯视图

1. 动能与势能

动能的一般表达式为 $T=\frac{1}{2}mv^2$。取连杆 l_1 的动能为 T_1，则连杆 m_1 的动能可直接写成

$$T_1=\frac{1}{2}m_1(l_1\cdot\dot{\alpha}_1)^2$$

势能与质量和垂直高度有关，高度用 y 坐标表示，于是势能可直接写成

$$P_1 = -m_1 g l_1 \cos \alpha_1$$

对于质量 m_2,我们先写出笛卡尔坐标位置的表达式,然后求其微分,即可得到速度。

$$\begin{cases} x_2 = l_1 \sin \alpha_1 + l_2 \sin(\alpha_1 + \alpha_2) \\ y_2 = -l_1 \cos \alpha_1 - l_2 \cos(\alpha_1 + \alpha_2) \end{cases} \tag{4.72}$$

则

$$\begin{cases} \dot{x}_2 = l_1 \cos \alpha_1 \cdot \dot{\alpha}_1 + l_2 \cos(\alpha_1 + \alpha_2) \cdot (\dot{\alpha}_1 + \dot{\alpha}_2) \\ \dot{y}_2 = l_1 \sin \alpha_1 \cdot \dot{\alpha}_1 + l_2 \sin(\alpha_1 + \alpha_2) \cdot (\dot{\alpha}_1 + \dot{\alpha}_2) \end{cases} \tag{4.73}$$

质量 m_2 的速度的平方为 $\dot{x}_2^2 + \dot{y}_2^2$,由式(4.73)得

$$\begin{aligned} v_2^2 = \dot{x}_2^2 + \dot{y}_2^2 = & l_1^2\dot{\alpha}_1^2 + l_2^2(\dot{\alpha}_1^2 + 2\dot{\alpha}_1\dot{\alpha}_2 + \dot{\alpha}_2^2) + 2l_1 l_2 \cos \alpha_1 \cos(\alpha_1 + \alpha_2)(\dot{\alpha}_1^2 + \dot{\alpha}_1\dot{\alpha}_2) + \\ & 2l_1 l_2 \sin \alpha_1 \sin(\alpha_1 + \alpha_2)(\dot{\alpha}_1^2 + \dot{\alpha}_1\dot{\alpha}_2) = \\ & l_1^2\dot{\alpha}_1^2 + l_2^2(\dot{\alpha}_1^2 + 2\dot{\alpha}_1\dot{\alpha}_2 + \dot{\alpha}_2^2) + 2l_1 l_2 \cos \alpha_2(\dot{\alpha}_1^2 + \dot{\alpha}_1\dot{\alpha}_2) \end{aligned}$$

所以 m_2 的动能为

$$T_2 = \frac{1}{2}m_2 l_1^2\dot{\alpha}_1^2 + \frac{1}{2}m_2 l_2^2(\dot{\alpha}_1^2 + 2\dot{\alpha}_1\dot{\alpha}_2 + \dot{\alpha}_2^2) + m_2 l_1 l_2 \cos \alpha_2(\dot{\alpha}_1^2 + \dot{\alpha}_1\dot{\alpha}_2) \tag{4.74}$$

势能为

$$P_2 = -m_2 g l_1 \cos \alpha_1 - m_2 g l_2 \cos(\alpha_1 + \alpha_2) \tag{4.75}$$

2.拉格朗日算子

拉格朗日算子 $L = T - P$,根据上面求得的 T_1、P_1、T_2、P_2,可得

$$\begin{aligned} L = T_1 - P_1 + T_2 - P_2 = & \frac{1}{2}(m_1 + m_2) l_1^2\dot{\alpha}_1^2 + \frac{1}{2}m_2 l_2^2(\dot{\alpha}_1 + \dot{\alpha}_2)^2 + \\ & m_2 l_1 l_2 \cos \alpha_2 \cdot \dot{\alpha}_1(\dot{\alpha}_1 + \dot{\alpha}_2) + \\ & (m_1 + m_2) g l_1 \cos \alpha_1 + m_2 g l_2 \cos(\alpha_1 + \alpha_2) \end{aligned} \tag{4.76}$$

3.动力学方程

为求得动力学方程,根据式(4.71),对拉格朗日算子进行微分,即

$$\frac{\partial L}{\partial \dot{\alpha}_1} = (m_1 + m_2) l_1^2\dot{\alpha}_1 + m_2 l_2^2(\dot{\alpha}_1 + \dot{\alpha}_2) + m_2 l_1 l_2 \cos \alpha_2 \cdot (2\dot{\alpha}_1 + \dot{\alpha}_2) \tag{4.77}$$

$$\frac{\partial L}{\partial \alpha_1} = -(m_1 + m_2) g l_1 \sin \alpha_1 - m_2 g l_2 \sin(\alpha_1 + \alpha_2) \tag{4.78}$$

$$\begin{aligned} \frac{\mathrm{d}}{\mathrm{d}t}\left(\frac{\partial L}{\partial \dot{\alpha}_1}\right) = & [(m_1 + m_2) l_1^2 + m_2 l_2^2 + 2m_2 l_1 l_2 \cos \alpha_2] \cdot \ddot{\alpha}_1 + [m_2 l_2^2 + m_2 l_1 l_2 \cos \alpha_2] \cdot \ddot{\alpha}_2 - \\ & 2m_2 l_1 l_2 \sin \alpha_2 \cdot \dot{\alpha}_1 \cdot \dot{\alpha}_2 - m_2 l_1 l_2 \sin \alpha_2 \cdot \dot{\alpha}_2^2 \end{aligned} \tag{4.79}$$

$$\frac{\partial L}{\partial \dot{\alpha}_2} = m_2 l_2^2(\dot{\alpha}_1 + \dot{\alpha}_2) + m_2 l_1 l_2 \cos \alpha_2 \cdot \dot{\alpha}_1 \tag{4.80}$$

$$\frac{\partial L}{\partial \alpha_2} = -m_2 l_1 l_2 \sin \alpha_2 \cdot \dot{\alpha}_1(\dot{\alpha}_1 + \dot{\alpha}_2) - m_2 g l_2 \sin(\alpha_1 + \alpha_2) \tag{4.81}$$

$$\frac{\mathrm{d}}{\mathrm{d}t}\left(\frac{\partial L}{\partial \dot{\alpha}_2}\right) = m_2 l_2^2 \cdot \ddot{\alpha}_1 + m_2 l_2^2 \cdot \ddot{\alpha}_2 + m_2 l_1 l_2 \cos \alpha_2 \cdot \ddot{\alpha}_1 - m_2 l_1 l_2 \sin \alpha_2 \cdot \dot{\alpha}_1 \cdot \dot{\alpha}_2 \tag{4.82}$$

二连杆平面关节机器人手臂的拉格朗日动力学方程的广义坐标为 α_1、α_2,对应的广

义外力为作用在两关节上的驱动力矩 n_{11}、n_{22},这一系统的拉格朗日方程为

$$\frac{\mathrm{d}}{\mathrm{d}t}\frac{\partial L}{\partial \dot{\alpha}_1} - \frac{\partial L}{\partial \alpha_1} = n_{11} \tag{4.83}$$

$$\frac{\mathrm{d}}{\mathrm{d}t}\frac{\partial L}{\partial \dot{\alpha}_2} - \frac{\partial L}{\partial \alpha_2} = n_{22} \tag{4.84}$$

将式(4.77) ~ (4.82) 代入以上两式,得

$$\begin{aligned} n_{11} = & [(m_1 + m_2)l_1^2 + m_2 l_2^2 + 2m_2 l_1 l_2 \cos\alpha_2] \cdot \ddot{\alpha}_1 + (m_2 l_2^2 + m_2 l_1 l_2 \cos\alpha_2) \cdot \ddot{\alpha}_2 - \\ & 2m_2 l_1 l_2 \sin\alpha_2 \cdot \dot{\alpha}_1 \cdot \dot{\alpha}_2 - m_2 l_1 l_2 \sin\alpha_2 \cdot \dot{\alpha}_2^2 + \\ & (m_1 + m_2) g l_1 \sin\alpha_1 + m_2 g l_2 \sin(\alpha_1 + \alpha_2) \end{aligned} \tag{4.85}$$

$$\begin{aligned} n_{22} = & (m_2 l_2^2 + m_2 l_1 l_2 \cos\alpha_2) \cdot \ddot{\alpha}_1 + m_2 l_2^2 \cdot \ddot{\alpha}_2 + \\ & m_2 l_1 l_2 \sin\alpha_2 \cdot \dot{\alpha}_1^2 + m_2 g l_2 \sin(\alpha_1 + \alpha_2) \end{aligned} \tag{4.86}$$

式(4.85) 和式(4.86) 又可写成

$$D_{11}\ddot{\alpha}_1 + D_{12}\ddot{\alpha}_2 + D_{122}\dot{\alpha}_2^2 + D_{112}\dot{\alpha}_1\dot{\alpha}_2 + D_1 = n_{11} \tag{4.87}$$

$$D_{21}\ddot{\alpha}_1 + D_{22}\ddot{\alpha}_2 + D_{211}\dot{\alpha}_1^2 + D_2 = n_{22} \tag{4.88}$$

其中

$$\begin{aligned} D_{11} &= (m_1 + m_2)l_1^2 + m_2 l_2^2 + 2m_2 l_1 l_2 \cos\alpha_2 \\ D_{12} &= m_2 l_2^2 + m_2 l_1 l_2 \cos\alpha_2 \\ D_{122} &= - m_2 l_1 l_2 \sin\alpha_2 \\ D_{112} &= - 2m_2 l_1 l_2 \sin\alpha_2 \\ D_1 &= (m_1 + m_2) g l_1 \sin\alpha_1 + m_2 g l_2 \sin(\alpha_1 + \alpha_2) \\ D_{21} &= m_2 l_2^2 + m_2 l_1 l_2 \cos\alpha_2 \\ D_{22} &= m_2 l_2^2 \\ D_{211} &= m_2 l_1 l_2 \sin\alpha_2 \\ D_2 &= m_2 g l_2 \sin(\alpha_1 + \alpha_2) \end{aligned}$$

式(4.87)、(4.88) 的构造和式(4.70) 相似。事实上,对同一机器人动力学系统,其牛顿 - 欧拉动力学方程和拉格朗日方程相同。

4.4.2 机器人动力学方程的建立

下面我们将推导用一套 A 变换所描述的机械手的动力学方程。推导分五步进行,首先计算任意连杆上任意一点的速度,再计算它的动能,然后推导势能,得到拉格朗日算子,进而对其微分,最后得到动力学方程。

1. 机器人臂上一点的速度

假定机器人的连杆 L_i 上有一点 $\boldsymbol{r}_i$,它在基座坐标中的位置为

$$\boldsymbol{r} = \boldsymbol{T}_i \cdot \boldsymbol{r}_i \tag{4.89}$$

其中 $\boldsymbol{r}_i$—— 连杆 L_i 上一点在 i 坐标系中的位置矢量;

$\boldsymbol{T}_i$——i 坐标系 o_i、x_i、y_i、z_i 相对于基础坐标系 $Oxyz$ 的齐次变换矩阵;

$\boldsymbol{r}$—— 连杆 L_i 上一点在基座坐标系中的位置矢量。

那么该点的速度为

$$v_i = \frac{\mathrm{d}r}{\mathrm{d}t} = \left(\sum_{j=1}^{i} \frac{\partial \boldsymbol{T}_i}{\partial q_j}\dot{q}_j\right) r_i \tag{4.90}$$

其速度的平方为

$$\left(\frac{\mathrm{d}r}{\mathrm{d}t}\right)^2 = \dot{\boldsymbol{r}} \cdot \dot{\boldsymbol{r}} = \mathrm{tr}(\dot{\boldsymbol{r}}\dot{\boldsymbol{r}}^{\mathrm{T}}) = \mathrm{tr}\left\{\sum_{j=1}^{i} \frac{\partial \boldsymbol{T}_i}{\partial q_j}\dot{q}_j r_i \left[\sum_{k=1}^{i}\left(\frac{\partial \boldsymbol{T}_i}{\partial q_k}\dot{q}_k \boldsymbol{r}_i\right)^{\mathrm{T}}\right]\right\} =$$

$$\mathrm{tr}\left\{\sum_{j=1}^{i}\sum_{k=1}^{i} \frac{\partial \boldsymbol{T}_i}{\partial q_j}\boldsymbol{r}_i\boldsymbol{r}_i^{\mathrm{T}} \frac{\partial \boldsymbol{T}_i^{\mathrm{T}}}{\partial q_k}\dot{q}_j\dot{q}_k\right\} \tag{4.91}$$

式中 tr—— 方矩阵的迹的运算符号。

2. 动能

在连杆 L_i 上的 r_i 处，质量为 $\mathrm{d}m$ 的质点的动能为

$$\mathrm{d}k_i = \frac{1}{2}\mathrm{d}m\ \mathrm{tr}\left[\sum_{j=1}^{i}\sum_{k=1}^{i} \frac{\partial \boldsymbol{T}_i}{\partial q_j}\boldsymbol{r}_i\boldsymbol{r}_i^{\mathrm{T}} \frac{\partial \boldsymbol{T}_i^{\mathrm{T}}}{\partial q_k}\dot{q}_j\dot{q}_k\right] =$$

$$\frac{1}{2}\mathrm{tr}\left[\sum_{j=1}^{i}\sum_{k=1}^{i} \frac{\partial \boldsymbol{T}_i}{\partial q_j}(\boldsymbol{r}_i\mathrm{d}m\boldsymbol{r}_i^{\mathrm{T}}) \frac{\partial \boldsymbol{T}_i^{\mathrm{T}}}{\partial q_k}\dot{q}_j\dot{q}_k\right] \tag{4.92}$$

于是连杆 L_i 的动能等于连杆 L_i 上所有点 r_i 的动能积分，即

$$K_i = \int_i \mathrm{d}k_i = \frac{1}{2}\mathrm{tr}\left[\sum_{j=1}^{i}\sum_{k=1}^{i} \frac{\partial \boldsymbol{T}_i}{\partial q_j}\left(\int \boldsymbol{r}_i\mathrm{d}m\boldsymbol{r}_i^{\mathrm{T}}\right) \frac{\partial \boldsymbol{T}_i^{\mathrm{T}}}{\partial q_k}\dot{q}_j\dot{q}_k\right] \tag{4.93}$$

上式中圆括号内的积分为齐次坐标表示的惯性矩阵 $\boldsymbol{H}_i$，其表达式为

$$\boldsymbol{H}_i = \int \boldsymbol{r}_i\boldsymbol{r}_i^{\mathrm{T}}\,\mathrm{d}m = \begin{bmatrix} \int x_i^2\,\mathrm{d}m & \int x_i y_i\,\mathrm{d}m & \int x_i z_i\,\mathrm{d}m & \int x_i\,\mathrm{d}m \\ \int x_i y_i\,\mathrm{d}m & \int y_i^2\,\mathrm{d}m & \int y_i z_i\,\mathrm{d}m & \int y_i\,\mathrm{d}m \\ \int x_i z_i\,\mathrm{d}m & \int y_i z_i\,\mathrm{d}m & \int z_i^2\,\mathrm{d}m & \int z_i\,\mathrm{d}m \\ \int x_i\,\mathrm{d}m & \int y_i\,\mathrm{d}m & \int z_i\,\mathrm{d}m & \int \mathrm{d}m \end{bmatrix}$$

由惯性矩(转动惯量)、惯量积和物体的阶矩的定义得

$$\boldsymbol{H}_i = \begin{bmatrix} \frac{-I_{ixx}+I_{iyy}+I_{izz}}{2} & I_{ixy} & I_{ixz} & S_{ix} \\ I_{ixy} & \frac{I_{ixx}-I_{iyy}+I_{izz}}{2} & I_{izy} & S_{iy} \\ I_{ixz} & I_{izy} & \frac{I_{ixx}+I_{iyy}-I_{izz}}{2} & S_{iz} \\ S_{ix} & S_{iy} & S_{iz} & m_i \end{bmatrix} \tag{4.94}$$

式中 I_{ixx}、I_{iyy}、I_{izz}—— 构件 L_i 相对于基座坐标系平面的转动惯量；

I_{ixy}、I_{iyz}、I_{ixz}—— 构件 L_i 的三个离心转动惯量；

$S_{ix}=\int(r_i)_x \mathrm{d}m$、$S_{iy}=\int(r_i)_y \mathrm{d}m$、$S_{iz}=\int(r_i)_z \mathrm{d}m$—— 构件 L_i 的静矩。

由式(4.94)可知,构件 L_i 在其刚体坐标中的惯量矩阵是一对称矩阵,它不包含任何运动变量,与运动特性无关。

设机器人手臂共有 N 个运动连杆,则机器人手臂的动能 K 为

$$K=\sum_{i=1}^{N}K_i=\frac{1}{2}\sum_{i=1}^{N}\mathrm{tr}\left[\sum_{j=1}^{i}\sum_{k=1}^{i}\frac{\partial T_i}{\partial q_j}\boldsymbol{H}_i\frac{\partial T_i^{\mathrm{T}}}{\partial q_k}\dot{q}_j\dot{q}_k\right]=$$

$$\frac{1}{2}\sum_{i=1}^{N}\sum_{j=1}^{i}\sum_{k=1}^{i}\mathrm{tr}\left[\frac{\partial T_i}{\partial q_j}\boldsymbol{H}_i\frac{\partial T_i^{\mathrm{T}}}{\partial q_k}\right]\dot{q}_j\dot{q}_k \tag{4.95}$$

此外,还有驱动各构件运动的驱动和传动元件,其中与构件有相对运动的部分,如驱动电机和液压马达的转子、减速器的齿轮等。我们通过传动机构的惯性及有关的关节速度表示出这部分动能,即

$$K_{ai}=\frac{1}{2}I_{ai}\dot{q}_i^2 \tag{4.96}$$

式中 I_{ai}—— 驱动电机转子等在广义坐标上的等效转动惯量,若是移动副,则为等效质量。

机构的总动能应为上面二式之和,即

$$K=\frac{1}{2}\sum_{i=1}^{N}\sum_{j=1}^{i}\sum_{k=1}^{i}\mathrm{tr}\left[\frac{\partial T_i}{\partial q_j}\boldsymbol{H}_i\frac{\partial T_i^{\mathrm{T}}}{\partial q_k}\right]\dot{q}_j\dot{q}_k+\frac{1}{2}\sum_{i=1}^{N}I_{ai}\cdot\dot{q}_i^2 \tag{4.97}$$

3. 势能

构件 L_i 的质量为 m_i、质心 c_i 相对于坐标系的径矢为 $\boldsymbol{r}_i$,而在绝对坐标系中的径矢为 $\boldsymbol{r}$,则有

$$\boldsymbol{r}=T_i r_i$$

连杆 L_i 的势能为

$$\boldsymbol{P}_i=-m_i\boldsymbol{g}^{\mathrm{T}}\boldsymbol{T}_i\boldsymbol{r}_i \tag{4.98}$$

式中,重力加速度矢量为

$$\boldsymbol{g}=[g_1\quad g_2\quad g_3\quad 0]^{\mathrm{T}}$$

若取 z 轴垂直向上,则

$$\boldsymbol{g}=[0\quad 0\quad -9.81\quad 0]^{\mathrm{T}}$$

所以,机构的总势能为

$$P=-\sum_{i=1}^{N}m_i\boldsymbol{g}^{\mathrm{T}}\boldsymbol{T}_i\boldsymbol{r}_i \tag{4.99}$$

4. 拉格朗日算子

由式(4.97)、(4.98)可知,拉格朗日算子 L 为

$$L=\frac{1}{2}\sum_{i=1}^{N}\sum_{j=1}^{i}\sum_{k=1}^{i}\mathrm{tr}\left[\frac{\partial T_i}{\partial q_j}\boldsymbol{H}_i\frac{\partial \boldsymbol{T}_i^{\mathrm{T}}}{\partial q_k}\right]\dot{q}_j\dot{q}_k+\sum_{i=1}^{N}m_i\boldsymbol{g}^{\mathrm{T}}\boldsymbol{T}_i\boldsymbol{r}_i+\frac{1}{2}\sum_{i=1}^{N}I_{ai}\dot{q}_i^2 \tag{4.100}$$

应用式(4.71),我们就可以求得动力学方程,即

$$Q_j = \frac{\mathrm{d}}{\mathrm{d}t}\left(\frac{\partial L}{\partial \dot{q}_j}\right) - \frac{\partial L}{\partial q_j} \qquad j = 1,2,\cdots,N \tag{4.101}$$

5.动力学方程

求拉格朗日函数关于 $\dot{q}_p$ 的一阶偏导数,得

$$\frac{\partial L}{\partial \dot{q}_p} = \frac{1}{2}\sum_{i=1}^{N}\sum_{k=1}^{i}\mathrm{tr}\left[\frac{\partial \boldsymbol{T}_i}{\partial q_p}\boldsymbol{H}_i\frac{\partial \boldsymbol{T}_i^{\mathrm{T}}}{\partial q_k}\right]\dot{q}_k + \frac{1}{2}\sum_{i=1}^{N}\sum_{j=1}^{i}\mathrm{tr}\left[\frac{\partial \boldsymbol{T}_i}{\partial q_j}\boldsymbol{H}_i\frac{\partial \boldsymbol{T}_i^{\mathrm{T}}}{\partial q_p}\right]\dot{q}_j + I_{ap}\dot{q}_p \tag{4.102}$$

应用矩阵乘积的迹的运算规则对上式进行化简,把式(4.102)等号右边第一项的导数交换,即

$$\mathrm{tr}\left[\frac{\partial \boldsymbol{T}_i}{\partial q_p}\boldsymbol{H}_i\frac{\partial \boldsymbol{T}_i^{\mathrm{T}}}{\partial q_k}\right] = \mathrm{tr}\left[\left(\frac{\partial \boldsymbol{T}_i}{\partial q_p}\boldsymbol{H}_i\frac{\partial \boldsymbol{T}_i^{\mathrm{T}}}{\partial q_k}\right)^{\mathrm{T}}\right] = \mathrm{tr}\left[\frac{\partial \boldsymbol{T}_i}{\partial q_k}\boldsymbol{H}_i\frac{\partial \boldsymbol{T}_i^{\mathrm{T}}}{\partial q_p}\right]$$

并将第二项的下标 j 换成 k,式(4.102)变为

$$\frac{\partial L}{\partial \dot{q}_p} = \sum_{i=1}^{N}\sum_{k=1}^{i}\mathrm{tr}\left[\frac{\partial T_i}{\partial q_k}\boldsymbol{H}_i\frac{\partial \boldsymbol{T}_i^{\mathrm{T}}}{\partial q_p}\right]\dot{q}_k + I_{ap}\dot{q}_p \tag{4.103}$$

因为 T_i 只与 $q_1,q_2,\cdots,q_i$ 有关,当 $p > i$ 时,$\frac{\partial T_i}{\partial q_p} = 0$。在 $i = 1,2,\cdots,N$ 中,只有 $i \geqslant p$ 时才不为零,上式变为

$$\frac{\partial L}{\partial \dot{q}_p} = \sum_{i=p}^{N}\sum_{k=1}^{i}\mathrm{tr}\left[\frac{\partial T_i}{\partial q_k}\boldsymbol{H}_i\frac{\partial \boldsymbol{T}_i^{\mathrm{T}}}{\partial q_p}\right]\dot{q}_k + I_{ap}\dot{q}_p \tag{4.104}$$

求式(4.104)对时间的微分,得

$$\begin{aligned}\frac{\mathrm{d}}{\mathrm{d}t}\left(\frac{\partial L}{\partial \dot{q}_p}\right) = &\sum_{i=p}^{N}\sum_{k=1}^{i}\mathrm{tr}\left[\frac{\partial \boldsymbol{T}_i}{\partial q_k}\boldsymbol{H}_i\frac{\partial \boldsymbol{T}_i^{\mathrm{T}}}{\partial q_p}\right]\ddot{q}_k + I_{ap}\ddot{q}_p + \\ &\sum_{i=p}^{N}\sum_{k=1}^{i}\sum_{m=1}^{i}\mathrm{tr}\left[\frac{\partial^2 \boldsymbol{T}_i}{\partial q_k \partial q_m}\boldsymbol{H}_i\frac{\partial \boldsymbol{T}_i^{\mathrm{T}}}{\partial q_p}\right]\dot{q}_k\dot{q}_m + \sum_{i=p}^{N}\sum_{k=1}^{i}\sum_{m=1}^{i}\mathrm{tr}\left[\frac{\partial^2 \boldsymbol{T}_i}{\partial q_p \partial q_m}\boldsymbol{H}_i\frac{\partial \boldsymbol{T}_i^{\mathrm{T}}}{\partial q_k}\right]\dot{q}_k\dot{q}_m\end{aligned} \tag{4.105}$$

拉格朗日方程的最后一项为

$$\begin{aligned}\frac{\partial L}{\partial q_p} = &\frac{1}{2}\sum_{i=p}^{N}\sum_{j=1}^{i}\sum_{k=1}^{i}\mathrm{tr}\left[\frac{\partial^2 \boldsymbol{T}_i}{\partial q_j \partial q_p}\boldsymbol{H}_i\frac{\partial \boldsymbol{T}_i^{\mathrm{T}}}{\partial q_k}\right]\dot{q}_j\dot{q}_k + \\ &\frac{1}{2}\sum_{i=p}^{N}\sum_{j=1}^{i}\sum_{k=1}^{i}\mathrm{tr}\left[\frac{\partial^2 \boldsymbol{T}_i}{\partial q_k \partial q_p}\boldsymbol{H}_i\frac{\partial \boldsymbol{T}_i^{\mathrm{T}}}{\partial q_j}\right]\dot{q}_j\dot{q}_k + \sum_{i=p}^{N}m_i\boldsymbol{g}^{\mathrm{T}}\frac{\partial T_i}{\partial q_p}r_i\end{aligned} \tag{4.106}$$

式中,由于 T_i 与 $q_{i+1},q_{i+2},\cdots,q_N$ 无关,所以 $p > i$ 时为

$$\frac{\partial^2 T_i}{\partial q_k \partial q_p} = \frac{\partial^2 T_i}{\partial q_j \partial q_p} = 0$$

因而只需对 $i = p,p+1,\cdots,N$ 求和。把式(4.106)第二项中求和运算和及虚标号 j 和 k 互换一下,再把第二项与第一项合并,就得到

$$\frac{\partial L}{\partial q_p} = \sum_{i=p}^{N}\sum_{j=1}^{i}\sum_{k=1}^{i}\mathrm{tr}\left[\frac{\partial^2 \boldsymbol{T}_i}{\partial q_p \partial q_j}\boldsymbol{H}_i\frac{\partial \boldsymbol{T}_i^{\mathrm{T}}}{\partial q_k}\right]\dot{q}_j\dot{q}_k + \sum_{i=p}^{N}m_i\boldsymbol{g}^{\mathrm{T}}\frac{\partial T_i}{\partial q_p}r_i \tag{4.107}$$

将式(4.105)、(4.107)代入拉格朗日方程式(4.101),代入时把式(4.107)中的下标 j 改用 m,得

$$\frac{\mathrm{d}}{\mathrm{d}t}\left(\frac{\partial L}{\partial \dot{q}_p}\right)-\frac{\partial L}{\partial q_p}=\sum_{i=p}^{N}\sum_{k=1}^{i}\mathrm{tr}\left[\frac{\partial \boldsymbol{T}_i}{\partial q_k}\boldsymbol{H}_i\frac{\partial \boldsymbol{T}_i^{\mathrm{T}}}{\partial q_p}\right]\ddot{q}_k+I_{ap}\ddot{q}_p+\sum_{i=p}^{N}\sum_{k=1}^{i}\sum_{m=1}^{i}\mathrm{tr}\left[\frac{\partial^2 \boldsymbol{T}_i}{\partial q_k\partial q_m}\boldsymbol{H}_i\frac{\partial \boldsymbol{T}_i^{\mathrm{T}}}{\partial q_p}\right]\dot{q}_k\dot{q}_m-\sum_{i=p}^{N}m_i\boldsymbol{g}^{\mathrm{T}}\frac{\partial T_i}{\partial q_p}r_i \tag{4.108}$$

最后将下标 p 和 i 换成 i 和 j,就得到动力学方程

$$Q_i=\sum_{j=i}^{N}\sum_{k=1}^{i}\mathrm{tr}\left[\frac{\partial \boldsymbol{T}_j}{\partial q_k}\boldsymbol{H}_j\frac{\partial \boldsymbol{T}_{ij}^{\mathrm{T}}}{\partial q_i}\right]\ddot{q}_k+I_{ai}\ddot{q}_i+\sum_{j=i}^{N}\sum_{k=1}^{i}\sum_{m=1}^{i}\mathrm{tr}\left[\frac{\partial^2 \boldsymbol{T}_j}{\partial q_k\partial q_m}\boldsymbol{H}_i\frac{\partial \boldsymbol{T}_j^{\mathrm{T}}}{\partial q_i}\right]\dot{q}_k\dot{q}_m-\sum_{j=i}^{N}m_j\boldsymbol{g}^{\mathrm{T}}\frac{\partial T_j}{\partial q_i}r_j \qquad i=1,2,\cdots,N \tag{4.109}$$

改变求和顺序,上式可改写成

$$Q_i=\sum_{j=i}^{N}D_{ij}\ddot{q}_j+D_{ii}\ddot{q}_i+\sum_{j=i}^{N}\sum_{k=1}^{i}D_{ijk}\dot{q}_j\dot{q}_k+D_i \qquad i=1,2,\cdots,N \tag{4.110}$$

式中

$$D_{ii}=I_{ai}$$

$$D_{ij}=\sum_{p=\max(i,j,k)}^{N}\mathrm{tr}\left[\frac{\partial T_p}{\partial q_j}\boldsymbol{H}_p\frac{\partial \boldsymbol{T}_p^{\mathrm{T}}}{\partial q_i}\right]$$

$$D_{ijk}=\sum_{p=\max(i,j,k)}^{N}\mathrm{tr}\left[\frac{\partial^2 T_p}{\partial q_j\partial q_k}\boldsymbol{H}_p\frac{\partial \boldsymbol{T}_p^{\mathrm{T}}}{\partial q_i}\right]$$

$$D_i=-\sum_{p=i}^{N}m_p\boldsymbol{g}^{\mathrm{T}}\frac{\partial T_p}{\partial q_i}r_p$$

式中 D_{ii}—— 关节 i 的有效惯量;

$D_{ii}\ddot{q}_i$—— 与关节 i 的加速度对应,是在关节 i 上的惯性力矩;

D_{ij}—— 关节 i 与关节 j 之间的耦合惯量,与关节 j 的加速度对应,在关节 i 上的惯性力矩为 $D_{ii}\ddot{q}_j$;与关节 i 的加速度对应,在关节 j 上的惯性力矩为 $D_{ji}\ddot{q}_i$,且 $D_{ij}=D_{ji}$;

D_{ijj}—— 向心力项,与 j 关节的速度项相对应,在 i 关节上的离心惯性力为 $D_{ijj}\dot{q}_j^2$;

D_{ijk}—— 哥氏力项,与 j 关节和 k 关节速度相对应,在 i 关节上哥氏力为 $(-D_{ijk}\dot{q}_j\cdot\dot{q}_k-D_{ikj}\dot{q}_k\dot{q}_j)$;

D_i—— 重力项,表示 i 关节的重力载荷。

其中惯性力和重力载荷对机器人的控制特别重要,因为它们影响伺服系统的稳定性和位置精度。向心力和哥氏力只在高速运动时是重要的,但它们产生的误差不大。驱动元件的惯性 I_{a} 通常有较大的相对值,这在一定程度上减弱了等效惯量对机构的依赖性,并降低了耦合惯量的相对重要性。

当机器人各连杆都具有独立的驱动机,且驱动 L_i 连杆的驱动机定子固定在 L_{i-1} 连杆上时,如果机器人不受任何外施力(重力和惯性力不属于外施力),则对应于 q_i 广义力 Q_{ii}

为驱动力矩 n_{ii}，即

$$Q_i = n_{ii} \qquad i = 1,2,\cdots,N \tag{4.111}$$

情况同上，但机器人手臂的终端承受定义于 Σ 中的外施力 F 和外施力矩 M 时，如图4.7所示。

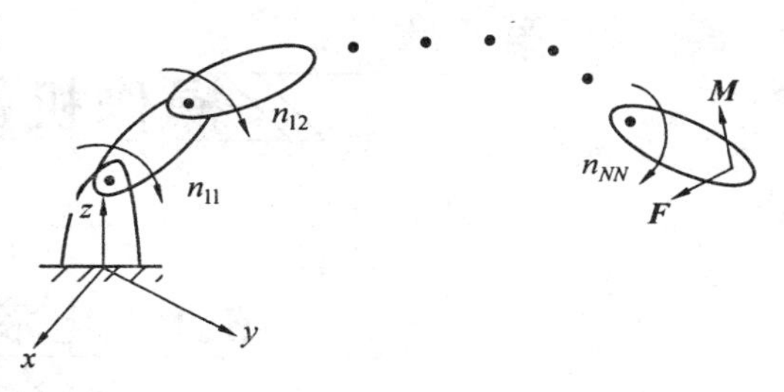

图4.7 终端承受定义于 Σ 中的外施力和力矩

定义各关节驱动力矩矢量为 $\boldsymbol{n} = [n_{11} \quad n_{22} \quad \cdots \quad n_{NN}]^{\mathrm{T}}$；原点在终端外施力点上的终端坐标系在 Σ 中的位姿为 $\boldsymbol{P} = [x \quad y \quad z \quad o_x \quad o_y \quad o_z]^{\mathrm{T}} = [r \quad \theta]^{\mathrm{T}}$；$\boldsymbol{Q}_{FM} = [\boldsymbol{F} \quad \boldsymbol{M}]^{\mathrm{T}}$。

在平衡状态下，作用在机器人手臂上的外力所做虚功和为

$$\delta W = \boldsymbol{n}^{\mathrm{T}} \cdot \delta\alpha + \boldsymbol{F}^{\mathrm{T}} \cdot \delta r + \boldsymbol{M}^{\mathrm{T}} \cdot \delta\theta = n^{\mathrm{T}} \cdot \delta\alpha + \boldsymbol{Q}_{FM}^{\mathrm{T}} \cdot \delta P \tag{4.112}$$

因为 $\delta P = \boldsymbol{J}\delta\alpha$，所以式(4.112)可写成

$$\delta W = \boldsymbol{n}^{\mathrm{T}} \cdot \delta\alpha + \boldsymbol{Q}_{FM}^{\mathrm{T}} \cdot \boldsymbol{J}\delta\alpha = (n + \boldsymbol{J}^{\mathrm{T}} \cdot \boldsymbol{Q}_{FM})^{\mathrm{T}}\delta\alpha \tag{4.113}$$

广义力 $Q_i(i = 1,2,\cdots,N)$ 所做虚功为

$$\delta W = Q_1\delta\alpha_1 + Q_2\delta\alpha_2 + \cdots + Q_N\delta\alpha_N = Q \cdot \delta\alpha \tag{4.114}$$

这里 $\boldsymbol{Q}$ 为广义力矢量

$$\boldsymbol{Q} = [Q_1 \quad Q_2 \quad \cdots \quad Q_N]^{\mathrm{T}}$$

比较式(4.113)、(4.114)，可得

$$\boldsymbol{Q} = n + \boldsymbol{J}^{\mathrm{T}} \cdot \boldsymbol{Q}_{FM} \tag{4.115}$$

式(4.115)说明考虑到外施力及外施力矩后，拉格朗日力学方程中的广义力要增加修正项。当相邻连杆的运动存在耦合时，对应于 α_i 的广义力 Q_i 也需按虚功原理增加修正项。

综上所述，无外施力、外施力矩时，机器人手臂的拉格朗日动力学方程可由式(4.110)、(4.111)得

$$\sum_{j=i}^{N} D_{ij}\ddot{q}_j + D_{ii}\ddot{q}_i + \sum_{j=i}^{N}\sum_{k=i}^{N} D_{ijk}\dot{q}_j\dot{q}_k + D_i = n_{ii} \qquad i = 1,2,\cdots,N \tag{4.116}$$

对于存在外施力、外施力矩的机器人手臂，其拉格朗日动力学方程式(4.110)、(4.111)为

$$\sum_{j=i}^{N} D_{ij}\ddot{q}_j + D_{ii}\ddot{q}_i + \sum_{j=i}^{N}\sum_{k=1}^{N} D_{ijk}\dot{q}_j\dot{q}_k + D_i = (n + \boldsymbol{J}^{\mathrm{T}}\boldsymbol{Q}_{FM})_{ii} \qquad i = 1,2,\cdots,N \tag{4.117}$$

第5章 操作机器人关节伺服驱动技术

5.1 电液伺服系统

电液伺服系统是由电的信号处理部分与液压的功率输出部分组成的闭环控制系统。电检测器的多样性使组成包含许多物理量的闭环控制系统成为可能,如位置伺服系统、速度控制系统和力或压力控制系统。电液伺服系统综合了电和液压两方面的特点,具有控制精度高、响应速度快、信号处理灵活、输出功率大、结构紧凑和质量小等优点,因此得到了广泛的应用。

5.1.1 电液位置伺服系统的构成和基本类型

电液伺服系统的动力元件不外乎阀控式和泵控式两种基本形式,但采用的指令装置、反馈测量装置和相应的电子部件不同,就构成了不同的系统,包括模拟伺服系统和数字伺服系统。模拟伺服系统又分直流伺服系统和交流伺服系统,交流伺服系统又分相位调制伺服系统和振幅调制伺服系统。数字伺服系统还可分为全数字伺服系统和数字－模拟混合伺服系统等。

1.模拟位置伺服系统

采用电位器作为指令装置和反馈测量装置,就可以构成直流位置伺服系统,当采用自整角机或旋转变压器作为指令装置和位置反馈测量装置时,就可以构成交流位置伺服系统。图5.1是采用一对自整角机作为角差测量装置的位置伺服系统。

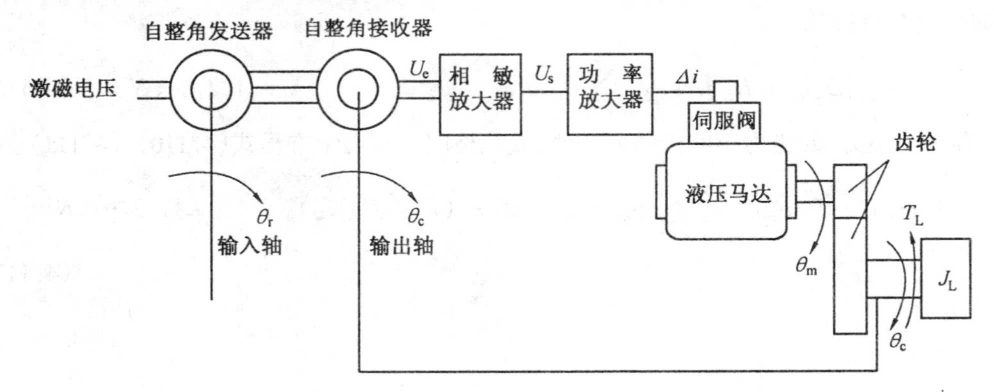

图5.1 用自整角机的电液位置伺服系统

自整角机是一种回转式电磁感应元件,由转子和定子组成。在定子上绕有星形连接的三相绕组，转子上绕有单相绕组，通过滑环与机外电路相连。在伺服系统中，自整角机是用来测量机械轴转角的传感器。通常是成对使用的，与指令轴相连的自整角机称为发送器，与输出轴相连的自整角机称为接收器（也称控制变压器）。发送器转子绕组接激磁电压。接收器输出的误差信号电压是一个振幅调制波，其振动频率等于激磁电压（载波）的频率，其幅值与误差角的正弦成比例，即 $U_e = U_m \sin(\theta_r - \theta_c)$。

接收器输出的交流电压信号 U_e 经相敏放大器解调放大送入功率放大器。由于 U_e 极性能够反映位置偏差，所以放大器也必须具备鉴别 U_e 极性的能力，而且还需把正反相位的交流电压转变成正负极性的直流电压，因此一般采用兼有相敏整流和电压放大双重作用的相敏放大器。

为了推动电液伺服阀，相敏放大器输出的电压信号还需经过功率放大器（伺服放大器）放大。为了消除伺服阀线圈电感的影响，伺服放大器不能采用一般的电压负反馈放大器，而应当采用电流负反馈或高输出阻抗伺服放大器。另外，为了保证系统的稳定性，同时使系统具有满意的动、静态品质，有时还需要加校正装置。校正装置可以是串联的，也可以是并联的（反馈校正），串联校正装置可加在相敏放大器和伺服放大器之间。

模拟伺服系统的抗干扰能力强，重复精度高，但分辨能力（灵敏度）差，即绝对精度低。伺服系统和其他反馈控制系统一样，其精度在很大程度上取决于反馈测量装置的精度。数字检测装置可以有很高的分辨能力，所以数字伺服系统可以得到很高的绝对精度。另外，模拟伺服系统的精度还受噪声和零漂等的影响，当输入信号小于或接近于折合到输入端的噪声和零漂时，系统就不能进行有效地控制了。此时，即使提高回路增益，也不能提高系统的精度，而数字伺服系统具有较强的抗干扰能力。

2. 数字模拟混合伺服系统

数字模拟混合伺服系统的种类很多，图5.2所示是一种脉冲数模混合系统。控制点发出指令脉冲控制系统的输出位移。数字检测器（模数转换器）将输出位移变换为脉冲数，例如数字检测器的脉冲当量为 $\delta = 0.01$ mm脉冲，若要求输出位移为 $\Delta x = 1$ mm，则发出 $m = \dfrac{\Delta x}{\delta} = 100$ 个脉冲，这个反馈脉冲与数控装置发生的指令脉冲通过脉冲比较回路（可逆计数器）比较后，得到数字偏差，再由数模转换器转换成模拟偏差电压，经伺服放大器放大后推动伺服阀－液压马达，使关节向减少偏差的方向运动，完成跟踪。

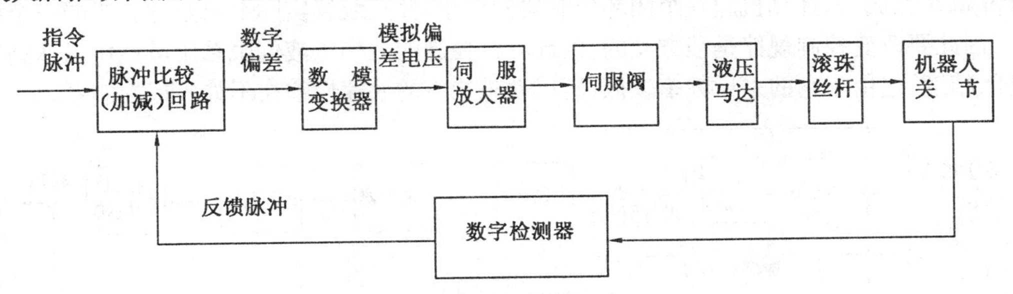

图5.2 数模混合伺服系统

关节的位移量与指令脉冲数成比例（位移量 = 脉冲当量 × 指令脉冲数），关节移动速度与指令脉冲频率成比例（移动速度 = 脉冲当量 × 指令脉冲频率）。在这个系统中，仍然采用了普通模拟量伺服阀，所以它是一个数字模拟混合伺服系统。

3. 全数字伺服系统

采用数字阀可以组成全数字伺服系统。电液步进马达或电液步进缸就是一种数字式液压动力元件，由它们可以组成全数字开环伺服系统，如图5.3所示。指令装置发出指令脉冲信号，经电液步进马达驱动器驱动电液步进马达转过一定的角度，通过丝杠螺母等减速器移动机器人关节。

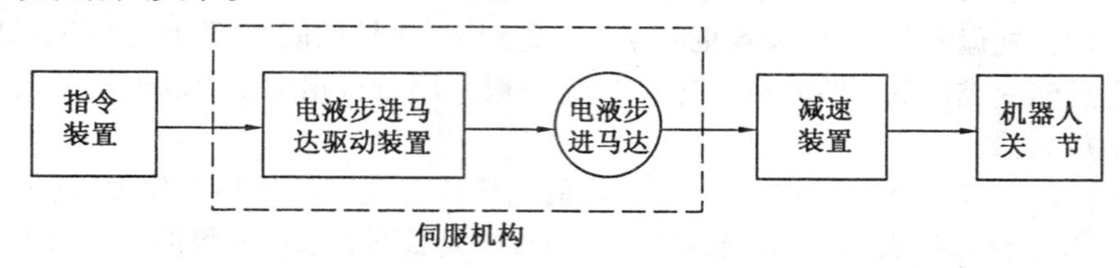

图5.3　采用数字阀的全数字开环伺服系统

也可以采用数字阀构成全数字的闭环伺服系统，如图5.4所示。其中的数字阀可以采用数字流量阀，也可以采用数字提动阀。数字提动阀是一种方向控制电磁阀。通常采用编码器作为位置反馈测量元件。数字阀组成的全数字伺服系统有许多优点，但响应速度慢。其中的一个原因是数字阀响应速度慢，数字流量阀采用步进电机驱动，而数字提动阀采用电磁铁推动。

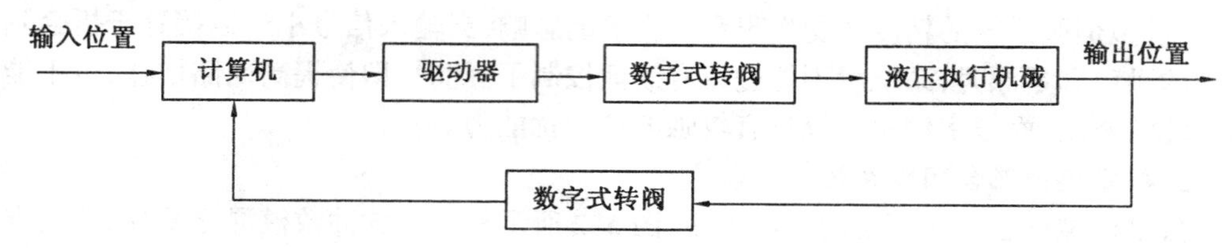

图5.4　采用数字阀的全数字闭环伺服系统

4. 计算机控制的伺服系统

图5.5是由计算机控制的数模混合伺服系统，也就是通常所说的采样数据控制系统。由于液压动力元件是模拟式的，而计算机只能接受和处理数字量，所以系统中必须有模数转变和模数转换以及接口装置。在这种系统中，指令、反馈、比较、放大和校正等功能都由计算机来完成，即计算机起一个闭环控制器的作用。校正装置实际上只是计算机的一个程序，因此要改变控制规律是很方便的。由计算机控制的数模电液伺服系统虽然可以达到很高的精度，但由于它的采样频率较低，所以动态响应的快速性往往不如模拟控制系统。

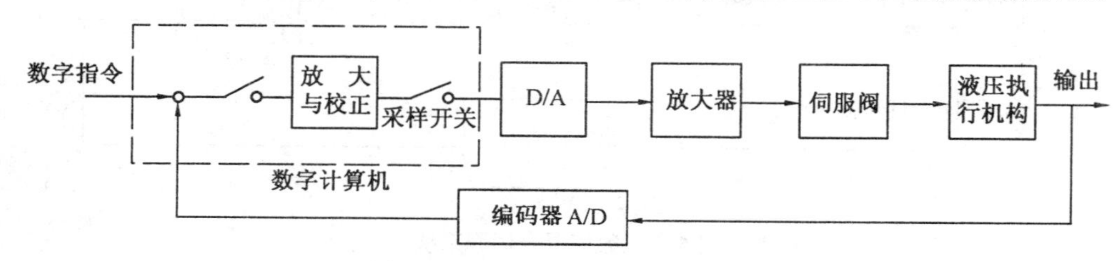

图5.5　计算机控制的数模混合系统

5.1.2 电液速度控制系统

在工程上,经常需要高精度的速度控制,如原动机调速,机床的进给拖动以及转台、天线、雷达、炮塔的姿态跟踪等。另外,在电液位置伺服系统中也经常采用速度局部反馈回路来改善系统的性能。采用模拟式速度控制的典型静态精度为 ±0.25%,而数字式的典型静态精度为 ±0.1% 或更好些,速度范围可达 100 : 1 或更大些。

1. 速度控制的特点

图 5.6 是用伺服阀控制的电液速度控制系统原理方块图。

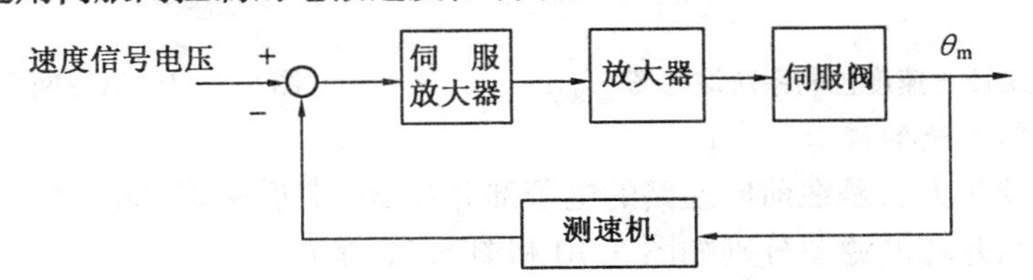

图 5.6 速度控制系统原理方块图

这是个未加校正的系统。忽略放大器和伺服阀的动态特性,并假定负载为简单的惯性负载和任意外负载力矩,则系统的方块图可用图 5.7 表示。开环传递函数为

$$G(s)=\frac{K_0}{\frac{s^2}{\omega_h^2}+\frac{2\xi_h}{\omega_h}s+1} \tag{5.1}$$

式中 K_0—— 系统开环增益,$K_0=K_aK_{sv}K_{tl}/D_m$;

K_a—— 电子部分总增益;

K_{sv}—— 伺服阀流量增益;

K_{tl}—— 测速机增益。

速度控制系统是个零型系统,对速度阶跃输入是有差的。

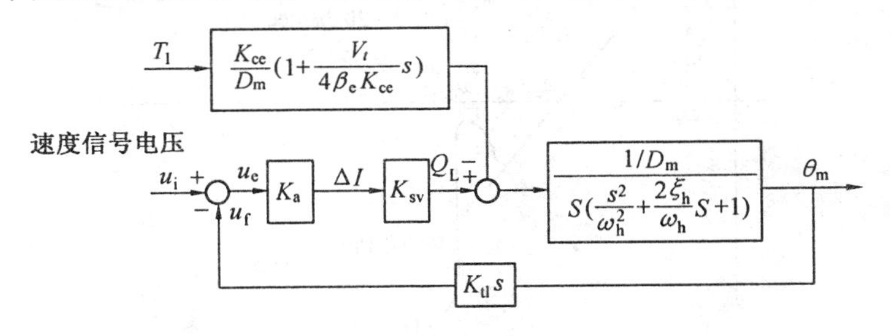

图 5.7 速度控制系统方块图

系统开环波德图如图 5.8 所示。穿越频率 ω_c 处的斜率为 −40 dB/dec,因此相位裕量很小,特别是在阻尼比 ξ_h 较小时更是如此。这个系统虽属稳定,但是在简化的情况下得出的。如果在 ω_h 和 ω_c 之间出现伺服阀等其他滞后环节,在穿越频率 ω_c 处的斜率将变成 −60 dB/dec或 −80 dB/dec,系统就变成不稳定的了。甚至在回路增益很低时,也往往是不稳定的。当回路增益很低时,即使系统是稳定的,由于失去了反馈控制作用,也谈不上高精

度控制。因此，速度控制系统必须加校正装置才能稳定工作。

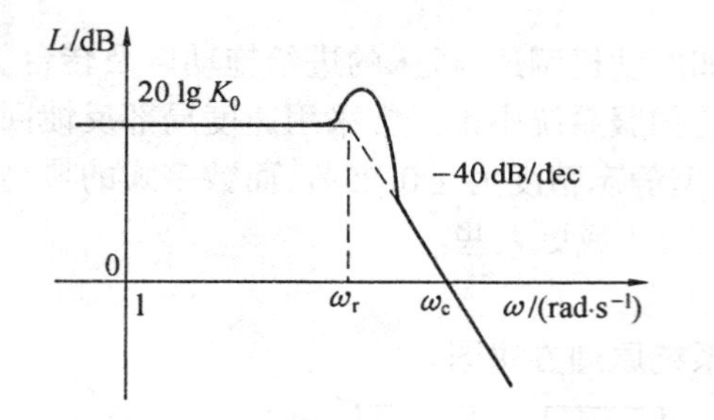

图 5.8　未校正速度控制系统波德图

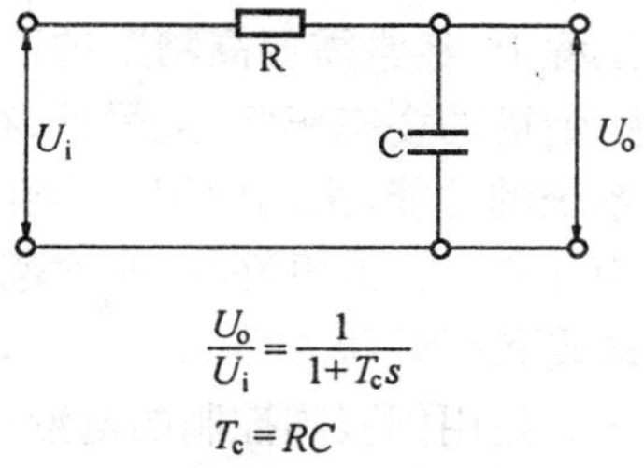

R　C　U_i　U_o

$$\frac{U_o}{U_i}=\frac{1}{1+T_c s}$$

$$T_c=RC$$

图 5.9　RC 滞后网络

2. 速度控制系统的校正

最简单的校正方法是在前向通路的电子部分加 RC 滞后网络，如图 5.9 所示。校正后的系统方块图和开环波德图分别如图 5.10 和图 5.11 所示。

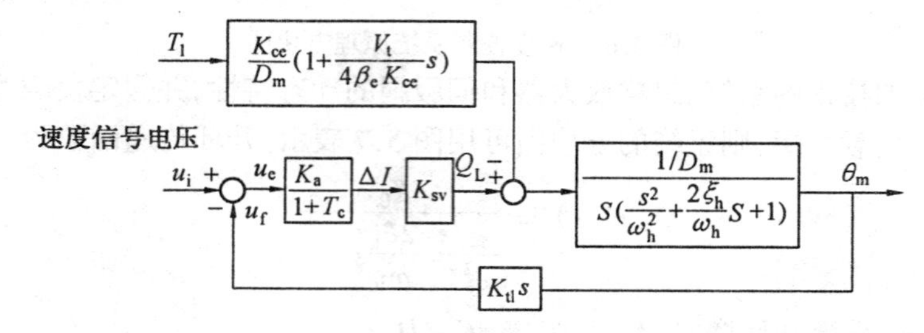

图 5.10　速度控制系统方块图(校正后)

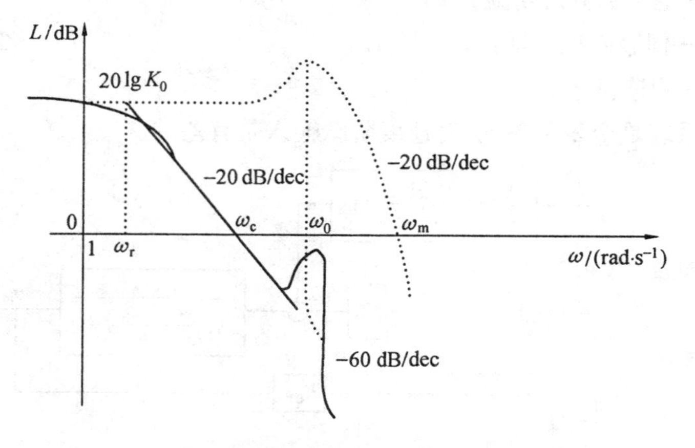

图 5.11　校正后速度控制系统波德图

此时，穿越频率处的斜率为 − 20 dB/dec，并有足够大的相位裕量。为此应满足

$$\omega_c < 2\xi_h\omega_h \approx (0.2 \sim 0.4)\omega_h \tag{5.2}$$

由图 5.11 上的几何关系可知，滞后网络的时间常数为

$$T_e = \frac{K_0}{\omega_c} \tag{5.3}$$

这类系统的动静特性是由动力元件参数和开环增益 K_0 决定的，其设计步骤大致为：根据

负载特性选择动力元件；由式(5.2)确定穿越频率ω_c；根据误差要求确定开环增益K_0；最后由式(5.3)确定校正环节的时间常数T_c。

由图5.11可以看出，校正后回路的穿越频率比未校正回路的穿越频率低得多。但是为了保证稳定性，不得不牺牲响应速度和精度。

采用RC滞后网络校正的系统仍是零型有差系统。为了提高控制精度，一般采用积分放大器校正，使系统变成I型无差系统。其系统方块图和开环波德图分别如图5.12和图5.13所示。

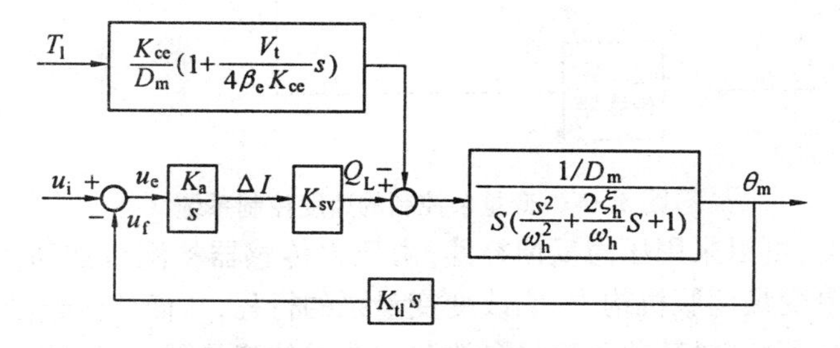

图5.12 采用积分校正速度控制系统方块图

采用积分校正的速度控制系统方块图和波德图与未校正的位置伺服系统的方块图和波德图相似，只是用速度传感器代替位置传感器。另外，积分环节的位置不一致，位置系统对给定输入信号是I型的，而速度控制系统对给定输入信号和负载力矩干扰信号都是I型的。因此，对阶跃速度输入和阶跃负载力矩干扰都是无差的。与位置系统类似，由等速速度变化引起的转速误差为

$$e_{\infty v}=\Delta\theta_{mv}=\frac{\ddot{\theta}_m}{K_0} \tag{5.4}$$

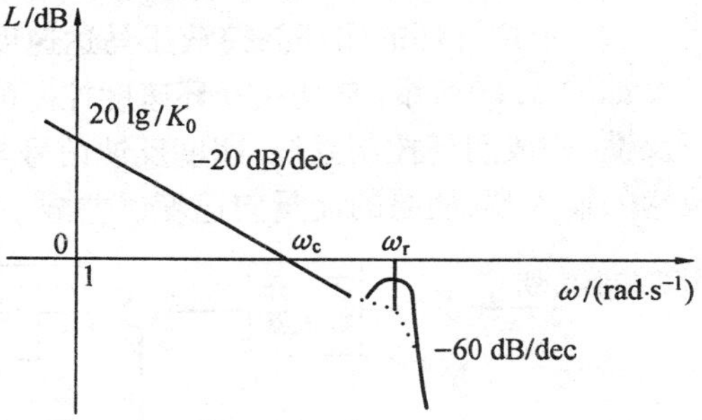

图5.13 采用积分校正速度控制系统波德图

由等速负载力矩变化引起的转速误差为

$$e_{\infty L}=\Delta\theta_{mL}=\frac{K_{ce}\dot{T}_L}{D_m^2K_0} \tag{5.5}$$

式中 $\ddot{\theta}_m$—— 差角加速度；

$\dot{T}_L$—— 负载力矩变化速度；

K_0—— 系统开环增益，$K_0=K_aK_{sv}K_{tl}\frac{1}{D_m}$。

3.速度控制的方式

除了阀控液压马达速度控制系统外，还有泵控液压马达速度控制系统。泵控液压马达速度控制系统又可分为以下三种。

(1) 开环泵控液压马达速度控制系统

图5.14所示为变量泵与阀控液压缸组成的位置回路控制。这种控制方式是通过改变

变量泵斜盘角来控制供给液压马达的流量,以此来调节液压马达转速。因为是开环控制,受负载和温度变化的影响大。当压力从无负载变化到额定负载时,系统流量变化大约为8% ~ 12%,其中40%左右是由液压泵驱动电机的转差造成的,其余部分是由液压泄漏造成的。

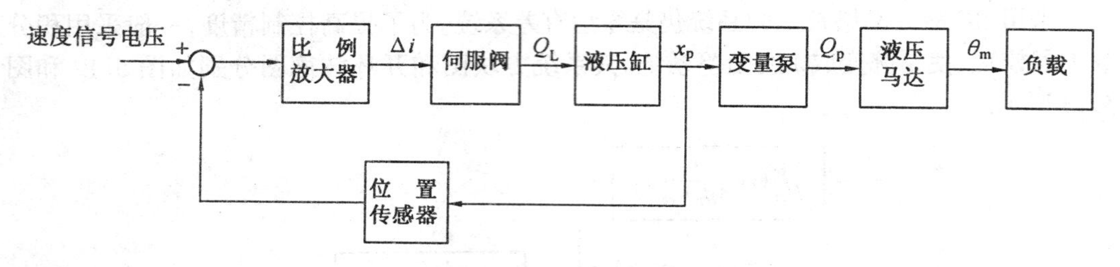

图 5.14 变量泵控制的速度控制系统

为了改善精度,可以采用压力反馈补偿,由压力传感器检测负载压力,作为第二个指令信号加进变量泵变量伺服机构中,它改变变量泵的行程,从而使流量随负载压力升高而增加,以此来补偿驱动电机转差和变量泵泄漏所造成的流量减小。该压力反馈补偿实际上是压力正反馈,因此有可能影响稳定性,在应用时必须注意。

(2) 带位置环的闭环泵控液压马达速度控制系统

如图 5.15 所示。它是在开环速度控制的基础上,增加速度传感器,将液压马达速度进行反馈,构成闭环控制系统。速度反馈信号与指令信号的差值经积分放大器加到变量伺服机构的输入端,使泵的流量向速度误差减小的方向变化。

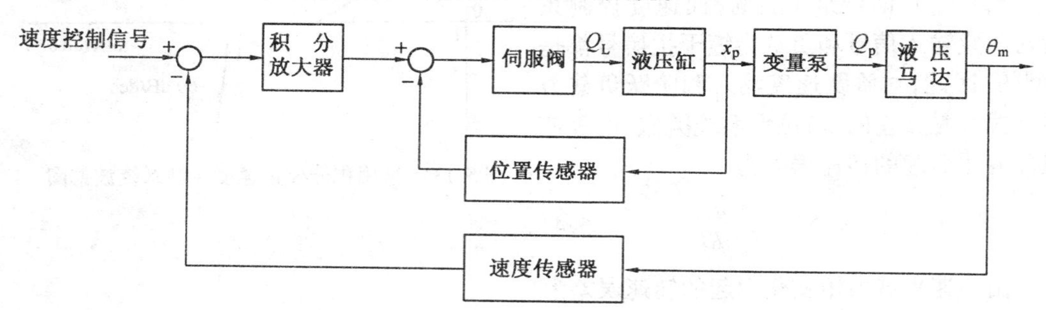

图 5.15 带位置环的闭环泵控液压马达速度系统

这类系统的位置检测器多采用电位器或差动变压器,液压泵一般为轴向柱塞泵,变量伺服机构的液压缸、伺服阀和位置检测器组成一体,装在液压泵上,驱动液压马达通常是定量液压马达,在液压马达轴的输出轴上装置测速发电机。采用积分放大器是为了使开环系统具有积分特性,构成I型伺服系统。通常,由于变量伺服机构的惯量很小,液压缸-负载的谐振频率在100 Hz以上,可看成积分环节,因此变量机构的伺服控制回路可看成是仪器伺服回路,其频带为 10 ~ 20 Hz 或更高。系统的动态特性主要由泵控液压马达决定。为了保证稳定性和快速性,要特别注意液压泵和液压马达之间连接管路的刚性和管路中油的压缩性。

(3) 不带位置环的闭环泵控液压马达速度控制系统

如果将泵变量机构的位置反馈通路去掉,可以得到图 5.16 所示的速度控制系统。因为变量液压缸本身含有积分环节，所以放大器应采用比例放大器，系统仍是Ⅰ型伺服系统。但伺服阀零漂和负载力等引起的速度误差仍然存在。

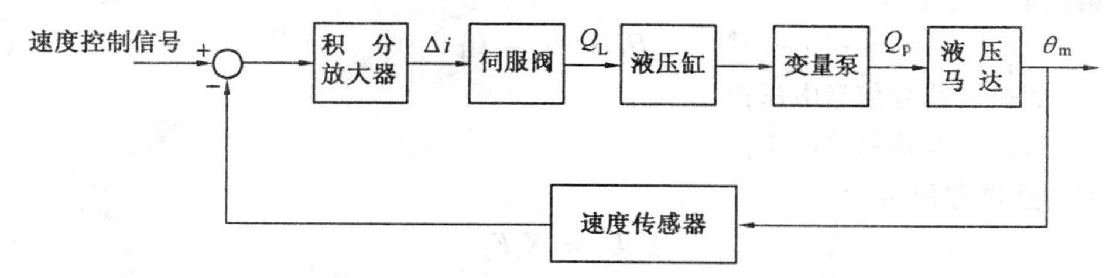

图5.16　不带位置环的闭环泵控液压马达速度控制系统

5.1.3　电液力(或压力)控制系统

在工程上，经常需要对力(或压力)进行控制。电液力(或压力)控制系统具有精度高、响应快、功率大、结构紧凑和使用方便等优点，因此得到越来越广泛的应用。例如，材料试验机、结构物疲劳试验机、轧机张力控制系统、车轮刹车装置等都采用了电液力控制系统。

1. 力控制系统

(1) 系统组成及工作原理

图5.17是一种最常用的电液力控制系统的原理图。系统由指令装置、伺服放大器、伺服阀、液压缸和力传感器(测力计)组成。

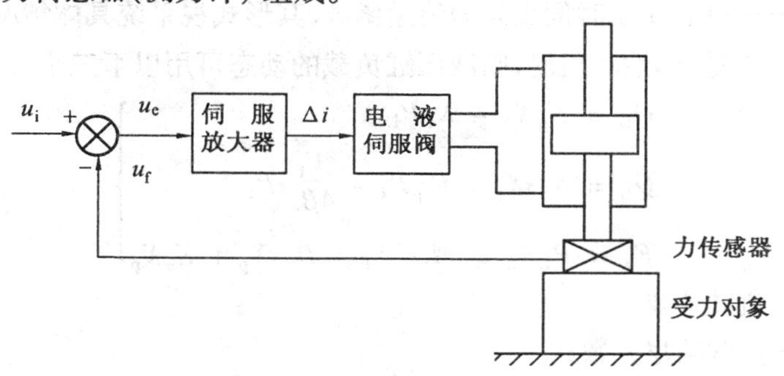

图5.17　电液力控制系统原理图

当指令装置发出的指令信号电压作用于系统时，液压缸活塞便输出负载力。负载力由力传感器检测并转换为和负载力成比例的反馈信号电压，与指令信号电压相比较，得出偏差信号电压，经伺服放大器后输入伺服阀中。于是，伺服阀输出与偏差信号电压成比例的压差作用到液压缸的活塞上，使负载力向着误差减小的方向变化，直到负载力等于指令信号所规定的值为止。在稳态情况下，负载力与偏差信号电压成比例。因为要保持一定的负载力就要求伺服阀有一定的开度，因此这是个有差系统，在这种系统的开环传递函数中不含有积分环节。所以，与其说它是伺服系统，不如说它属于力的调节器。

应当指出，在力控制系统中，被调量是力。虽然在位置或速度控制系统中，要带动负载运动也有力输出，但这种力不是被调量，它取决于被调量(位置、速度)和外负载力。在力控制系统中，输出力(负载力)是被调量，而位置、速度等则取决于输出力和受力对象本身的状态。

(2) 基本方程及方块图

偏差信号电压为

$$U_e = U_i - U_f \tag{5.6}$$

式中 U_i—— 指令信号电压；

U_f—— 反馈信号电压。

力传感器方程为

$$U_f = K_f F_g \tag{5.7}$$

式中 K_f—— 力传感器的增益；

F_g—— 液压缸输出力。

放大器动态可以忽略不计，其输出电流为

$$\Delta I = K_a U_e \tag{5.8}$$

式中 K_a—— 放大器增益。

伺服阀传递函数可表示为

$$\frac{X_v}{\Delta I} = K_{xv} G_{xv}(s) \tag{5.9}$$

式中 X_v—— 伺服阀阀芯位移；

K_{xv}—— 伺服阀增益；

$G_{xv}(s)$——$K_{xv} = 1$ 时伺服阀的传递函数，其形式视系统具体情况而定。

假定负载为质量、弹性和阻尼，则液压缸负载的动态可用以下三个方程描述

$$\left.\begin{aligned} Q_L &= K_q X_V - K_c P_L \\ Q_L &= A_p s X_p + C_{tp} P_L + \frac{V_t}{4\beta_e} s P_L \\ F_g &= P_L A_p = M_t s^2 X_P + B_p s X_p + K_s X_p \end{aligned}\right\} \tag{5.10}$$

式中 M_t—— 负载质量；

B_p—— 负载阻尼系数；

K_s—— 负载弹簧刚度；

C_{tp}—— 液压缸总泄漏系数。

由式(5.6) ~ (5.10) 可画出力控制系统的方块图，如图 5.18 所示。图中 $K_{ce} = K_c + C_{tp}$。由式(5.10) 中的三个基本方程消去中间变量 Q_L 和 X_p，或通过图 5.18 的方块图简化，可以得到以力为输出量的液压缸传递函数

$$G_p(s) = \frac{F_g}{X_v} = \frac{\frac{K_q}{A_p} K_s \left(\frac{M_t}{K_s} s^2 + \frac{B_p}{K_s} s + 1 \right)}{\frac{V_t M_t}{4\beta_e A_p^2} s^3 + \left(\frac{K_{ce} M_t}{A_p^2} + \frac{V_t B_p}{4\beta_e A_p^2} \right) s^2 + \left(1 + \frac{K_{ce} B_p}{A_p^2} + \frac{V_t K_s}{4\beta_e A_p^2} \right) s + \frac{K_{ce} K_s}{A_p^2}} \tag{5.11}$$

对该式进行简化。通常，受力对象的阻尼 B_p 都很小，可以忽略不计，则式(5.11) 可以简化成

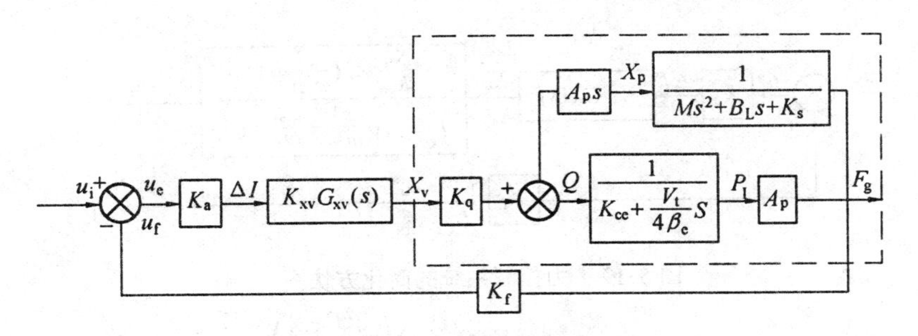

图 5.18 力控制系统的方块图

$$G_p(s)=\frac{F_g}{X_v}=\frac{\frac{K_q}{K_{ce}}A_p\left(\frac{M_t}{K_s}s^2+1\right)}{\frac{V_tM_t}{4\beta_eK_{ce}K_s}s^3+\frac{M_t}{K_s}s^2+\left(\frac{V_t}{4\beta_eK_{ce}}+\frac{A_p^2}{K_{ce}K_s}\right)s+1} \tag{5.12}$$

或

$$G_p(s)=\frac{F_g}{X_v}=\frac{\frac{K_q}{K_{ce}}A_p\left(\frac{M_t}{K_s}s^2+1\right)}{\frac{A_p^2M_t}{K_{ce}K_hK_s}s^3+\frac{M_t}{K_s}s^2+\left(\frac{A_p^2}{K_{ce}K_h}+\frac{A_p^2}{K_{ce}K_s}\right)s+1} \tag{5.13}$$

如果再满足

$$\left[\frac{K_{ce}\sqrt{K_sM_t}}{A_p^2(1+K_s/K_h)^{1-5}}\right]^2<<1$$

的条件,则式(5.12)可进一步简化为

$$G_p(s)=\frac{F_g}{X_v}=\frac{\frac{K_q}{K_{ce}}A_p\left(\frac{s^2}{\omega_n^2}+1\right)}{\left(\frac{s}{\omega_r}+1\right)\left(\frac{s^2}{\omega_0^2}+\frac{2\xi_0}{\omega_0}s+1\right)} \tag{5.14}$$

式中 ω_n——负载的固有频率,$\omega_n=\sqrt{\frac{K_s}{M_t}}$;

ω_r——液压弹簧与负载弹簧串联耦合的刚度与阻尼系数之比,即

$$\omega_r=\frac{1}{\frac{V_t}{4\beta_eK_{ce}}+\frac{A_p^2}{K_{ce}K_s}}=\frac{K_{ce}}{A_p^2}\Big/\left(\frac{1}{K_h}+\frac{1}{K_s}\right) \tag{5.15}$$

ω_0——液压弹簧与负载弹簧并联耦合的刚度与负载质量形成固有频率,即

$$\omega_0=\omega_n\sqrt{1+K_s/K_h} \tag{5.16}$$

ξ_0——阻尼比,即

$$\xi_0=\frac{1}{2\omega_0}\cdot\frac{4\beta_eK_{ce}}{V_t(1+K_s/K_h)} \tag{5.17}$$

根据式(5.14)可将图5.18所示的方块图简化为图5.19。

(3) 力控制系统的特性分析

由图5.19所示的方块图可以得到系统的开环传递函数

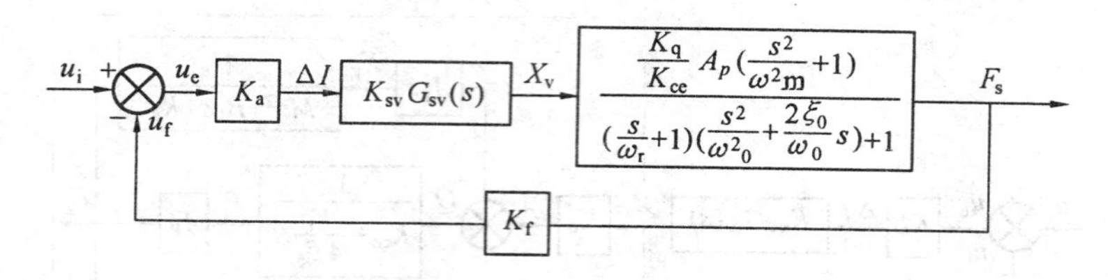

图 5.19 力控制系统的简化方块图

$$G(s)H(s)=\frac{K_0G_{sv}(s)\left(\frac{s^2}{\omega_m^2}+1\right)}{\left(\frac{s}{\omega_r}+1\right)\left(\frac{s^2}{\omega_0^2}+\frac{2\xi_0}{\omega_0}s+1\right)} \tag{5.18}$$

式中 K_0—— 力控制系统的开环增益,即

$$K_0=K_fK_aK_{xc}\frac{K_q}{K_{ce}}A_p \tag{5.19}$$

如果伺服阀的固有频率很高,可以将其看成比例环节,此时系统的开环波德图如图 5.20 所示。

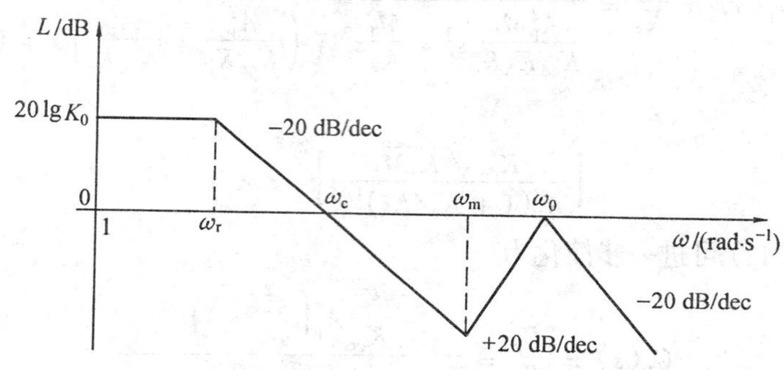

图 5.20 力控制系统的开环波德图

当 $K_s \gg K_h$ 时,$\omega_r \approx \frac{K_{ce}K_h}{A_p^2}$,$\omega_0 \approx \omega_m=\sqrt{\frac{K_s}{M_t}}$。二阶振荡环节与二阶微分环节近似对消,系统动态特性主要由液体压缩性(液压弹簧)形成的惯性环节决定。当 $K_s << K_h$ 时,$\omega_r \approx \frac{K_{ce}K_h}{A_p^2}$,$\omega_0 \approx \sqrt{\frac{K_h}{M_t}} \gg \omega_m=\sqrt{\frac{K_s}{M_t}}$。此时,液体的压缩性影响可以忽略,系统动态主要由负载动态特性决定。

① 系统的稳定性。当 $G_{sv}(s)=1$ 时,由传递函数式(5.18)和图 5.20 所示的波德图可以看出,系统的最大相位滞后为 90°,因此只考虑液压缸和负载的动态特性时,即使幅频特性在 ω_0 处超过零分贝线,系统也不会不稳定。但是考虑到反馈传感器,伺服放大器以及伺服阀的相位滞后时,系统就可能变得不稳定。此时可根据传递函数式(5.18)作出系统开环波德图,据此可判断相位裕量和增益裕量是否满足要求。

负载刚度变化将引起 ω_0 处谐振峰值的变化,从而要影响系统的稳定性。由图5.20 上的几何关系可以得出 ω_0 处渐近频率特性幅值

$$L(\omega_0) = \frac{K_0\omega_r\omega_0}{\omega_m^2} = K_0\frac{K_{ce}}{A_p^2}\sqrt{M_t}\frac{K_s}{\sqrt{K_s + K_h}} \tag{5.20}$$

由式(5.20) 可知，当负载刚度 K_s 减小时，ω_0 处的渐近频率特性幅值将增大，同时阻尼比 ξ_0 减小，见式(5.17)。因此，当 K_s 减小时，ω_0 处的谐振峰值增大，系统的稳定性变坏。另外，由式(5.15) 和式(5.16) 得

$$\frac{\omega_0}{\omega_r} = \frac{A_p^2}{\sqrt{M_t}K_{ce}}\left[\sqrt{\frac{1}{K_h}}(1 + \frac{K}{K_h}) + \sqrt{\frac{1}{K_s}}(1 + \frac{K_h}{K_s})\right] \tag{5.21}$$

负载刚度 K_s 减小时，ω_0 与 ω_r 间的距离增大，从而使 ω_0 处的相位滞后增大，这对系统稳定性也是不利的。总之，负载刚度 K_s 对力控制系统的稳定性有很大的影响。而力控制系统的负载经常变化，如材料试验机的试件经常更换，所以其稳定性也是在变化的。对这种系统，应该用最小负载刚度计算其稳定性。

② 系统的响应速度。系统的频宽由穿越频率 ω_c 决定。由图 5.20 的几何关系并考虑式(5.15) 和式(5.16) 的关系，得

$$\omega_c = K_0\omega_r = K_0\frac{K_{ce}}{A_p^2}\frac{K_sK_h}{(K_s + K_h)} = K_fK_aK_{xv}\frac{K_q}{A_p}\frac{K_sK_h}{(K_s + K_h)} \tag{5.22}$$

由式(5.22) 可以得出以下结论：

i. 系统的响应速度由开环增益 K_0 和惯性环节的时间常数 $1/\omega$ 所决定。如果保持开环增益 K_0 不变，增大$\frac{K_{ce}}{A_p^2}$值，穿越频率 ω_c 将提高；同样，如果保持$\frac{K_{ce}}{A_p^2}$值不变，增大 K_0 值，穿越频率 ω_c 也会提高。从综合的效果看，K_{ce} 变化对 ω_c 是没有影响的，提高穿越频率 ω_c 都会提高电气部分的增益 K_fK_a 和液压部分的速度增益$\frac{K_{xv}K_q}{A_p}$。但 K_{ce}/A_p^2 值不同，达到同样的 ω_c 值所要求的 K_0 值不同。当 K_{ce}/A_p^2 值较小时，所要求的开环增益 K_0 值高，而 K_{ce}/A_p^2 值大时，需要的开环增益 K_0 值低。另外，K_{ce} 值增高可以提高阻尼比 ξ_0，这对稳定性是有利的。如果稳定裕量不变，就允许有较高的穿越频率 ω_c。综上所述，在力控制系统中要提高 K_{ce}/A_p^2 值。通常采用正开口阀或零开口阀加泄漏通道，而液压缸的面积 A_p 值在满足负载要求的前提下越小越好。

ii. 穿越频率 ω_c 与负载刚度 K_s 有关。当负载刚度减小时，穿越频率也随之降低。为了使系统在低负载刚度情况下既能稳定工作，又不降低响应速度，最好在 ω_c 与 ω_m 之间加校正，使高频部分衰减下来。校正装置的传递函数一般为 $G_c(s) = \frac{1}{(T_es + 1)^2}$。在力控制系统中，负载经常变化，必须根据负载的变化随时调整回路增益并校正装置参数，以满足系统稳定性和响应速度的要求。

③ 系统的稳态精度。未加校正的力控制系统是零型系统。为了保持一定的输出力 F_g，系统的稳态误差和位置系统一样，为了减小伺服阀零漂、死区等影响，应当增大电气增益 K_fK_a，减小液压部分的力增益 $K_{xv}\frac{K_q}{K_{ce}}A_p$，为此也希望采用正开口阀或零开口阀加泄漏通道来减小总压力增益 K_q/K_{ce}。为了提高力控制系统的精度，经常采用积分校正，使系统变

成I型系统。

$$e_{\infty F} = \frac{F_g}{1 + K_0} \tag{5.23}$$

在力控制系统中,所用的伺服阀可以是压力控制阀,也可以是流量控制阀。压力控制伺服阀本身带有压力反馈,其压力增益特性平缓且保持线性。这种阀常用于开环的压力控制,作为闭环控制中的一个元件使用时也较理想。但由于这种阀的制造和调试较为复杂,所以在一般情况下应用较少。当系统要求较大的流量时,一般还是采用流量伺服阀。

2. 压力控制系统

图5.21表示一个压力控制系统,用来控制负载压力腔压力 p,以便在不动的负载表面产生所需要的压力。蓄能器可用来改善系统稳定性。对该系统我们可以写出四个方程,即

$$Q_L = K_q X_v - K_c p_L \tag{5.24}$$

$$Q_L = \frac{A_0}{A_1} Q_1 \tag{5.25}$$

$$Q_L = \frac{V_1}{4\beta_e} sp \tag{5.26}$$

$$p_L = \frac{A_1}{A_0} p \tag{5.27}$$

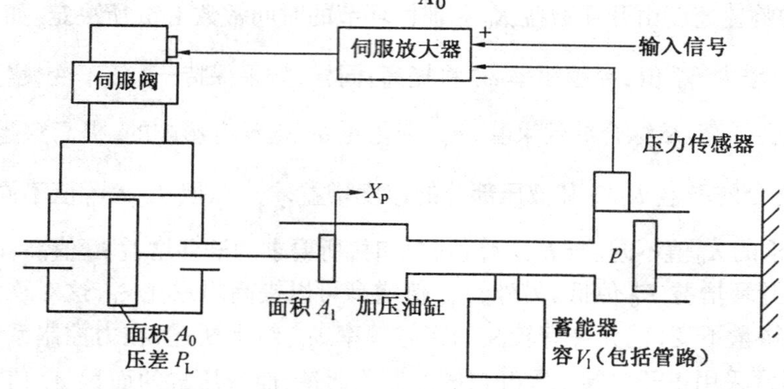

图5.21 压力控制系统方块图

式中符号见图5.21。由方程(5.24)~(5.27)可求出滑阀位移 X_v 至加压液压缸压力 p 的传递函数为

$$\frac{p}{X_v} = \frac{\dfrac{K_q A_0}{K_c A_1}}{\dfrac{A_0}{A_1}\dfrac{V_1}{4\beta_e K_c}s + 1} \tag{5.28}$$

由式(5.28)可以看出,增加蓄能器以后转折频率降低,从而也降低了穿越频率,这就可以避免伺服阀等引起的不稳定性,但降低了系统的频宽。

5.1.4 电液伺服系统的简易设计法

简易电液伺服系统设计法是电液伺服系统设计的基础知识。对于比较熟悉电液伺服系统的设计者，该简易法可用来初步估算电液伺服系统的静态与动态特性，经过初算之后，可以大致地选定电液控制系统的有关参数。如有必要也可参考有关电液控制系统的有关书籍进行较详细的分析与计算，但有时也无须进一步精确计算，而是以此基本模型为基础通过各种补偿办法或近代控制理论的各种方法，使控制系统实现最佳或自适应的特性。而对电液伺服系统尚不太熟悉的人员，该简易法可以帮助设计者大致地确定电液伺服系统的各有关基础参数，以作为电液伺服系统设计与特性分析的基础和入门。

1.电液控制系统

应用伺服阀的控制系统，由于应用方法不同有很多结构形式，但是在机器人中用得最多的是位置控制系统，其次则是力控制系统。

输入信号发生器和反馈检测元件因控制系统的使用目的不同而不同，常用的如表5.1所示。另外，按伺服阀的输出而操纵负载的执行机构有直线油缸、旋转型液压马达和摆动油缸等。

2.电液控制系统的参数

为了更好地设计电液控制系统，必须清楚了解设计所必要的参数，这就需要事先定量地求得下述各参数的数值。

(1) 有关控制性能的参数

① 电液控制系统是定值控制还是跟踪(连续)控制；

② 电液控制系统是连续控制时，其输出的时间函数是什么形式：波形、频率及振幅等；

③ 最后输出与反馈输出是什么：位移控制、速度控制或力控制等；

④ 需要响应速度的大小：频率特性的带宽或动态过程时间；

⑤ 需要达到的精度：分辨率、稳态误差、干扰的影响及漂移等；

⑥ 负载的最大速度、最大加速度、最大消耗功率及其控制范围等。

(2) 负载条件

① 惯性质量(旋转型为转动惯量)；

② 弹簧负载时的弹簧刚度；

③ 黏性负载时的黏性系数；

④ 上述负载以外的外力，如摩擦力、重力等。

3.简易设计法的基础

确定上述参数之后，就可大致地确定此控制系统的结构，这时就可以画出组成系统的方框图。然后从功率的角度确定伺服阀的容量、执行元件尺寸的大小以及供油压力，根据这些数值讨论动特性、稳定性并依放大器和检测元件来确定精度。当然，当动特性和精度不能满足参数要求时，就要改变伺服阀、执行机构及供油压力等。

5.2 直流电机伺服系统

5.2.1 线性直流伺服放大器

线性伺服放大器通常由线性放大元件(例如运算放大器或差分放大器)组成,用于推动功率级,从而驱动电动机。功率级包含在局部反馈网络中,以使得所期望的参数诸如电动机电压、电动机电流线性化。这样,功率级的非线性和温度漂移由于系统的网络增益而减小。一个外加的运算放大器常用来作为校正或加法放大器,并作为控制信号和主系统反馈的相加点,例如,采用一台模拟测速发电机(在速度控制系统中),并用加尖放大器建立误差信号,使功率放大器校正被控制参量。

线性放大器通过控制外加电压来调节电动机的电压或电流,因此输入电压和电动机反电势之差等于其对应电流的电压降。特别在低速大转矩的情况下,电动机的反电势小而电流大,大量的有功功率消耗在输出晶体管上。这与开关放大器有显著的不同。开关放大器通过改变提供给电动机的电压的占空比(duty circle)来控制电压,并以非截止即饱和的方式运行,这两种状态都只消耗很小的功率,故运行效率高。然而开关放大器自身也会引发新问题。为了避免过高的开关频率带来附加的开关损耗,要求电动机的电感(或外部电感)有极小值。电感增加了系统的电磁时间常数,并可能导致系统带宽减小。此外,电磁干扰(EMI)问题常常是严重的,这势必使系统更复杂并可能引发事故。因此,不能说一种放大器绝对优越于另一种。

一般来说,宽频带低功率系统最好选用线性放大器(小于几百瓦)。在驱动低惯量动圈式电动机中使用是理想的,因为它在短时间(几毫秒)内驱动,需要大的加速电流,而其优点是输出晶体管额定电流峰值能加以利用。相反地,开关放大器常用在较大的系统中,尤其是那些要求在低速和大转矩下连续运行的场合,如采用线性放大器,则功率损耗大。根据其功能,线性放大器可以分成单向或双向线性放大器;根据其结构,线性放大器可以分成双极的或桥式的;根据其传递函数,线性放大器可以分成电压源或电流源。

5.2.2 单向伺服放大器

单向伺服放大器是线性放大器中最简单的一种,在电动机仅作单方向驱动的系统中使用;也就是说仅运行在第一象限并提供一个线性传递函数(图 5.22),故电动机电压和电流均为正,而且两者的方向都是不可逆的。这种系统的特点是具有高的加速能力,但减速能力较低,因为电动机仅靠系统的摩擦力和黏滞阻尼来减速。

单向放大器加上动力掣动能力就导致两象限运行(图 5.23)。它仍只允许电动机单方向旋转,但是能通过改变驱动电流使电动机电流反向,并且能为发电机运行由反电势所形成的电流提供电流通路。掣动电流是反电势的函数,在高速时,它有较大的掣动能力,而在零速附近电流减小到零。必须记住在第 Ⅱ 象限中运行就性质而言是一种暂态,它仅可应用于系统在足够高的速度下减速并产生预期的制动电流时。

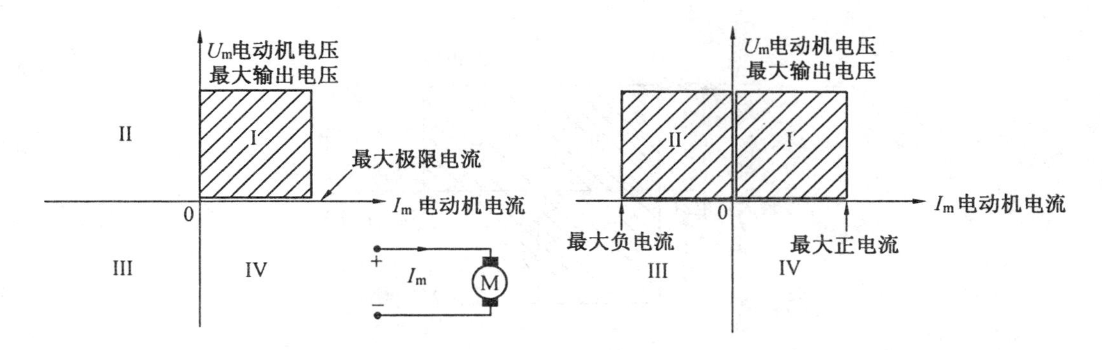

图 5.22　单个象限控制的单向放大器　　　　图 5.23　两个象限控制的带动力的单向放大器

图 5.24 给出一个有动力制动和没有动力制动的典型单向系统的图形。显然，动力制动的效应在低速区减弱了。

图 5.25 绘出一个简化的带动力制动的单向放大器的原理图。电动机在驱动过程中，Q_2 导通并通过二极管 D 与电动机相连。Q_3 不导通，因为它的基极比发射极高一个二极管电压降。当 Q_2 截止时，电阻 R_d 建立起基极电流导通。于是电流以相反的方向从电机流向 Q_3，在这种情况下，制动电流仅仅受反电势和电动机电枢电阻 R_a 的限制。为了把制动电流限定在一个较低的数值，可另加一个电阻从 Q_3 的集电极连接到地。Q_1 用作电流限止器仅在加速中起作用，当 R_3 两端电压降达到近似 0.7 V 时，通过 Q_2 的基极电流被 Q_1 分流，于是，加速电流被限止为 $0.7/R_3$ A。

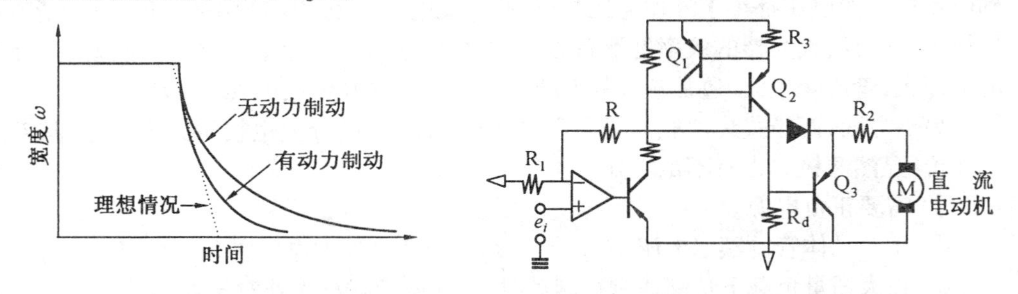

图 5.24　有动力制动和没有动力掣动的典型系统　　　　图 5.25　带反向制动的单向放大器

注意系统的结构是由一个不可反向的电压增益为$(R_2/R_1)+1$ 的运算放大器和一个功率推动级组成。这种不可反向的结构类似于单端输入运行。

5.2.3　双向伺服放大器

双向伺服放大器能够使电动机以两向运行，具有通过零速的线性传递函数。可在整个四象限控制，如图 5.26 所示，并能为电动机提供两种极性的电压与电流。线性两极式(图 5.27) 和线性桥式(图 5.28) 两种双向放大器基本形式的区别在于输出级的结构。

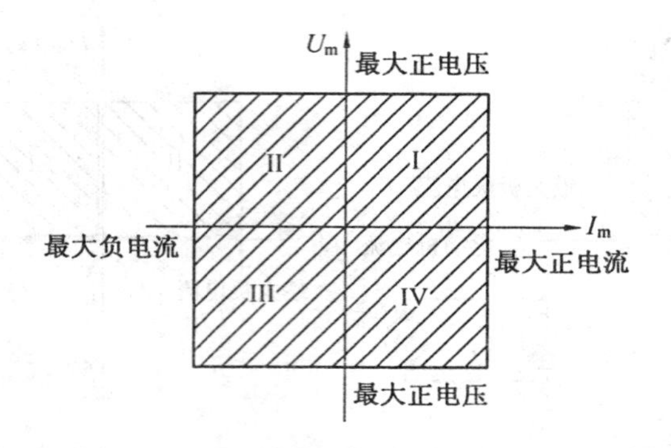

图 5.26 在整个四象限控制的双向放大器

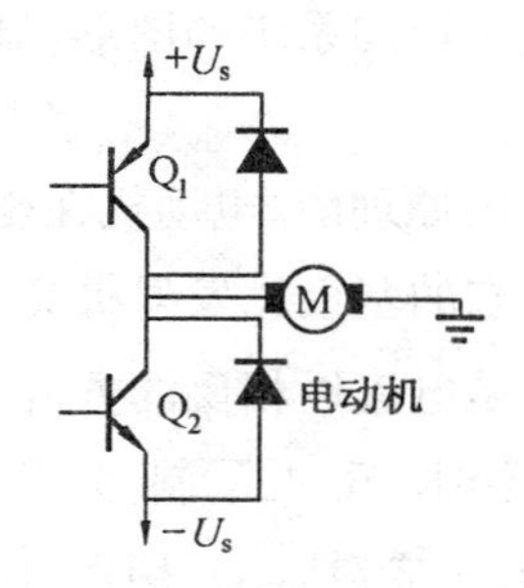

图 5.27 线性两极式输出级

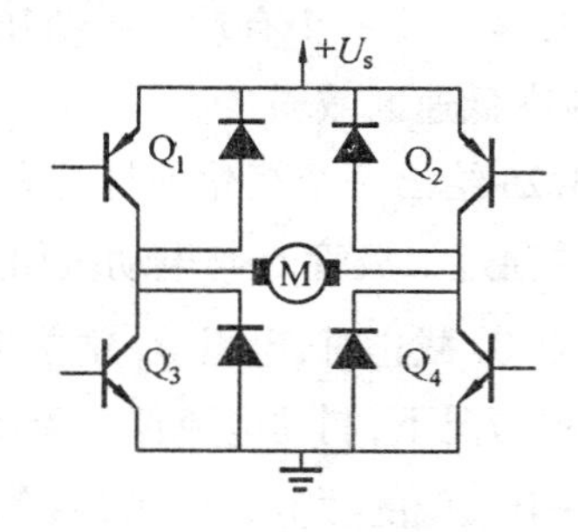

图 5.28 线性桥式输出级

为了正转和反转运行，两极式放大器使用正负电源。无论 Q_1、Q_2 中哪个处于导通中，到电动机上的电压都等于外加电压与 Q_1 或 Q_2 集电极发射极电压降的差值。正如所有的线性放大器一样，放大器的效率是不高的，特别在低速和大转矩情况下，导通输出晶体管中的电流大，管压降也大。通常较大的系统中需要用大的散热片和风扇冷却。

另一方面，两极式线性放大器在形式上比较简单，设计上也较桥式容易些。从系统角度评价，显然两极式也有不足之处：

① 需要正负电源。

② 功率晶体管的额定电压 $U_{ceo(sus)}$ 必须大于两个外加电压之和，通常是 $2U_s$。

③ 在大惯量负载下从高速进行制动时，线性两极式放大器对于导通晶体管正向偏压二次击穿损坏特别敏感。

线性桥式放大器只需要单个电源，以使加到电动机上的正或负电压在数值上近似等于电源电压。对于桥式而言，当电动机从正向供电时，Q_1 和 Q_4 导通，对电动机加反向电压时，Q_2、Q_3 导通。依靠一对导通的输出晶体管，电桥可以把电动机和电源母线从一个方向或另一个方向接通。这时，每个导通晶体管两端的电压降等于外加电压与电动机电压之差的1/2，这里假定晶体管的电压降是相等的。桥式电路仅要求功率晶体管的额定电压 $U_{ceo(sus)}$ 大于 U_s。

两极式电路的 Q_1、Q_2 和桥式电路的 Q_1 至 Q_4 上都跨接了释能二极管，如图 5.27 或 5.28 所示。在两极式电路中，二极管把输出电压电位控制在比 $\pm U_s$ 正或负一个二极管压降的电位上。对于桥式电路，二极管将各桥臂电位控制在比 U_s 高一个二极管压降和比地低一个二极管压降的电位上。因此，对于桥式电路，输出晶体管不会承受比 U_s 大很多的超偏压,对于两极式电路则是 $2U_s$。

桥式电路突出的优点是减小了给定的导通晶体管上的超偏压。如果桥式电路设计得正确,外加电压与电动机所需电压之差恰好被两个导通晶体管平分。这样,在正向超偏压二次击穿发生之前,大大地增加了输出晶体管的电流容量。考虑到电动机性能相同,桥式电路中亦使用相同的功率晶体管。

线性两极放大器,主要由于它们容易设计,因此仍然最为普及。如果运行在安全区,它们工作很好。两极式放大器的一个可取的优点是电动机有一端与地相连。在电动机与地之间连接一个低值电阻(0.1 Ω),可以获得一个与电动机电流成正比的电压,用作电流限定或电流反馈。

在桥式电路中由于电动机不与地相连,所以电动机的电流信号不那么容易取出。如果低压可作为运算放大器的电源,则有一种可获得与电动机电流成正比的电压的方法,如图 5.29 所示。

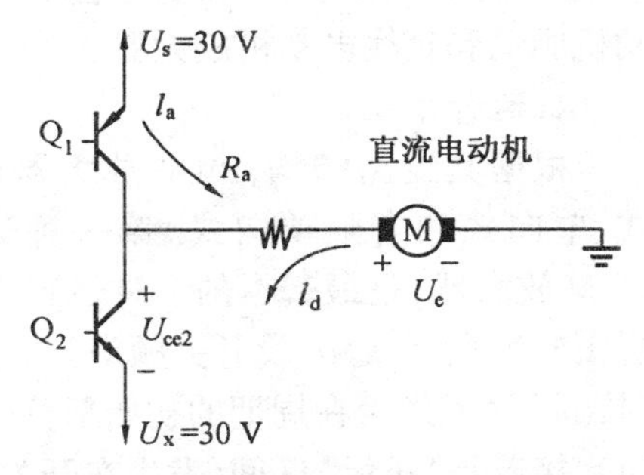

图 5.29　获得与电动机电流成正比的电压的方法

5.2.4　直流伺服系统中的脉宽调制放大器

在直流伺服系统中,放大器由于提供驱动电动机所需的电压和电流的校正量而起着重要的作用。电压连续变化的放大器,统称为线性放大器。相对地说,这类放大器较为简单,且有较宽的带宽,但从其所具有的特性看,这类放大器在许多场合,特别是传递大功率时,是不适合的。它们的缺点是由于输出晶体管功耗大导致工作效率低。例如,直流电动机和放大器串联后接在电源上。电源电压为 50 V,电动机电压为 10 V,电流为 20 A,传送至电动机的功率仅是 200 W,而在放大器中消耗的功率却达 800 W,四倍于传送的功率。很明显,这么大的损耗是很不理想的。

解决这一功耗问题的办法之一是采用另一种放大器,这种放大器借助改变加在电动机上的电压的占空比来控制电动机。这类放大器称为开关放大器。它们特别适用于大的系统,尤其是低速、大转矩的系统中。(这种系统采用线性放大器,其功耗很大)

开关放大器是因它们的工作特点而得名的,在这类放大器中,晶体管如同开关一样,总是处在接通和断开的状态。当晶体管处在接通状态时,其上的压降可以略去;当晶体管处在断开状态时,其上压降甚大,但电流为零。不论在何种情况下,输出晶体管中的功耗都是很小的。

开关动作可用各种方法来完成。一个简单的方法是按一固定频率去接通和断开放大器,并根据需要改变一周期内“接通”和“断开”的相位宽窄。这样的放大器称为脉宽调制放大(PWM)。开关放大器的一个更广泛的类型是采用脉宽和脉频的混合调制型。这种系统具有脉冲频率可调的优点,且可提供一个电平可以变化的控制电流。然而,这一类型的放大器也有频谱宽的缺点,当遇到某个特殊频率下的机械谐振时,常导致振荡,有时还会产生啸叫声。基于这一原因,混合型开关放大器在很多场合是不适用的。本章对开关放大器的讨论将集中于上述固定频率的 PWM 开关放大器。

PWM 放大器有三种工作模式：双向、单向和有限单向。在本章中，我们将详细讨论每一形式。我们还将研究在 PWM 放大器驱动下的电动机的功耗问题，并讨论开关频率的选择。

驱动器的效率问题并非仅限于直流电动机系统，步进电动机驱动以及其他电动机驱动系统，都有功率损耗问题。尽管本章仅涉及直流电动机系统，其结论同样适用于步进电动机驱动和直线电动机放大器。

1. *运行方式*

根据其线路结构，PWM 放大器可以分成三类：双向式、单向式和有限单向式。第一种运行方式，即双向式 PWM 放大器，是最基本的一种运行方式，现介绍如下。分析图5.30 所示线路。设开关频率为 f_s，开关周期为 t_f。又设“接通”区间发生在周期的初始部分(在 $t = 0$ 和 $t = t_1$ 之间)，接着是“开断”区间(发生在开关周期的其余部分)。

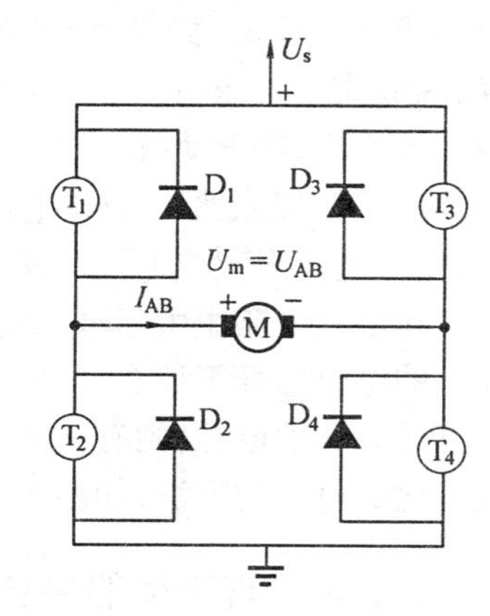

图 5.30 脉宽调制放大器

双向式是这样工作的，在“导通”时间，晶体管 T_1 和 T_4 转向导通；在“开断”时间，晶体管 T_2 和 T_3 转向导通。结果加在电动机的电压是

$$U_m = U_{AB} = \begin{cases} U_s & 0 \leqslant t < t_1 \\ -U_s & t_1 \leqslant t < t_f \end{cases} \tag{5.29}$$

第二种运行方式，即单向式。在这种方式中，用作开关的晶体管数目减少了。在单向式 PWM 放大器中，开关次序取决于放大器输入电压 U_m 的符号。当 U_m 为正时，T_4 持续导通。而 T_1 在“导通”时间转向导通，T_2 在“关断”时间转向导通。当 U_m 为负时，T_2 持续导通，而 T_3、T_4 交替开关，这样，当输入电压为正时，对电动机电压变化同样可写出 U_{in} 为负时关于 U_m 的类似说明。

$$U_m = \begin{cases} U_s & 0 \leqslant t < t_1 \\ 0 & t_1 \leqslant t < t_f \end{cases} \tag{5.30}$$

上述两式有着共同的不足之处：在某瞬间，管 T_1、T_2 或 T_3、T_4 中的一个晶体管开始导通时，另一个晶体管必须转向开断。由于晶体管的前后延时，就可能出现两晶体管同时导电，形成了横跨电源的短路电流。为了避免这一点，必须在一管转向导通而另一管转向开断之间引入一个延迟间隔。延迟间隔必须大于晶体管的前沿时间，所以开关频率也就受到了限制。

第三种运行方式，即有限单向式 PWM 放大器，不需要延迟时间。开关的动作同样取决于输入电压 U_m 的极性。当 U_m 为正时，T_4 持续导通，而 T_1 在“导通”时间转向导通。这样，在“导通”时间，T_1 和 T_4 都导通，形成电动机电压

$$U_m = U_s \qquad 0 \leqslant t \leqslant t_1 \tag{5.31}$$

在“开断”时间，只有 T_4 处在导通；电动机的电压取决于其电流 I_{AB}。只要 $I_{AB} > 0$(当 $U_{AB} > 0$ 时，这是正常情况)，电流 I_{AB} 将流经 D_2 和 T_4，致使 $U_A = 0$ 且

$$U_m = U_{AB} = 0 \qquad 对应 \quad \begin{cases} t_1 \leqslant t < t_f \\ I_{AB} > 0 \end{cases} \tag{5.32}$$

反之,如果 I_{AB} 是负的,电流将流经 D_1 和 D_4,致使 $U_A = U_s$ 且

$$U_m = U_{AB} = U_s \qquad 对应 \quad \begin{cases} t_1 \leqslant t < t_f \\ I_{AB} < 0 \end{cases} \tag{5.33}$$

这一情况在 U_m 极性改变之后可能发生。

最后,可能出现 $I_{AB} = 0$。此时 D_1 和 D_4 都不导电,电压 U_m 可以是零与 U_s 之间的任一值,即

$$0 < U_m < U_s \qquad 对应 \quad \begin{cases} t_1 \leqslant t < t_f \\ I_{AB} = 0 \end{cases} \tag{5.34}$$

由于 $I_{AB} > 0$ 是 $U_{AB} > 0$ 时的通常情况,所以单向式与有限单向式是很相似的。各种运行方式和对应的电压汇总于表5.1中。

表5.1 PWM放大器的运行方式

运行方式和输入电压 U_m	晶体管工作状态和电动机电压	
	"导通"时间	"开断"时间
双向式	T_1、T_4 导通 T_2、T_3 开断 $U_m = U_s$	T_2、T_3 导通 T_1、T_4 开断 $U_m = -U_s$
单向式 $U_m > 0$	T_1、T_4 导通 T_2、T_3 开断 $U_m = U_s$	T_2、T_4 导通 T_1、T_3 开断 $U_m = 0$
单向式 $U_{in} < 0$	T_2、T_3 导通 T_1、T_4 开断 $U_m = -U_s$	T_2、T_4 导通 T_1、T_3 开断 $U_m = 0$
有限单向式 $U_m > 0$	T_1、T_4 导通 T_2、T_3 开断 $U_m = U_s$	T_4 导通 T_1、T_2、T_3 开断 $U_m = 0$,若 $I_{AB} > 0$ $U_m = U_s$,若 $I_{AB} < 0$ $0 < U_m < U_s$,若 $I_{AB} = 0$
有限单向式 $U_{in} < 0$	T_2、T_3 导通 T_1、T_4 开断 $U_m = -U_s$	T_2 导通 T_1、T_3、T_4 开断 $U_m = 0$,若 $I_{AB} < 0$ $U_m = -U_s$,若 $I_{AB} > 0$ $-U_s < U_m < 0$,若 $I_{AB} = 0$

2.双向脉宽调制PWM放大器

设放大器的输入电压 U_{AB} 变换是缓慢的,可认为在一开关周期内是一常值。输入电压决定了负载因数,即

$$\rho = \frac{U_n}{U_{max}} \tag{5.35}$$

式中 U_{max}——$|U_{in}|$ 的最大值,存在

$$-1 \leqslant \rho \leqslant 1 \tag{5.36}$$

“导通”相位时间 t_1 是这样来选定的，即当 $t_1 = t_f$ 时，对应的 $\rho = 1$，这时晶体管持续导通；与此相似，当 $t_1 = 0$ 时，对应的 $\rho = -1$，导致一持续的负电压。这样可给出 ρ 与 t_1 之间的关系

$$t_1 = \frac{1+\rho}{2} t_f \tag{5.37}$$

并可导出，若 $\rho = 0, t_1 = \frac{t_f}{2}$。

若不计及延迟间隔（认为间隔相对甚短），电动机电压 U_m 将如图 5.31 所示。这一电压可用傅里叶级数来表示，即

$$U_m = a_0 + \sum_{n=1}^{\infty} a_n \cos(2\pi n f_s + \phi_m) \tag{5.38}$$

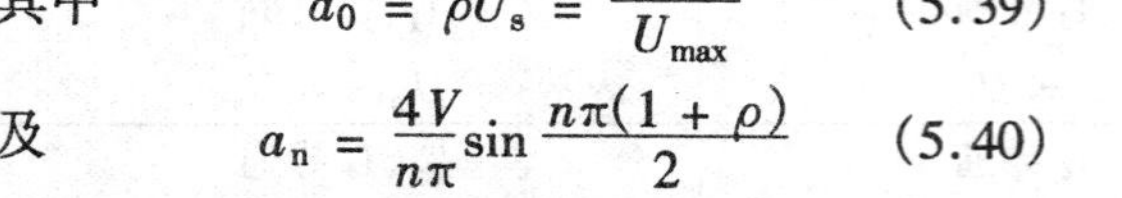

其中
$$a_0 = \rho U_s = \frac{U_s U_m}{U_{max}} \tag{5.39}$$

及
$$a_n = \frac{4V}{n\pi} \sin \frac{n\pi(1+\rho)}{2} \tag{5.40}$$

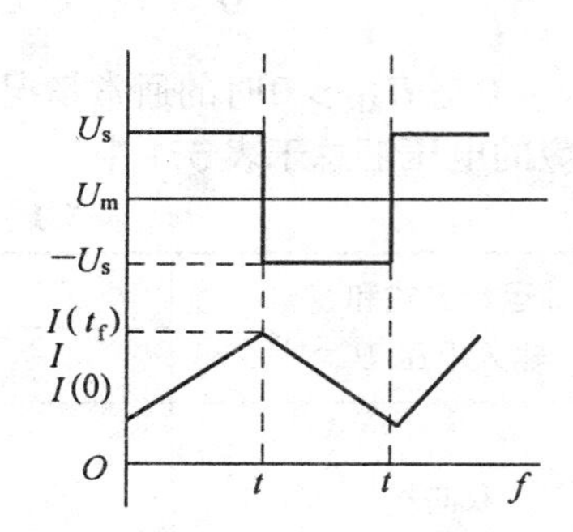

图 5.31　双向式 PWM 放大器的电压和电流

所以，电动机电压包括缓慢变化的成分、ρU_s 以及高频成分。由于开关频率选得足够高，超出了电动机的带宽和共振区，所以全部高频成分将被电动机衰减，这样仅需考虑电压的缓变成分。基于这一假设，双向式 PWM 放大器可用图 5.32 所示方框图来表示。

放大器的等值电压增益为

$$A_U = \frac{U_m}{U_{in}} = \frac{U_s}{U_{max}} \tag{5.41}$$

要分析放大器的特性及其在反馈系统中的作用，图 5.32 所示模式已满足要求。

为了分析电流波形，必须研究电机的电压方程式

$$U_m = L\frac{dI}{dt} + RI + K_e\omega \tag{5.42}$$

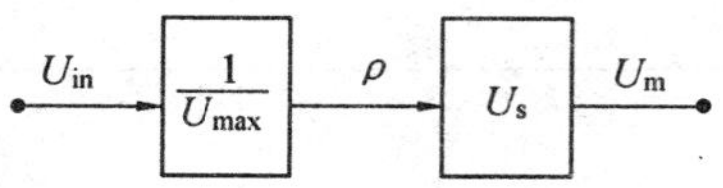

式中　U_m—— 电动机端电压；

L—— 电枢电感；

I—— 电动机电流；

R—— 电枢电阻；

ω—— 电动机转速；

K_e—— 电动机的电压常数。

U_{in} → $\frac{1}{U_{max}}$ → ρ → U_s → U_m

图 5.32　双向式 PWM 放大器方框图

式(5.42) 的解为一指数函数。如果认为在一开关周期内 ω 是一常值，并假定 RI 的变化很小，方程式就能大大简化。定义 I_a 和 U_a 为

$$I_a = \frac{1}{t_f}\int_0^{t_f} I(t)\mathrm{d}t \tag{5.43}$$

$$U_a = RI_a + K_e\omega \tag{5.44}$$

若将 RI 用其平均值 RI_a 近似替代，并认为在一开关周期内 U_a 为常值，方程式(5.42) 就被简化成

$$L\frac{\mathrm{d}I}{\mathrm{d}t} = U_m - U_a \tag{5.45}$$

对于双向式 PWM 放大器，式(5.45) 变为

$$\left.\begin{aligned} L\frac{\mathrm{d}I}{\mathrm{d}t} &= U_s - U_a \quad & 0 \leqslant t < t_1 \\ L\frac{\mathrm{d}I}{\mathrm{d}t} &= -U_s - U_a \quad & t_1 \leqslant t < t_f \end{aligned}\right\} \tag{5.46}$$

式(5.46) 的解是下列方程式给出的三角波，如图 5.31 所示。

$$\left.\begin{aligned} I(t) &= I(0) + \frac{U_s - U_a}{L}t \quad & 0 \leqslant t < t_1 \\ I(t) &= I(t_1) - \frac{U_s + U_a}{L}(t - t_1) \quad & t_1 \leqslant t < t_f \end{aligned}\right\} \tag{5.47}$$

在稳态工作期间，电流作周期变化，因而

$$I(t_f) - I(0) \tag{5.48}$$

这就要求

$$\frac{U_s - U_a}{L}t_1 - \frac{U_s + U_a}{L}(t_f + t_1) = 0 \tag{5.49}$$

将式(5.49) 与式(5.37) 合并，得

$$\frac{U_a}{U_s} = \rho \tag{5.50}$$

所以，负载因数 ρ 正比于 U_{a0}。将式(5.45) 与式(5.37) 和式(5.50) 合并，得出总的电流变化，即

$$\Delta I = I(t_1) - I(0) = \frac{U_s t_f}{2L}(1 - \rho^2) \tag{5.51}$$

最大的电流变化发生在负载因数 ρ 为零时，其值为

$$\Delta I_{max} = \frac{U_s t_f}{2L} \tag{5.52}$$

式(5.52) 表明了电动机电流变化与放大器变量 U_s、t_f 及 L 间的相互关系。

3. 单向脉宽调制放大器

用 U_{in} 来表示输入电压，并定义负载因数为

$$\rho = \frac{U_{in}}{U_{max}} \tag{5.53}$$

式中，U_{max} 与式(5.35) 中的一样，所以式(5.36) 同样适用于此。“导通” 时间这样来选定，当 $t_1 = t_f$ 时，对应的 $\rho = 1$，这时放大器处在全导通状态。$\rho = 0$ 时，对应 $t_1 = 0$，这时放大器为全开断。第三种情况是当 $\rho = -1$ 时，应使放大器在负电压下全导通，这时 $t_1 = t_f$。

t_1 与 ρ 之间的关系可表示为

$$t_1 = |\rho| t_f \tag{5.54}$$

晶体管的开关按下述程序进行。

第 1 种情况($U_m > 0$):

T_4 转向持续导通;

$0 \leqslant t < t_1$,T_1 转向导通;

$t_1 \leqslant t < t_f$,T_2 转向导通。

第 2 种情况($U_m < 0$):

T_2 转向持续导通;

$0 \leqslant t < t_1$,T_3 转向导通;

$t_1 \leqslant t \leqslant t_f$,$T_4$ 转向导通。

这两种情况下的电动机端电压如图 5.33 所示,并表示为

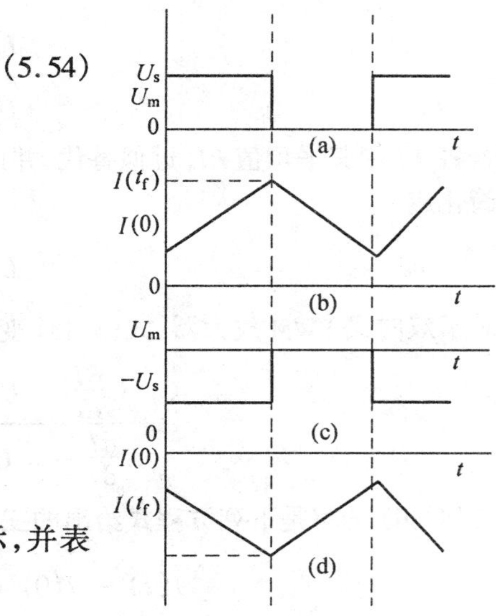

图 5.33 单向脉宽调制放大器的电压和电流

$$U_m = \begin{cases} U_s & 0 \leqslant t < t_1 \quad 而\ U_{in} > 0 \\ -U_s & 0 \leqslant t < t_1 \quad 而\ U_{in} < 0 \\ 0 & t_1 \leqslant t < t_f \end{cases} \tag{5.55}$$

上面给出的电压可以用傅里叶级数来表示,即

$$U_m = a_0 + \sum_{n=1}^{\infty} a_n \cos(2\pi n f_s t + \phi_n) \tag{5.56}$$

式中

$$a_0 = \rho U_s \tag{5.57}$$

及

$$a_n = \frac{2U_s}{n\pi} \sin n\pi |\rho| \tag{5.58}$$

在此,高频电压成分同样被电动机所衰减,仅须考虑 a_0。经简化的放大器的传递函数同双向式放大器一样,其表达式为

$$A_U = \frac{U_m}{U_{in}} = \frac{U_s}{U_{max}} \tag{5.59}$$

对电流的分析,相似于双向 PWM 放大器。按式(5.43)和式(5.44)分别定义 I_a 和 V_a;然后得式(5.45),对应正输入电压,其解为

$$I(t) = \left\{ \begin{array}{ll} I(0) + \dfrac{U_s - U_a}{L} t & 对应\ \rho > 0, 0 \leqslant t < t_1 \\ \hline I(t_1) + \dfrac{U_a}{L}(t - t_1) & 对应\ \rho > 0, t_1 \leqslant t < t_f \end{array} \right\} \tag{5.60}$$

在负输入电压下,其解为

$$I(t) = \left\{ \begin{array}{ll} I(0) + \dfrac{U_s + U_a}{L} t & 对应\ \rho > 0, 0 \leqslant t < t_1 \\ \hline I(t_1) + \dfrac{U_a}{L}(t - t_1) & 对应\ \rho > 0, t_1 \leqslant t < t_f \end{array} \right\} \tag{5.61}$$

电流 $I(t)$ 如图 5.33 所示。

在稳态运行时,电流作周期变化,所以

$$I(t_f) = I(0) \tag{5.62}$$

将式(5.62)代入式(5.60)和式(5.61),得

$$\frac{U_a}{U_s} = \rho \tag{5.63}$$

ρ 可正可负。可以看出,式(5.35)同样包括了双向放大器的公式(5.60)。一个周期内电流的变化 ΔI,可通过式(5.60)、(5.61)、(5.63)、(5.64)求得,即

$$\Delta I = |I(t_1) - I(0)| = \frac{U_s t_f}{L}(|\rho| - \rho^2) \tag{5.64}$$

最大电流变化发生在 $|\rho| = 1/2$ 时,其值为

$$\Delta I_{max} = \frac{U_s t_f}{4L} \tag{5.65}$$

在本章,我们论述和分析了三种PWM放大器的运行方式:双向式和单向式。我们观察到在变化的输入电流下,有限单向式的运行是不同的;于是将这种放大器的工作情况分成两类,以分别说明PWM放大器在大电流和小电流下的工作。

对PWM放大器分析的主要结果,包括有关负载因数 ρ、"导通"时间 t_1、电流变化 ΔI 及放大器增益的知识。这些结果总结在表5.2中。

表5.2 对PWM放大器结果的总结

变量 \ 运行形式	双向式	单向和有限单向式区域Ⅰ	有限单向式区域Ⅱ
负载因数	$\frac{U_{in}}{U_{max}}$	$\frac{U_{in}}{U_{max}}$	$\frac{U_{in}}{U_{max}}$
"导通"时间	$\frac{1+\rho}{2}t_f$	$\|\rho\| t_f$	$\|\rho\| t_f$
放大器增益	$\frac{U_s}{U_{max}}$	$\frac{U_s}{U_{max}}$	取决于速度和电流
电流变化	$\frac{U_s t_f}{2L}(1-\rho^2)$	$\frac{U_s t_f}{2L}(\|\rho\|-\rho^2)$	
ΔI_{max}	$\frac{U_s t_f}{4L}$	$\frac{U_s t_f}{4L}$	

5.2.5 速度控制系统

增量运动伺服系统的设计,常要求给出特定的速度分布特性。按电动机和负载所要求的特定速度分布特性,使用速度控制系统是容易实现的。

速度控制系统能实现常量和变量的两种速度分布特性,而应用反馈原理可使速度达到高度的准确性。简言之,系统是这样工作的:电动机的转速由一个速度传感器测量,加到运算放大器并和要求的速度比较,将这两个速度间的差值(叫速度偏差)放大后加到电动机以调节其速度。借这种消除速度偏差的调节,最后达到电动机速度和控制信号完全一致的目的。速度控制系统一开始工作,就能在系统的带宽内提供一个偏差的信号,以响应常量或变量的控制信号。

下面讨论的是最一般的速度控制系统的工作过程。其中，速度反馈是连续的模拟信号。由调制或不连续时间信号(如锁相伺服系统)得到的反馈系统不属此类，对这样的系统必须个别进行分析并采用适当的设计。

先用系统方块图来讨论模拟速度控制系统。而后，分别讨论采用电源放大器的系统和采用电压放大器的系统。在系统分析中，将导出两个传递函数。第一个是输入和速度间的传递函数，第二个是负载和速度间的传递函数。

1. 系统的方框图

图5.34是速度控制系统的方块图。输入信号 U_{in} 和反馈信号 U_g 比较，它们的差值 e 通过放大器加到电动机，对速度偏差进行校正。

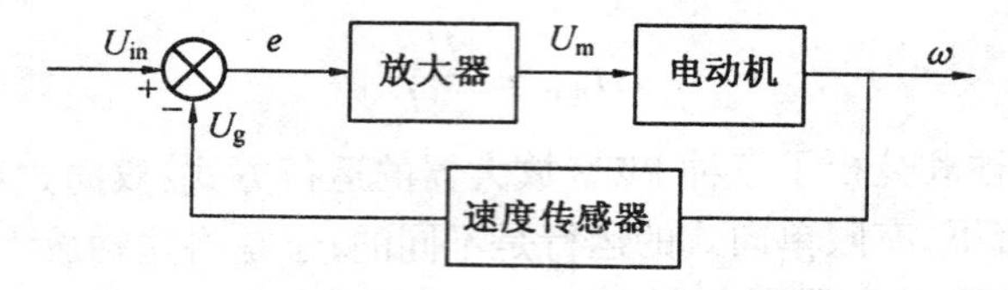

图5.34 速度控制系统方块图

回路中第一个环节是放大器，可以是线性的或脉冲调宽的，而且放大器可能是电流源或者是电压源。每种情况在讨论中都假定放大器可以用传递函数 $A(s)$ 表示。回路中第二个环节是电动机，用传递函数 $M(s)$ 表示，速度回路第三个环节是速度传感器，它产生一个连续的模拟信号，其大小和电动机速度成正比。多数情况下这是一个测速计。出于费用或尺寸的考虑不使用测速计时，则等效速度反馈仍可由综合电流和电压的信号产生。为说明这种方法，考虑一个电动机的简化模型，其电压方程式为

$$U_i(t) = R_a i_a(t) + K_e \omega(t) \tag{5.66}$$

式中 K_e—— 反电势系数。

速度表达式可写成

$$\omega(t) = \frac{1}{K_e}[U_i(t) - R_a i_a(t)] \tag{5.67}$$

速度反馈关系式(5.67)可用图5.35这样一个电路来实现。假定输出运算放大器有无穷大的增益，电压 U_g 将为

$$U_g(t) = -\frac{R_f}{R_1}U(t) + \frac{R_f}{R_2}U_s(t) \tag{5.68}$$

然而，由于

$$U_s(t) = R_s i(t) \tag{5.69}$$

方程式(5.68)成为

$$U_g(t) = -\frac{R_f}{R_1}U(t) + \frac{R_f R_s}{R_2}i(t) \tag{5.70}$$

为了使 U_g 和速度 ω 成正比，方程式(5.67)中的两项系数之比必须和式(5.70)中的两项系数之比相同，因此我们需要

$$\frac{R_1 R_s}{R_2} = \frac{R_a}{K_e} \tag{5.71}$$

这就可以导出关系式

$$U_g(t) = -\frac{K_e R_f}{R_1}\omega(t) \tag{5.72}$$

上述的方法中，速度反馈没有测速计。图5.35中的速度反馈可简化用带差分输入的单个放大器。

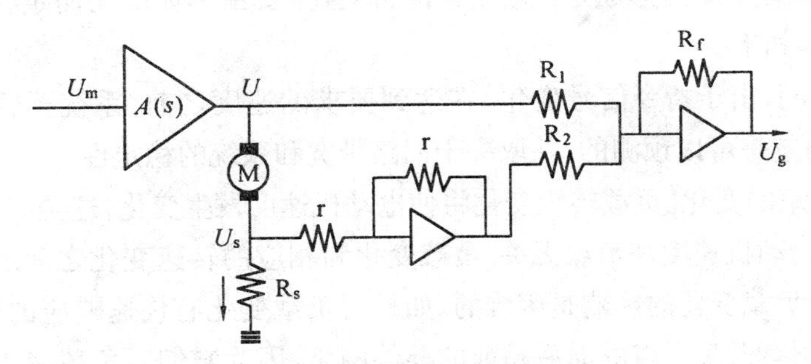

图5.35 速度反馈检测速度的电路

用这种方法产生速度反馈的主要问题是电动机的电阻随温度而变化，方程式(5.71)将不能被精确地保持。因此，为了改进实际设计，对电动机还必须考虑一种更复杂的模型，其中要考虑的包括电枢电感的作用，这种速度反馈产生方法及温度的影响等较详细的内容可见参考有关资料。

为了检测速度而不用测速计，一个可供选择的方法是从增量编码器的输出产生速度信号，这个回路包括位置检测。增量编码器产生一个信号，其频率正比于电动机的角速度。换言之，编码器输出的信号频率是由速度调制的。为了再现速度信号，我们必须解调编码器输出的信号频率，这可以用一个FM解调器完成，或者由含有专门的电路实现，如图5.36所示。

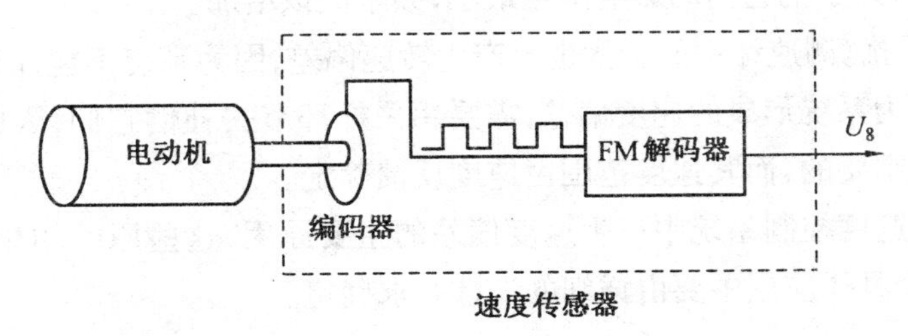

图5.36 解调检测速度的方法

2.速度偏差

(1) 速度偏差类型

存在若干因素使电动机速度偏离要求的分布特性，这些速度偏差可以分成两类：①慢变化，称为长时间的转速偏差(LTSV)；② 快变化，称为瞬时的速度偏差(ISV)，这两类的划分随具体的用途而定，但一般以1 min为准，慢于1 min的变化为长时间的转速偏差(LTSV)，快于1 min的变化则为瞬时的速度偏差(ISV)。

LTSV 的存在是由于参数值发生变化：运动中温度变化、电压波动以及元件的磨损。在使用中，长时间的稳定性是必需的。这就要求所有参数的变化都在允许的偏差范围内，如果做不到这一点，可以采用锁相伺服系统。这种系统对参数变化是不敏感的。

(2) 产生 ISV 的主要原因

瞬时速度偏差 ISV 的形成是比较复杂的，而且主要由具体应用而定，一般来说，产生 ISV 的主要原因如下：

① 响应时间。由于指令信号变化，在达到要求的速度之前，系统要经过一段瞬态过程，这个瞬态响应是可以预测的，并取决于回路带宽和系统的稳定性。

② 负载转矩的变化。负载转矩变化将使电动机速度发生变化，这是我们所不希望的，因为我们要求电动机速度和负载无关。负载变化和相应的转速变化之间的关系是不易知道的，因为测量负载变化的影响是困难的。如果对负载变化有快速响应的要求，系统的设计应该避免使用有低尖零点的滞后超前的补偿网络。因为它们对负载变化的系统的响应是慢的。

③ 转矩脉动。发出的转矩不完全和电流成正比，它稍有一点偏差就影响轴角位置，这个转矩变化叫转矩脉动，并且它要引起一定的瞬时速度偏差 ISV。转矩脉动的影响在低速时是比较显著的，因为脉动的频率是低的。转矩脉动和它们的频率可以测量，引起的速度变化也可以预计。

④ 内摩擦。电动机中容易变化的摩擦将改变电动机的速度，这和负载发生变化差不多。电动机的内摩擦是可以测量的，而且一般由电动机制造厂商说明。

⑤ 噪声。噪声、干扰和其他没有用的信号要引起速度变化。这在使用脉宽调制放大器或相位检测器的系统中尤为显著。这些没有用的信号在系统的各点上可以测量，如果它们的幅值不能减小，为了把它们的影响降至最小，频率应该增加。

⑥ 测速计干扰。测速计中的干扰也会产生转速偏差，因为系统不能保证克服它们。这些干扰可以理解为系统形成的速度偏差，需要用采样环节去补偿它们，因此，应用低噪声的测速计是极其重要的，而其速度范围由速度反馈确定。

以上讨论了速度控制系统中产生速度偏差的主要原因，这些原因的相互所用及其他附加因素，在每个具体应用中要由详细的设计要求确定。

5.3 交流伺服系统及其应用

5.3.1 交流伺服系统

交流伺服系统由伺服电动机和伺服驱动器两部分组成。电动机主要指永磁同步式或笼型交流电动机，伺服驱动器通常是采用电流型脉宽调制(RWM) 三相逆变器和具有以电流环为内环、速度环为外环的多环闭环控制系统，其外特性与直流伺服系统相似，以足够宽的调速范围(1：1 000 ～ 1：10 000)和四象限工作能力来保证它在伺服控制中的应用。

目前常将交流伺服系统根据其中所使用的电机分为两大类：同步型交流伺服电动机(SM)；异步型交流伺服电动机(IM)。

绝大多数机床数控进给驱动控制、工业机器人关节驱动控制和其他需要运动和位置控制等场合均采用同步型交流伺服电动机。这种伺服电动机通常有永磁的转子，故又称为永磁交流伺服电动机，以区别于有笼型转子的异步型交流伺服电动机。

5.3.2 永磁交流伺服系统

永磁交流伺服系统是综合了伺服电动机、角速度角位移传感器的最新成果，采用新型功率开关器件、专用集成电路和新的控制算法的交流伺服驱动器与之相匹配，组成一种新型高性能的机电一体化伺服系统。

永磁交流伺服系统采用机电一体化设计，特殊设计的永磁同步电动机同轴安装有转子位置传感器，应用特殊的控制方法，将同步电动机改造，使之具备与直流伺服电动机相类似的伺服性能。

同步型交流伺服电动机是一台机组，一般由永磁同步电动机、转子位置传感器、速度传感器组成。如果系统有位置控制要求，还应当有提供位置环反馈信息的位置传感器。它们通常是机械同轴连接成一体组成机组。如果用户需要，还可安装安全制动器。安全制动器的作用是正常状态下，在一规定电压(通常是直流电压)作用下制动器释放，电动机可运转。一旦出现停电事故，制动器动作，将电动机转轴“抱住”，强迫电动机停转。机器人手臂驱动或有倾斜角度拖板的机床坐标控制，需要防止偶然停电时因自重落下造成的事故发生。对于大功率伺服电动机，有时还附有强迫冷却的风机。目前已有产品中，各部分电气连线均采用连接插座引出，并采用全密封结构形式。

永磁交流伺服电动机和它的伺服驱动器组成一个伺服系统。典型的交流伺服系统是一个速度闭环系统。伺服驱动器从主令控制系统接受 $\pm U_i$ 范围电压作为速度指令信号。这个直流电压 U_i 通常在 10 V 左右，代表系统工作的最高转速为 n_{max}。当速度指令电压从 $+U_i$ 变化到 0 再变到 $-U_i$ 时，伺服电动机可实现从反转最高转速变到零转，然后增加到正转最高转速。在动态控制过程中，电动机的转矩和速度方向均可能改变，包括转矩和速度方向相反的制动状态在内，故又称为四象限控制。这些外部特性与直流伺服系统是完全相同的。和常规直流伺服驱动器相似，它是一个多环闭环系统，通常有速度环和电流环，交流伺服驱动器的电流环与直流伺服系统的有较大差别。

永磁交流伺服系统根据其工作原理、驱动电流波形和控制方式的不同，又可分为两种伺服系统：矩形波电流驱动的永磁交流伺服系统，正弦波电流驱动的永磁交流伺服系统。

伺服系统中使用的矩形波电流驱动的永磁交流伺服电动机，称为无刷直流伺服电动机，而正弦波电流驱动的永磁交流伺服电动机，称为无刷交流伺服电动机。

1. 矩形波电流驱动的永磁交流伺服系统

矩形波驱动和正弦波驱动两种工作模式的交流伺服系统在电动机磁场波形、驱动电流波形、转子位置传感器以及驱动器中电流环结构、速度反馈信息的获得等方面都有明显区别,转矩产生的原理也有所不同。矩形波驱动的交流伺服驱动器原理图示于图 5.37 中。

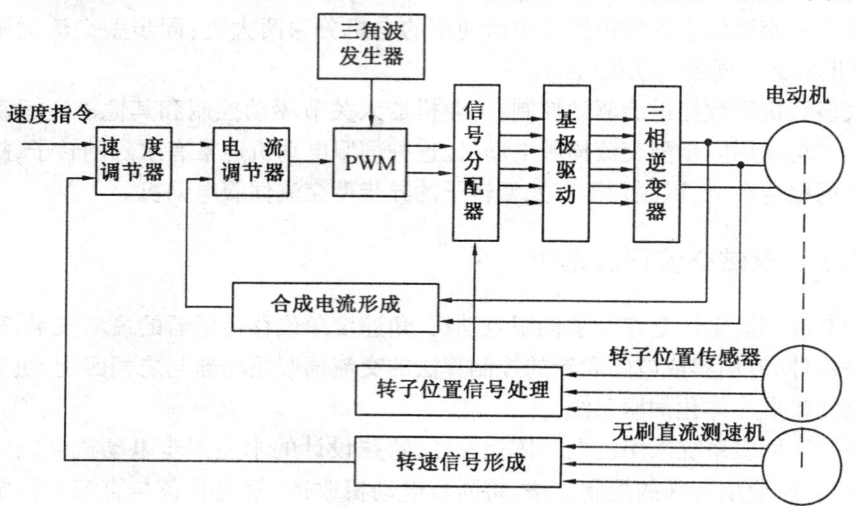

图 5.37 矩形波交流伺服驱动器原理图

转子位置传感器一般为霍尔集成电路转子位置传感器,它采用开关型霍尔集成电路,这种传感器价格低廉、结构简单且结实牢固,信号处理也较方便。如图 5.37 所示,由转子位置传感器信号处理得到转子每转电角度的周期内区分出 6 个状态的位置信号,用这个信号和对相绕组电流采样信号综合形成一个与电动机电磁转矩瞬态值成正比的合成电流信号。实际上,不必三相电流都检测,只检测其中任意两相,即可得到第三相电流信号。和直流伺服驱动器相似,只需要一个电流调节器,进行指令电流信号和合成电流信号的比较、放大和校正,进入 PWM。然后,PWM 信号进入信号分配电路,由转子位置传感器信号控制,将 PWM 信号分配到 6 个基极驱动电路,使三相绕组在适当时间进入导通工作,并且它们的相电流被控制,其幅值与指令电流信号成正比。

2. 正弦波电流驱动的永磁交流伺服系统

正弦波驱动方式的交流伺服驱动器原理图如图 5.38 所示。这里,电流环的作用主要是控制电动机的三相绕组电流 i_u、i_v、i_w 满足下列要求:

① 严格的三相对称正弦函数变化关系;

② 它们的相位分别与该相的电动势相位同相(或反相);

③ 相电流幅值与速度调节器输出的电流指令信号成正比例。

正弦波交流伺服系统中用到的转子位置传感器要求是高分辨率的,一般采用绝对式光电编码器、增量式光电编码器、磁编码器、旋转变压器/数字转换器(RDC)等。

正弦波交流伺服系统利用高分辨率的转子位置传感器产生转子绝对位置信息,在单位正弦波发生器中产生出两相正弦波信号,它们的幅值为一单位,其相位与电机转子转角 θ 相关,即

$$\begin{aligned} \overline{i_u} &= \sin\theta \\ \overline{i_v} &= \sin\left(\theta - \frac{2}{3}\pi\right) \end{aligned} \tag{5.73}$$

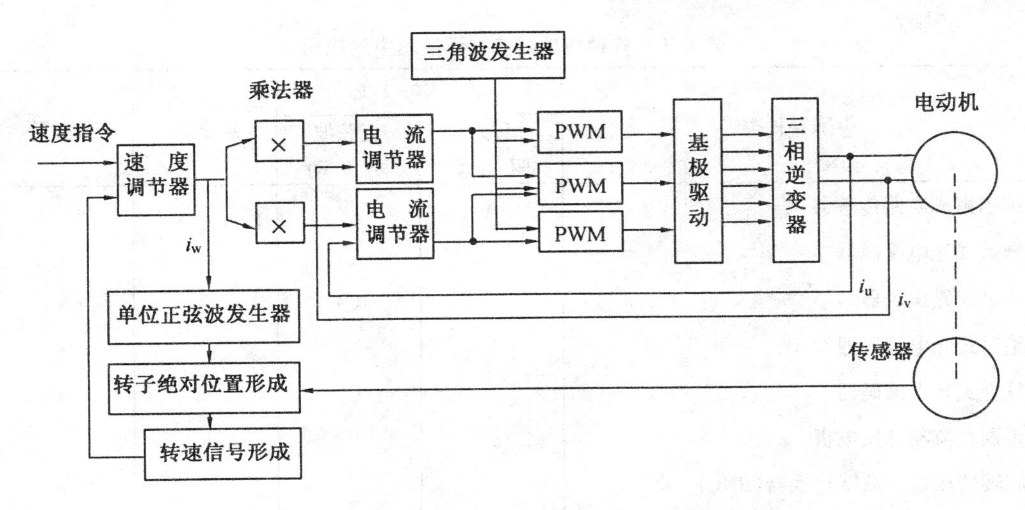

图5.38 正弦波交流伺服驱动器原理图

单位正弦波信号的产生可有许多不同方法。下述方案是一个例子:转子绝对位置信号是一数字量代码(二进制码),在两个正弦函数的只读存储器(ROM)中分别读出两相单位正弦波的数字量,经两个D/A转换器后可得模拟量输出。两相单位正弦波信号在两个乘法器中与电流指令信号进行乘法运算,得到两相电流指令信号 i_u^* 和 i_v^*。实际上,采用带乘法功能的D/A转换器,由ROM的输出可直接获得 i_u^* 和 i_v^* 这两个信号分别在两个相同的电流调节器中与反馈的 i_u^*、i_v^* 电流信号进行比较,经各相的PWM环节控制逆变器。在这里,利用电机三相绕组矢量为零的原理,可以得到第三相PWM信号。

3.永磁交流伺服系统中的传感器

直流伺服系统电流环控制与电机转子位置无关,而永磁交流伺服系统的电流环控制却与电机的转子位置有关。交流伺服电动机运转必须有电机转子位置传感器,它提供转子瞬时角位移信号。这个传感器信号进入交流伺服驱动器的电流环部分,实现对电动机各相绕组的电流“换向”或对电流波形的控制。矩形波电流驱动的交流伺服系统和正弦波电流驱动的伺服系统,需要不同的电机转子位置传感器。同时伺服驱动器中的速度环和位置控制的位置环也都需要由速度传感器和位置传感器来提供相应的反馈信号。这三种传感器一般都安装在电机轴上(同轴安装或经过一定速比的机械传动)。由于伺服驱动器控制方案不同,可选用不同工作原理和结构的传感器,它们有的作为一种信号反馈用,有的可兼作几种信号反馈之用。

表5.3中列出了各种传感器在永磁交流伺服系统电流环、速度环和位置环三环控制中的作用,其中 * 号表示适用,△ 表示可用,○ 表示少用。

由表5.3可见,永磁交流伺服系统与直流伺服系统不同之处在于,电流环控制中需要有进行电动机转子绝对位置检测的传感器。永磁交流伺服系统三环控制中的传感器可有多种选择,具体如何选择需根据性能要求、成本价格、货源等综合考虑。

表 5.3 各种传感器在三环控制中的应用

传感器种类	电流环		速度环	位置环
	矩形波驱动	正弦波驱动		
霍尔集成电路传感器	*			
增量式光电编码器		○	△	*
增量式磁编码器		○	△	*
绝对式光电编码器		*	△	*
复合式光电编码器	*	○	△	*
无刷直流测速发电机			*	
旋转变压器/数字转换器(RDC)		*	*	*
tacksyn	*	*	*	

4. 永磁交流伺服电动机的性能特点

(1) 永磁同步交流伺服电动机的优点

永磁同步交流伺服电动机与直流伺服电动机相比,其突出优点是:

① 高可靠性。用电子逆变器取代了直流电动机换向器和电刷的机械换向。工作寿命主要由轴承决定。

② 低维护保养要求。直流伺服电动机必须定期清理电刷、更换电刷和清洁换向器。而交流伺服电动机是无换向器电机,无此项维护保养要求。

③ 电动机主要损耗是在定子绕组和铁心上,散热容易,且便于在定子槽内安放热保护传感元件。而直流伺服电动机损耗主要在电动机转子电枢上,散热困难,部分热量经电动机轴传给负载(如机床的丝杠),对负载产生不良影响。

④ 转子转动惯量小,提高了交流伺服系统的快速性。

⑤ 转子结构允许电动机高速工作。

⑥ 在相同功率下交流伺服电动机有较小的质量和体积。

⑦ 交流伺服系统可工作于无电源变压器环境下,采用耐高压功率器件即可。而直流伺服系统的电动机受其换向器片间电压的限制,不宜工作于较高电压下。

交流伺服系统保留了一般直流伺服系统的优点而克服了某些局限性,特别适用于一般直流伺服系统不能胜任的工作环境,如宇宙飞船、人造卫星等,也可用于存在腐蚀性、易燃易爆气体、放射性物质的场所,在水下机器人、喷漆机器人和移动式机器人中也可作为理想的执行元件。

对于永磁交流伺服系统的两种驱动模式,从发展趋势上看,正弦波驱动将成为主流。正弦波驱动是一种高性能的控制方式,电流是连续的,理论上可获得与电动机转角无关的均匀输出转矩,设计良好的伺服系统可做到3%以下的低速转矩纹波。因此有优良的低速平稳性,同时也大大改善了中高速大转矩时的特性,铁心中附加损耗较小。从控制角度说,可在小范围内调整相电流和相电动势相位,一定程度上实现弱磁控制,拓宽高速范围。但是,为了满足正弦波驱动要求,伺服电动机在磁场分布上要有较严格的要求,定子绕组甚至需要采用分数槽设计,这会增加工艺复杂度。必须使用高分辨率(10 bit 以上)绝对型的转子位置传感器(例如,无刷旋转变压器 – 数字转换器(RDC)、绝对型光电绝码器等);驱动器中的电流环结构更加复杂,这些都使得正弦波电流驱动的交流伺服系统成本更高。

(2) 矩形波电流驱动与正弦波电流驱动相比较

1) 优点

① 电动机的转子位置传感器结构较简单,成本低廉;

② 电动机的位置信号仅需作逻辑处理,电流环结构较简单,伺服驱动器总体成本较低;

③ 伺服电动机有较高的材料利用率,在相等有效材料情况下,矩形波工作方式的电动机输出转矩约增加 15%。

2) 缺点

① 电动机的转矩波动稍大;

② 电动机高速运行时,矩形电流波发生畸变,会引起转矩的下降;

③ 定子磁场非连续旋转,造成铁心附加损耗的增加。

但是,良好的设计和控制的矩形波电流驱动交流伺服电动机的转矩波动可以达到有刷直流伺服电动机的水平。转矩纹波可以用高增益速度闭环控制来抑制,获得良好的低速性能,使伺服系统的调速比也可达 1:10 000。它有良好的性能/价格比,对于有直流伺服系统调整经验的人,比较容易接受这种矩形波电流驱动的伺服系统,所以这种驱动方式的伺服电动机和伺服驱动器仍是工业机器人、高性能数控机床、各种自动机械的一种理想的驱动元件。

5.3.3 异步型交流伺服系统

异步型交流伺服系统采用感应电动机,作伺服用途的感应电动机,它的笼型转子结构简单、坚固,电动机价格便宜,过载能力强。这是感应电动机的优点。但是感应电动机与相同输出转矩的永磁同步伺服电动机相比,其效率低、体积大,转子也有较明显的损耗和发热,且需要供给无功励磁电流,从而要求较大体积的逆变器。转子的发热引起电动机转子参数的变化,进而引起特性的改变。从电动机转轴传递的热量也要影响到被驱动的机构。

用感应电动机的交流伺服系统在机床进给驱动中的应用的主要困难是控制系统过于复杂。受感应电动机的工作原理限制,在进给系统中需采用所谓矢量控制技术,它的转矩的精确控制必须要确定磁场的瞬时位置和幅值,而这些物理量不可能直接测量,而是通过微型计算机进行复杂的运算来得到。因此,对微型计算机控制系统要求有更大容量的内存和更高的运算速度。尽管 1972 年德国人发明了感应电动机矢量控制,并取得专利后,各国竞相进行研究,但大多数国家都未能将此技术用于实际。在数控机床和工业机器人控制系统中至今还很少采用此种伺服系统。目前,感应电动机的交流伺服系统仍然是以较窄调速比的调速系统形式应用于机床主轴调速,这方面国外有不少商品化的系列产品可供选用。异步型交流伺服电动机的常见的功率范围是数千瓦以上。

第6章 机器人控制

6.1 概　　述

6.1.1 机器人控制的特点

与一般的伺服系统或过程控制系统相比,机器人控制系统有如下特点:

① 机器人的控制与机构运动学和动力学密切相关。机器人末端的状态可以在各种坐标下描述,但应当根据需要,选择不同的基准坐标系,并做适当的坐标变换,这就经常需要求解运动学中的正问题和逆问题。除此之外,还要考虑各种外力(包括重力)以及哥氏力、向心力、惯性力等的影响。

② 即使一个简单的机器人也至少有3~5个自由度,比较复杂的机器人有十几个甚至几十个自由度。每个自由度一般包含一个伺服机构,它们必须协调起来,组成一个多变量控制系统。

③ 从经典控制理论的角度来看,多数机器人控制系统中都包含有非最小相位系统。例如,步行机器人或关节式机器人往往包含有“上摆”系统。由于上摆的平衡点是不稳定的,必须采取相应的控制策略。

④ 把多个独立的伺服系统有机地协调起来,使其按照人的意志行动,甚至赋予机器人一定的“智能”,这个任务只能由计算机来完成。因此,机器人控制系统必然是一个计算机控制系统。计算机软件担负着艰巨的任务。

⑤ 描述机器人状态和运动的数学模型是一个非线性模型,随着状态的不同和外力的变化,其参数也在变化,各变量之间还存在耦合。因此,仅仅是位置闭环是不够的,还要利用速度甚至加速度闭环。系统中经常使用重力补偿、前馈、解耦或自适应控制等策略。

⑥ 机器人的动作往往可以通过不同的方式和路径来完成,因此存在一个“最优化”决策的问题。较高级的机器人可以用人工智能的方法,用计算机建立起庞大的信息库,借助信息库进行控制、决策、管理和操作。利用传感器和模式识别的方法获得关于对象及环境的信息,按照给定的指标要求,自动判断选择最佳的控制规律。

简而言之,机器人控制系统是一个与运动学和动力学原理密切相关的、具有耦合的、非线性的多变量控制系统。由于它的特殊性,经典控制理论和现代控制理论都不能照搬使用。客观地讲,目前机器人控制理论还不够完整和系统。相信随着机器人事业的发展,机器人控制理论必将日趋完善成熟。

6.1.2 机器人的控制方式

1.点位式

很多机器人只要求准确地控制末端执行器的位置,而路径却无关紧要。例如,在印刷电路板上安插元件、点焊、装配等工作,都属于点位式工作方式。一般说,这种控制方式相对比较简单,但是要达到2~3 μm的定位精度也是相当困难的。

2.轨迹式

在弧焊、喷漆、切割等工作中,要求机器人末端执行器按照示教的轨迹和速度运动。如果偏离预定的轨迹和速度,就会使产品报废。这种控制方式类似于控制原理中的跟踪系统,又称之为轨迹伺服控制。

3.力(力矩)控制方式

在完成装配、抓放物体等工作时,除要准确定位之外,还要求使用适度的力或力矩进行工作,这时就要利用力(力矩)伺服方式。这种方式的控制原理与位置伺服控制原理基本相同,只不过输入量和反馈量不是位置信号,而是力(力矩)信号,因此系统中必须有力(力矩)传感器。有时也利用接近、滑动等功能进行适应控制。

6.1.3 控制策略

机器人控制策略种类繁多,这里只介绍一些常见的控制策略。

1.重力补偿

在机器人系统、特别是关节型机器人中,臂的自重相对于关节点会产生一个力矩,这个力矩的大小随臂所处的空间位置而变化。显然这个力矩对控制系统来说是很不利的,但这个力矩的变化是有规律的,它可以通过传感器测出手臂的转角,再利用三角函数和坐标变换计算出来。如果我们在伺服系统的控制量中实时地加入一个抵消重力影响的量,那么控制系统就会大为简化。但如果机械结构本身是平衡的,则不必补偿。力矩的计算要在基础坐标系中进行。重力补偿可以是各个关节独立进行的,称之为单级补偿;也可以同时考虑多个或若干关节的重力进行补偿,称之为多级补偿。

2.前馈和超前控制

在轨迹控制方式中,由于运动规律是事先给定好的,因此我们可以从给定信号中提取速度和加速度信号,把它加在伺服系统适当位置上,以消除系统速度和加速的跟踪误差,这就是前馈。前馈控制不影响系统的稳定性,但控制效果却是显著的。

同样,由于运动规律是已知的,可以根据某一时刻的位置和速度,估计下一时刻的位置误差,并把这个估计量加到下一时刻的控制量中,这就是超前控制。

超前控制与前馈控制的区别在于:前者是指控制量在时间上提前;后者是指控制信号的流向是向前的。

3.耦合惯量和摩擦力的补偿

在一般情况下,只要外环节的伺服带宽大于内环节的伺服带宽,就可以把各关节的伺服系统看成是独立的,这样处理可以使问题大为简化。剩下的问题仅仅是怎样把“工作任务”分配给各伺服系统了。然而在高速、高精度的机器人中，必须考虑一个关节的运动会引起另一个关节的等效转动惯量的变化，也就是耦合惯量，这需要对机器人进行加速度补偿。

高精度机器人中还要考虑摩擦力的补偿。由于静摩擦与摩擦力的差别很大，因此系统启动时和启动后的补偿量是不同的，摩擦力的大小可以通过实验测得。

4.传感器位置反馈

在点位式控制方式中，单靠提高伺服系统的性能来保证精度要求有时是困难的，可以在程序控制的基础上，再用一个位置传感器进一步消除误差。传感器可以是简易的，感知范围也可以较小。这种系统虽然硬件上有所增加，但软件控制的工作量却可以大幅度减小。这种系统称为传感器闭环系统或大环伺服系统。

5.记忆－修正控制

在轨迹控制方式中，可以利用计算机储存记忆和误差计算功能，记忆前一次的运动误差，调整后一次的控制量。经过若干次修正，便可以逼近理想轨迹。我们称这种系统为记忆－修正控制系统，它适用于重复操作的场合。

6.触觉控制

机器人的触觉可以判别物体的有无，也可以判别物体的形状。前者可以用于控制动作的启、停；后者可以用于选择零件、改变行进路线等。人们还经常利用滑动觉(切向力传感器)来自动改变机器人夹持器的握力，使物体不至于滑落，也不至于被破坏。触觉控制可以使机器人具有一定的适应性和灵活性，也可以把它看成是一种初级的“智能”。

7.听觉控制

有的机器人可以根据人的口头命令作出回答或执行任务，这是利用了声音识别系统。该系统首先提取所收集的声音信号的特征，例如，幅度、过零率、音调周期、线性预测系数、声道共振峰等特性，与事先存储在计算机内的“标准模板”进行比较识别。这种系统可以识别特定人的有限词汇，较高级的声音识别系统还可以用句法分析等手段识别较多的语言内容。

8.视觉控制

利用视觉系统可以大量获取外界信息，但由于计算机容量及速度所限，所处理的信息往往是有限的。机器人系统常用视觉系统判别物体形状和物体之间的关系，也可以用来测量距离、选择运动路径等。但无论是光导摄像管，还是电荷耦合器件，都只能获取二维图像信息。为了获取三维视觉信息，可以使用两台或多台摄像机，也可以从光源上想办法(使用结构光)，获得的信息用模式识别等方法进行处理。由于视觉系统结构复杂、价格昂贵，一般只用于比较高级的机器人。在其他情况下，可以考虑使用简易视觉系统。光源也不限于普通光，还可以使用激光、红外线、X 光、超声波等。

9.最佳控制

在高速机器人中，除了选择最优路径之外，还普遍采用最短时间控制，即所谓“砰－砰”控制。简单地说，机械臂的动作分为两步，先是以最大能力加速，然后以最大能力减速，中间选择一个最佳切换时间，这样才可保证速度最快。

10. 自适应控制

很多情况下，机器人手臂的物理参数是变化的。例如，夹持不同的物体或处于不同的姿态，质量和惯性矩都在变化，因此运动方程式中的参数也在变化。工作过程中，还存在着未知的干扰。实时地辨识系统参数并调整增益矩阵，才能保证跟踪目标的准确性，这就是典型的自适应控制问题。由于系统复杂、工作速度快，与一般的过程控制中的自适应控制相比，问题要复杂得多。

11. 解耦控制

机器人的手足之间，即各自由度之间存在着耦合，即某关节的运动对其他关节的运动有影响。在耦合较弱的情况下，可以把它当作一种外干扰力，在设计中留有余地即可。在耦合严重的情况下，必须考虑一些解耦措施，使各自由度的控制相对独立。

12. 递阶控制

智能机器人具有视觉、触觉或听觉等多种外部传感器，自由度的数目往往较多，各传感器系统要对信息进行实时处理，各关节都要进行实时控制，它们是相对独立的，需要有机地协调起来。因此控制必然是多层次的，每一层次都有独立的工作任务，它给下一层次提供控制指令和信息；下一层又把自身的状态及执行结果反馈给上一层次。最低一层是各关节的伺服系统，最高一层是管理(主)计算机，称为协调级。由此可见，某些大系统控制理论可以应用在机器人系统之中。

6.1.4 硬件系统

在控制结构上，现在大部分工业机器人都采用二级计算机控制。

第一级担负系统监控、作业管理和实时插补任务，由于运算工作量大，数据多，所以大都采用16位以上的微计算机。第一级运算结果作为伺服位置信号，控制第二级。

第二级为各关节的伺服系统，有两种可能方案：

① 采用一台微型计算机控制高速脉冲发生器，如图6.1所示。

② 使用几个单片机分别控制几个关节运动，如图6.2所示。

可供选用的单片机种类很多，而且使用一般也很方便。这是一种软件伺服控制方式，具有较大的灵活性。

若不采用单片机，也可以使用一台微型计算机分时控制几个关节的运动。

6.1.5 机器人软件

机器人的控制离不开软件编程。原则上讲，汇编语言和通用的高级语言(例如FORTRAN、PASCAL、FORTH等)都可以用来编制机器人控制程序。但对于比较高级的机器人，由于控制复杂，编制程序的工作十分艰巨，程序的可读性也很差。因此，人们开发了种种专用的机器人语言，它实质上是由通用语言模块化而形成的。当然这些控制语言要与相应的硬件配合使用。专用机器人语言和控制系统融为一体是机器人发展的必由之路。

目前机器人控制理论不再局限于一些单纯的伺服回路和相应的理论，而是一门涉及运动学、动力学、传感器技术、模式识别、精密机械、控制理论等多学科领域的综合性理论，

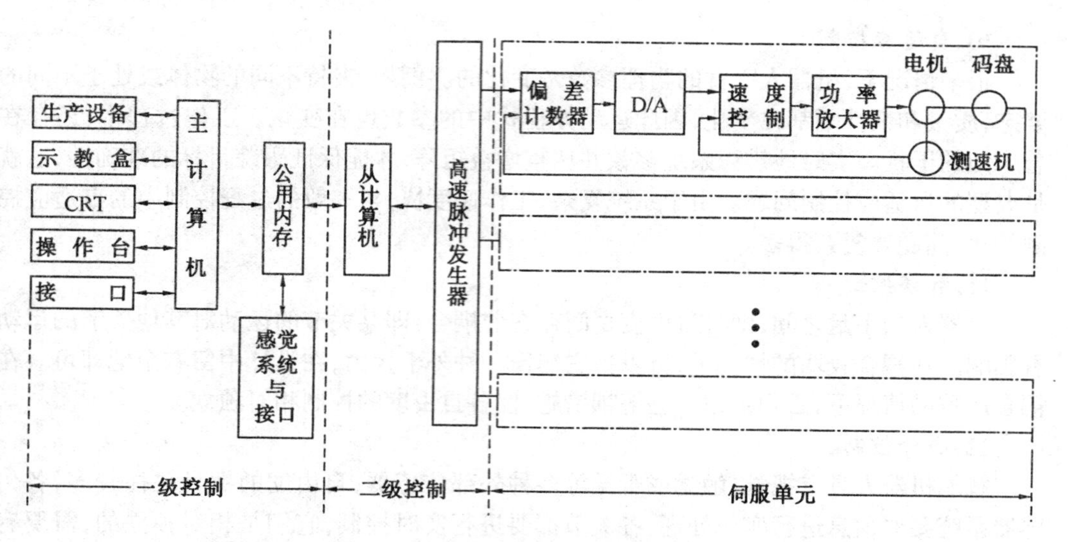

图 6.1 微计算机控制高速脉冲发生器

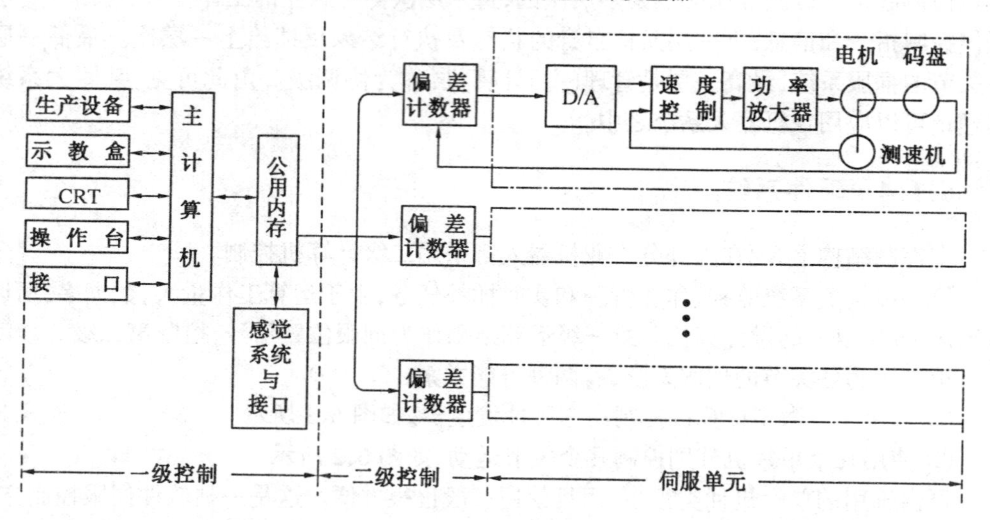

图 6.2 单片机分别控制关节运动

其中有许多问题有待于研究和努力发展。

6.2 位置控制

6.2.1 引言

增量运动系统经常需要移动一个已知的负载，将它停止在指定的位置上，并一直保持到发出下一个运动指令为止。另一方面，这些系统往往需要沿某个指定的位置轨迹移动负载。位置控制系统能够完成以上两种任务。

在位置控制系统中，电动机及与之耦合的负载的角位置和输入指令都是同步的。当指令信号为恒值时，电动机轴被锁定在所要求的位置上；当指令信号不断地变化时，电动机位置随指令而发生变化。

位置传感器可以是提供连续信号的连续元件，如电位计，所得到的控制系统是连续的，或称模拟控制系统。连续位置控制系统的分辨率从理论上说是无限的。

另一种位置传感器是数字式的，增量编码器属于这个范畴。这种装置的角位置范围不受限制。然而，它们的缺点是有限的位置分辨率。由于用数字形式传递位置信息，编码脉冲必须被计数。

设计位置控制系统的主要问题是在适当的增益和足够的闭环带宽条件下，保持系统的稳定。所以，关于稳定问题和设计方法将在下面着重讨论。由于系统的稳定主要取决于是否采用速度反馈，所以以下的讨论分为两大部分：其一是用测速发电机的系统；其二是不用测速发电机的系统。

6.2.2 用测速发电机反馈的位置控制系统

在图6.3中用方框图表示所研究的系统。系统中所有元件假定都是线性的，因此可以用它们的传递函数来表示。放大器用 $A(s)$ 表示，电动机的传递函数为 $M(s)$。测速发电机的增益为 K_g，测速发电机的补偿为 $F(s)$。这四部分组成了内环，即速度闭环。具有传递函数 $1/s$ 的方框图代表速度 ω 与位置 θ 之间的物理关系，位置传感器的增益为 K_p，位置补偿传递函数为 $G(s)$。

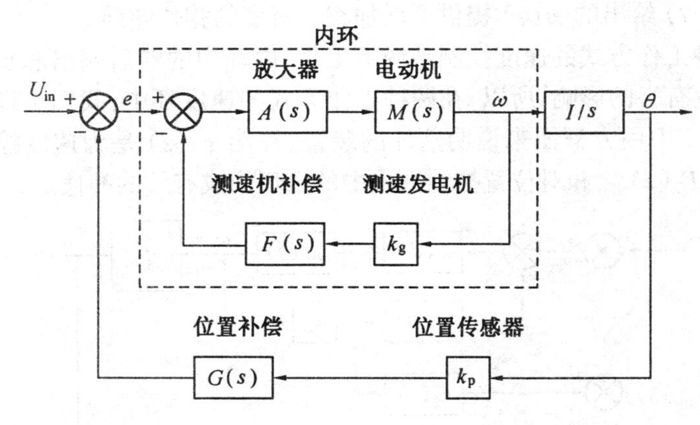

图6.3 用测速机反馈的位置控制系统框图

为了分析闭环系统，内环的传递函数用 $H(s)$ 表示。于是

$$H(s) = \frac{\omega(s)}{E(s)} = \frac{A(s)M(s)}{1 + A(s)M(s)K_gF(s)} \tag{6.1}$$

系统闭环传递函数变成

$$\frac{\theta(s)}{U_{in}(s)} = \frac{H(s)\frac{1}{s}}{1 + \frac{1}{s}K_pH(s)G(s)} \tag{6.2}$$

系统开环传递函数 $L(s)$ 表达式为

$$L(s) = \frac{K_p H(s) G(s)}{s} \tag{6.3}$$

分析式(6.3) 可以发现在原点上有一个极点,引起相位滞后 90 度。这个相位滞后就是稳定位置控制闭环要比稳定速度闭环更困难的原因。为了增加相位裕度,以增进位置稳定性,必须尽可能地减小式(6.3) 中的相位滞后。为达到此目的,一种方法是对 $G(s)$ 用超前滞后补偿。令

$$G(s) = \frac{1 + s/a}{1 + s/b} \quad a < b \tag{6.4}$$

参数 a 和 b 的选择,应使在稳定的频率范围内,提供所需要的相位超前。

增加相位裕度的另一个可能途径是减小 $H(s)$ 中的相位滞后,这可用增加内环增益来达到。用滞后网络接在 $F(s)$ 中能够强化此种作用,于是有

$$F(s) = \frac{1}{1 + s/c} \tag{6.5}$$

当内环增益很大时,可以忽略式(6.1) 分母中这一项,结果用近似式表示为

$$H(s) \approx \frac{1}{K_g F(s)} \tag{6.6}$$

合并式(6.6) 和式(6.5),得

$$H(s) = \frac{1 + s/c}{K_g} \tag{6.7}$$

于是,式(6.7) 给出的 $H(s)$ 提供了增加相位裕度的相位超前。

如果在多种工作方式的速度控制系统下工作,内环中的滞后网络和加大增益对速度环的响应会产生有害的影响。所以,在两种工作方式的速度环中,我们可以采用不同的补偿网络。在图 6.4 中用方框图来说明这样的装置。补偿 $F_1(s)$ 是为速度控制方式而设计的,而 $F_1(s) + F_2(s)$ 之和对位置控制方式中的内环构成有效的补偿。

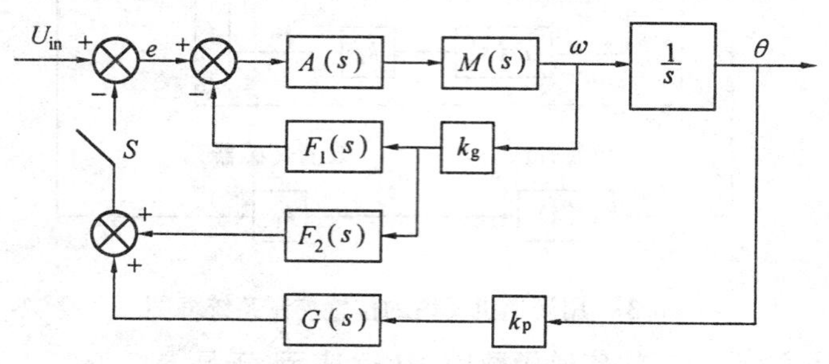

图 6.4 不用测速机系统方框图

6.2.3 不用测速发电机反馈的位置控制系统

从系统稳定的角度考虑,测速机的加入使任何位置控制系统具有所期望的特性。然而,由于经济的原因或尺寸的限制,有些控制系统并不包括测速发电机。在这种情况下,稳定问题更加突显。通常这种系统带宽较窄。

在图 6.4 中用方框图表示所研究的不同测速机系统。除去速度反馈部分以外，图 6.4 和图 6.3 是相同的，如图 6.5 所示。

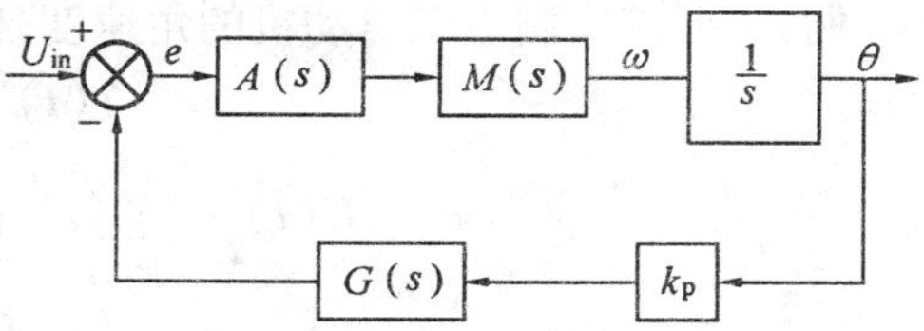

图 6.5　不用速度反馈位置控制系统

这时系统的开环传递函数为

$$L(s)=\frac{A(s)M(s)K_pG(s)}{s} \tag{6.8}$$

为了增进开环的稳定性，必须尽可能地减小 $L(s)$ 的相位滞后，以下几种方法可供采用。

1. 使用电压放大器

在位置控制系统中使用电流放大器不如使用电压放大器的优越性大，这是因为电流放大器与电动机的组合传递函数在原点处有一个极点，在速度积分的作用下，当在原点处加上极点时，这个极点使系统趋于不稳定。

2. 使用电流正反馈

推荐使用电流正反馈是因为它同速度负反馈具有同样的作用。然而，这种方法需要仔细分析，当它偏离所要求的值时，对系统稳定性会产生不良的影响。

3. 使用补偿网络

在闭环中，一个补偿网络能大大地增进系统的稳定性。这里使用的最普遍的补偿形式是滞后超前和超前滞后补偿。滞后超前补偿比较容易实现，但它易使系统响应变慢。超前滞后补偿增加了系统的带宽，但它也要求用精确的系统分析来确定零点和极点的位置。

6.2.4　微处理机控制直流电动机

微处理机的一种用法叫做直接方法。采用此方法时，基本上没有模拟电路。系统的数据送给微处理机，计算出新的控制量，这个控制量通过数/模变换器送给系统。这种原理的框图如图 6.6 所示。

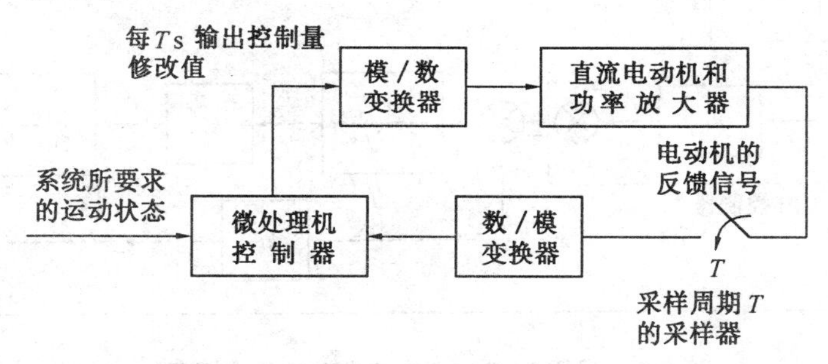

图 6.6　微处理控制直接方法的框图

采用直接方法时，微处理机的作用不仅要确定电动机的速度和所处的位置，还必须保证电动机达到实际要求的速度和位置，即微处理机必须确保电动机放大器系统的稳定，使稳态误差在允许的范围内。

实现上述要求的一种方法，是设计一个人们熟悉的模拟控制器，把要求以“数字化”或“离散化”的形式在设计过程的最后一步得以实现。

例如,要求控制直流电动机的角速度,模拟方程组为

$$T(t) = k_t i(t) \tag{6.9}$$

$$U(t) = Ri(t) + L\frac{\mathrm{d}i(t)}{\mathrm{d}t} + k_b\omega(t) \tag{6.10}$$

$$T(t) = J\frac{\mathrm{d}\omega(t)}{\mathrm{d}t} + B\omega(t) \tag{6.11}$$

式中 T—— 转矩;

k_t—— 转矩系数;

$i(t)$—— 电枢电流;

$v(t)$—— 外加电压;

R—— 电阻;

L—— 电感;

J—— 系统转动惯量;

k_b—— 反电势系数;

B—— 黏性阻尼系数;

$\omega(t)$—— 角速度。

考虑要求的稳态角速度误差为零,为测量角速度,转速计安装在电动机轴上。满足这种要求的模拟控制器是 PI(比例加积分)控制器。采用 PI 控制器的电压表达式为

$$U(t) = g_1[\omega_d - \omega(t)] + g_2\int[\omega_d - \omega(t)]\mathrm{d}t \tag{6.12}$$

式中 g_1 和 g_2—— 固定反馈增益;

ω_d—— 所要求的电动机角速度,是一个常数。

带 PI 控制器的直流电动机系统如方框图 6.7 所示。

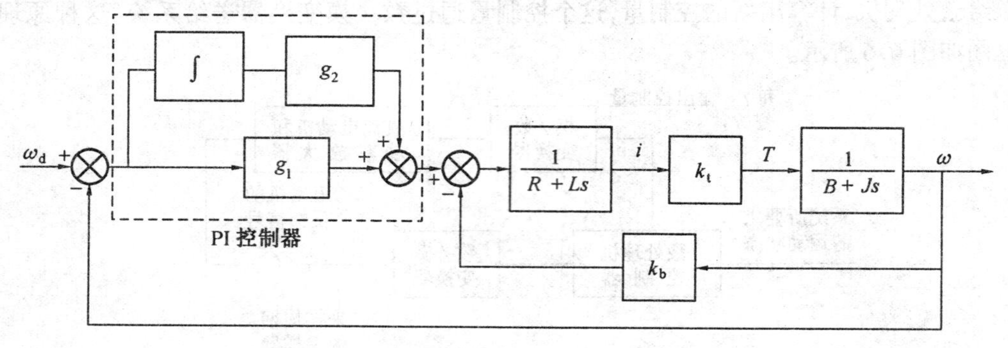

图 6.7 采用 PI 控制器直流电动机系统框图

PI 控制器由两项组成,一项正比于误差 $\omega_d - \omega$,另一项正比于误差的积分。

以下讨论积分项对系统的影响。把 $x_3(t)$ 定义为

$$x_3(t) = \int_0^t[\omega_d - \omega(t)]\mathrm{d}t + x_3(t_0) \tag{6.13}$$

其中,t_0 是初始时间,且 $x_3(t_0) = 0$,得

$$\dot{x}_3(t) = \omega_d - \omega(t) \tag{6.14}$$

于是,系统的动态方程变为

$$\dot{\omega}(t) = -\frac{B}{J}\omega(t) + \frac{K_t}{J}i(t) \tag{6.15}$$

$$\dot{i}(t) = -\frac{R}{L}i(t) - \left[\frac{K_b + g_1}{L}\right]\omega(t) + \frac{g_2}{L}x_3(t) + \frac{g_1}{L}\omega_d \tag{6.16}$$

$$\dot{x}_3 = \omega_d - \omega(t) \tag{6.17}$$

若选择增益 g_1 和 g_2,使上述系统渐趋稳定,最后达到平衡点则平衡点的特征是状态变量的导数为零,特别是它意味着稳态情况下 $\dot{x}_3 = 0$,这就是

$$\dot{x}_3 |_{稳态} = 0 = \omega_d - \omega |_{稳态} \tag{6.18}$$

或

$$\omega |_{稳态} = \omega_d$$

为了方便地选择这些反馈增益,必须导出系统的特征方程,这可以通过不同的方法推导。例如,计算行列式 $|s\boldsymbol{I} - \boldsymbol{A}|$,其中动态方程矩阵 $\boldsymbol{A}$ 为

$$\boldsymbol{A} = \begin{bmatrix} -\frac{B}{J} & \frac{K_t}{J} & 0 \\ -\frac{K_b + g_1}{L} & -\frac{R}{L} & \frac{g_2}{L} \\ -1 & 0 & 0 \end{bmatrix} \tag{6.19}$$

其中 $\boldsymbol{I}$——3×3 的单位矩阵。

要使行列式 $|s\boldsymbol{I} - \boldsymbol{A}|$ 为零,就能得出特征方程。因此系统的特征方程为

$$s^3 + \left[\frac{R}{L} + \frac{B}{J}\right]s^2 + \left[\frac{K_tK_b + BR + K_tg_1}{JL}\right]s + \frac{K_tg_2}{JL} = 0 \tag{6.20}$$

应用特征方程稳定判据(例如,Routh - Hurwitz 判据[3]),可以看出,保持电动机系统稳定时,增益应选为

$$g_1 > \frac{JLg_2}{RJ + BL} - \frac{K_tK_b + BR}{K_t} \tag{6.21}$$

为了离散PI控制器,需要分别离散方程(6.12)的两项,第一项 $g_1[\omega_d - \omega(t)]$ 很容易离散。设采样周期是 T,则 $\omega(t)$ 是 $t = kT, k = 0,1,2,\cdots,n$ 时的离散值。因此第一项的离散的简单形式为 $g_1[\omega_d - \omega(kT)]$。

方程(6.12)的第二项为积分项,可用某种数值积分算法,例如梯形法则。设 $t = kT$, $t_0 = (k-1)T$,方程(6.12)的积分可近似为

$$\int_{(k-1)T}^{kT}[\omega_d - \omega(t)]\mathrm{d}t \approx \omega_dT - \frac{T}{2}\{\omega(kT) + \omega[(k-1)T]\} \qquad k = 1,2,\cdots,n \tag{6.22}$$

所以在 $t = kT$ 时,以上方程的积分是根据已知常数 ω_d 和 $k = 0,1,2,\cdots,n$ 时输入数据 $\omega(kT)$ 来计算。但是微处理机用有限时间来计算方程(6.22)的积分,这个结果在 $t = kT$ 时不能轻易被利用。通常,把执行积分子程序码所需要的时间全都加起来,求出延迟时间。为了方便,让这个延迟时间等于采样周期 T,于是,方程(6.13)第二项离散为

$$x_3[(k+1)T] \approx x_3(kT) + \omega_dT - \frac{T}{2}\{\omega(kT) + \omega[(k-1)T]\} \tag{6.23}$$

因此,为了离散方程(6.12)第二项,微处理机必须存储过去的两个数据,即 $x_3(kT)$ 和 $\omega[k-1]T$。然后在 $t=kT$ 时微处理机读入最新的电机角速度值 $\omega(kT)$,并计算出 $x_3(t)$ 下的各个值,即在 $t=(k+1)T$ 时的值。

方程(6.12)离散情况现在可写为

$$v[(k+1)T]=g_1[\omega_d-\omega(kT)]+g_2x_3[(k+1)T] \tag{6.24}$$

这个控制量在 $t=(k+1)T$ 时送给直流电动机系统,每 T s 修改一次控制量,在两次采样之间这个值保持不变。

实现离散化的 PI 控制器的典型系统如图 6.8 所示。

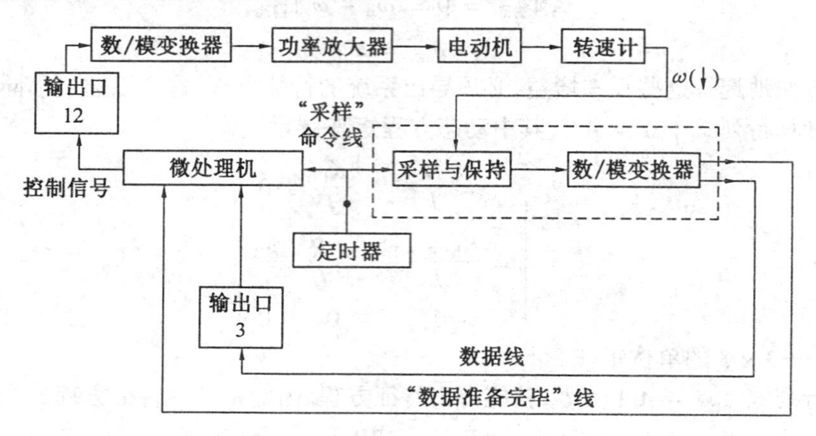

图 6.8　实现 PI 控制器的离散化框图

图 6.8 所示的系统采用模拟定时器确定下一个采样周期的起始点(有的微处理器使用软件定时环,表示经历了 T s)。定时器每 T 秒钟输出一个脉冲,有两个电路要用这个脉冲。首先,该脉冲送给微处理机中断线,这将使微处理机停止它正在做的工作,执行中断子程序,这就是输出下一个控制量的子程序。这个控制量的最新值送给数/模变换器,然后再送给功率放大器。同时定时脉冲也送给模/数变换器的"采样"命令线,"采样"线的脉冲触发模/数变换器中的采样保持电路。在 $t=kT$ 时,电动机角速度 $\omega(t)$ 被采样并保持为 $\omega(kT)$,然后 $\omega(kT)$ 的模拟电压值被模/数变换器中其余电路变换成 N 位二进制数,有限变换时间与变换过程有关。在此变换期间,模/数变换器的输出是随机的,因此,模/数变换器必须通过"数据准备完毕"线通知微处理机,采样数据已变换完毕。"数据准备完毕"线也可以接到处理机的中断线。第二次中断使处理机读入 $\omega(kT)$ 的值,并计算出下个控制值 $U[(k+1)T]$。计算出这个控制值后,在 $t=(k+1)T$ 输出这个控制量以前,微处理机等待来自定时器的另一个中断。

本节前面介绍了"离散"模拟控制器的方法。到目前为止,已讨论了离散线性的增益项和积分项的方法。很清楚,导数像积分一样,也能近似表示。例如,求一个信号导数常用的近似式是"后差"方程

$$\dot{x}(t)\approx\frac{x(kT)-x[(k-1)T]}{T} \tag{6.25}$$

于是,若某个模拟控制器的反馈项为

$$U(t) = -g_3\dot{\omega}(t) \tag{6.26}$$

它可以用式

$$U[(k+1)T] \approx -\frac{g_3\{\omega(kT) - \omega[(k-1)T]\}}{T} \tag{6.27}$$

离散化。

另外，在计算方程(6.27)的右边时，使延迟时间等于一个采样周期。

上述控制器比较容易离散化，因为是“时间域”的控制器，其中包括增益、积分和微分。但是，有时控制器设计在频率域。例如，控制器可设计成低通滤波器或超前滞后网络，提供系统一定的增益和相位容限，这类控制器用 S 域传递函数来描述。

S 域传递函数的离散化有许多种处理方法。其中一种方法是对方程(6.12)两边取拉普拉斯变换，即

$$\frac{U(s)}{E(s)} = g_1 + \frac{g_2}{s} \tag{6.28}$$

式中 $E(s)$——$\omega_d - \omega(T)$ 的拉普拉斯变换式；

$U(s)$——$U(t)$ 的拉普拉斯变换式。

因此方程(6.28)右边被看做是 PI 控制器的传递函数。

现在显而易见，已知模拟控制器的传递函数，便能得出时间域动态方程，使控制器的输入和输出有了联系。对于离散化，一般把从传递函数到动态方程的转换过程称为“分解”。

离散方程的传递函数的另一种方法是用 z 变换。一个模拟系统的输出，能用采样瞬间不连续的阶梯函数来近似，因此，PI 控制器的传递函数式(6.28)可用以下的 z 变换来离散

$$\frac{U(z)}{E(z)} = z\left[\frac{1-e^{-Ts}}{s}\left(g_1 + \frac{g_2}{s}\right)\right] \tag{6.29}$$

$(1-e^{-Ts})/s$ 是采样保持部件的传递函数。对式(6.29)进行变换，得

$$\frac{U(z)}{E(z)} = g_1 + \frac{g_2 T}{z-1} \tag{6.30}$$

因为 z 变换可看成 $z = e^{Ts}$，代入方程(6.30)，可得到

$$\lim_{T\to 0}\frac{U(z)}{E(z)} = \lim_{T\to 0}\left[g_1 + \frac{g_2 T}{e^{Ts}-1}\right] = g_1 + \frac{g_2}{s} \tag{6.31}$$

证明了 $U(z)/E(z)$ 是 $U(s)/E(s)$ 的离散近似表达式。

一旦有了控制器传输函数的 z 变换表达式，就可以把它分解，得到离散时间域的动态方程。

把式(6.30)写成

$$\frac{U(z)}{E(z)} = \frac{g_1 + (g_2 T - g_1)z^{-1}}{1 - z^{-1}}\,\frac{X(z)}{X(z)} \tag{6.32}$$

为了方便，引进变量 $X(z)$。由式(6.32)得

$$U(z) = [g_1 + (g_2 T - g_1)z^{-1}]X(z) \tag{6.33}$$

并且

$$X(z) = E(z) + z^{-1}X(z) \tag{6.34}$$

描绘式(6.33)和式(6.34)的状态图如图6.9所示。因为 z^{-1} 相当于一个采样周期的时

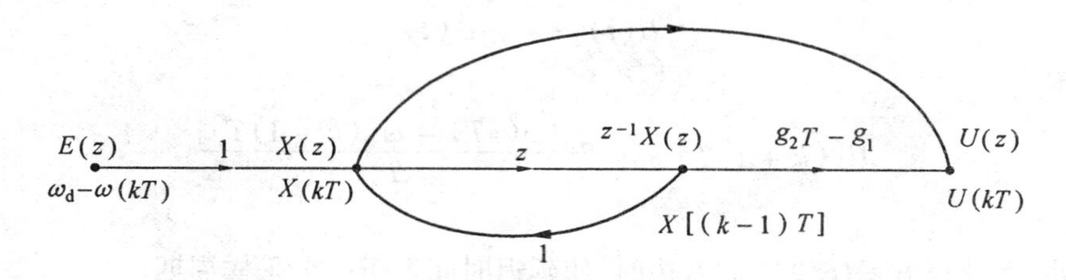

图 6.9 离散化的 PI 控制器的状态图

间变化,如果 $X(z)$ 对应于时域信号 $X(kT)$,则 $z^{-1}X(z)$ 就对应于 $X[(k-1)T]$。离散化的 PI 控制器的动态方程可直接由图 6.9 写出,即

$$U(kT) - g_1[\omega_d - \omega(kT)] + g_2TX[(k-1)T] \tag{6.35}$$

$$X(kT) = X[(k-1)T] + \omega_d - \omega(kT) \tag{6.36}$$

把 $k = 1,2,\cdots,n$ 代入,如果 $x(0)$ 已知,这些方程又能作为计算 $x(kT)$ 和 $U(kT)$ 的迭代方程。在每次采样瞬间,微处理机可以直接计算出这些方程。

求出模拟传递函数的 z 变换近似表达式的另一种方法是用双线性变换或 z 型变换。

当用双线性变换时,拉普拉斯变量可近似表示为

$$s = \frac{2}{T}\left[\frac{1 - z^{-1}}{1 + z^{-1}}\right] \tag{6.37}$$

把式(6.37) 代入式(6.28),得

$$\frac{U(z)}{E(z)} = g_1 + \frac{g_2T}{2}\left[\frac{1 + z^{-1}}{1 - z^{-1}}\right] \tag{6.38}$$

通过分解可以看出,对应于式(6.38) 的动态方程是

$$U(kT) = \left(g_1 + \frac{g_2T}{2}\right)[\omega_d - \omega(kT)] + g_2TX[(k-1)T] \tag{6.39}$$

和

$$X(kT) = X[(k-1)T] + \omega_d - \omega(kT) \tag{6.40}$$

除了上面介绍的三种办法外,另外一些方法如脉冲不变技术和数字再设计方法也可用于离散模拟系统。

应当指出,用某种方法把连续时间控制器离散化,所产生的离散时间控制器,不可能保留模拟控制器的全部性能,实际影响离散控制器性能的有采样周期和反馈增益两个因素。根据数据采样理论,可以看出,离散系统的稳定性一般主要取决于采样周期 T。即对 T 的某些值系统是稳定的,系统所有其他参数保持不变,当 T 为其他值时,系统将是不稳定的。因为连续时间控制器没有参数 T,很显然离散控制器的性能与模拟控制器有所不同。同样也能看出,如果反馈增益选取得使模拟系统稳定,但该增益用于对应的离散系统时,系统可能稳定,也可能不稳定。也就是说,按式(6.21) 所确定的条件,选择离散的 PI 控制器的增益,不能保证离散系统稳定。这是因为式(6.21) 是使用连续时间稳定判据(Routh - Hurwitz 判据) 导出来的,作为离散系统的稳定判据是不恰当的。离散系统的稳定性应由适当的采样数据稳定判据来确定,例如"Jury" 判据。由"Jury" 判据所给条件导出的方程,能确定使离散系统稳定的控制器增益的范围。由"Jury" 判据所确定的数字增益条件,一般与

由“Routh”判据所确定模拟增益条件不同。

当然，离散控制器也保留了模拟控制器的某些特性。例如式(6.39)和式(6.40)给出的离散控制器用来控制直流电动机时，也认为存在稳态角速度误差。假定电动机和微处理机系统是渐近稳定的(由适当选择反馈增益来实现)，系统将达到平衡。对于离散时间系统，平衡由 $X(k+1)=X(k)$ 来描述，参看方程(6.40)可以看出，在平衡情况下有

$$x(kT)=x[(k-1)T]+\omega_{\mathrm{d}}-\omega(kT)=x(kT)+\omega_{\mathrm{d}}-\omega(kT) \tag{6.41}$$

式(6.41)两边减去 $x(kT)$，稳态时

$$\omega_{\mathrm{d}}-\omega(kT)\mid_{稳定}=0 \tag{6.42}$$

或

$$\omega(kT)\mid_{稳定}=\omega_{\mathrm{d}}$$

于是，模拟 PI 控制器的零稳态误差特性保留于离散控制器中。要研究模拟系统哪些特性保留于离散系统中，哪些没有保留，应当用采样数据控制理论来分析微处理机和电动机系统。

以上设计的数字控制器的方法都是以模拟控制器离散化为基础的，而这些模拟控制器是用连续数据控制系统设计理论设计的。然而，更恰当的方法是把整个系统看做数字控制系统，并用数字控制理论设计控制器。对图 6.8 以及式(6.9)~(6.11)描述的直流电动机系统，表示成数字控制系统的框图如图 6.10 所示。微处理机用传递函数 $D(z)$ 的数字控制器来表示。图 6.10 系统的闭环传递函数是

$$\frac{Q(z)}{Q_{\mathrm{d}}(z)}=\frac{D(z)G_{\mathrm{p}}(z)}{1+D(z)G_{\mathrm{p}}(z)} \tag{6.43}$$

式中，$Q(z)$ 和 Q_{d} 分别是 $\omega(t)$ 和 ω_{d} 的 z 变换。

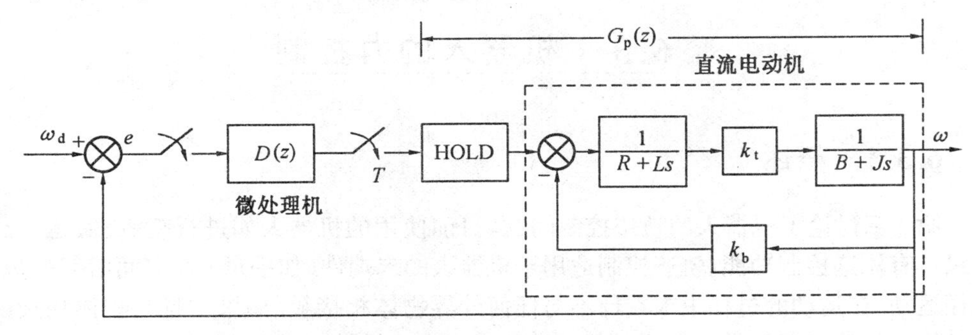

图 6.10　直流电动机数字控制系统框图

设计数字控制系统有许多途径，但关键问题是要把数字控制器的传递函数设计得满足离散时间系统的性能要求，所以一开始设计就要考虑采样周期 T。

微处理机控制的直接方法具有显著的优点，部分优点体现在微处理机代替了模拟控制器中许多成本高的元器件，例如控制器的模拟积分器，被存于微处理机存储器中实现模拟积分器功能的差分方程所代替。同样地，模拟控制器中的线性放大器用微处理机的乘法和除法子程序代替。另外，用直接控制方法也能实现微处理机控制的灵活性，改变反馈系数，甚至改变整个控制器的设计，只需重新缩写一个程序来实现。

直接控制方法同样受某些限制条件的影响。例如，采样周期 T 对系统稳定性起着重要

作用,特别是,T 值大经常导致系统不稳定。很清楚,选择 T 的最小值的主要限制是微处理机用 $t = kT$ 时给出的数据计算出新的控制量所需的时间。产生的另一个问题是系统的稳定性有时对反馈增益很敏感,某些控制器为了达到所要求的性能,把这些增益分配到 5 个或 10 多个地方。很清楚,在这些情况中,把这些被运算的反馈增益舍入成最邻近的 2 的幂数(为了节省执行指令时间)是绝对不允许的。

微处理机间接控制直流电动机,上节曾指出,在某些应用场合,由于微处理机的计算时间和数值精度问题,不能用微处理机直接控制直流电动机。解决这些问题的一种做法是,在运行控制算法上间接使用微处理机。在微处理机“间接”控制的方法中,模拟控制器仍是系统的一部分,但是,现在输入给伺服装置的指令来自微处理机。从某种意义来讲,直流电动机具体运行控制过程中包括伺服装置,而微处理机是用来开关伺服装置的。

表面看来,间接方法使用微处理机是没有价值的,实际上这种原理有广泛的应用范围。例如,在一些应用场合,系统有许多部分(除直流电动机外还有其他部分)需要控制,用微处理机做中央控制器是个好办法,通过微处理机给许多子系统发控制命令。每个子系统接收并执行微处理机的命令。用这种方法组成的系统,微处理机不可能同时足够快地直接控制电动机和一些大的子系统。当然,可以用多台微处理机处理,但系统的运动控制部分用模拟控制器也可以行得通。

从上面的例子可清楚看出,这种系统的设计人员,不必担心数字量化的影响和以前的离散时间稳定问题。于是,间接控制方法是一种“周全”微处理机固有限制的方法,但其代价是:用许多复杂的、成本很高的模拟器件作为实际控制器的一部分,但是,微处理机还能代替一些控制电路,仍具有可编程序控制器的灵活性。

6.3 机器人的力控制

6.3.1 概述

第 5 章讨论了机器人的轨迹控制问题。目前使用的机器人如进行喷漆、搬运、点焊等都只具有轨迹控制功能。轨迹控制适用于机器人的末端件(如手爪)在空间沿某一规定的路径运动,在运动的过程中末端件不与任何外界物体相接触。如果一旦与物体相接触,仅使用轨迹控制就不能满足要求。例如,用机器人完成擦玻璃、开门、拧螺钉、研磨、打毛刺、抓取易碎物体、装配零件等作业,不但要控制机器人沿一定的路径运动,而且要控制它与作业环境之间的接触力。以擦玻璃为例,如果手爪拿着很软的海绵进行擦洗,并且知道玻璃的精确位置,那么通过控制手爪相对于玻璃的位置,调整它对玻璃的作用力,当然可行。然而,如果用一个刚性工具刮去玻璃表面上的油漆,而且工作表面的空间位置不准确,或手爪的位置误差比较大,由于沿垂直玻璃表面的误差,可以想像,其结果不是与玻璃不接触就是把玻璃弄破。因此,根据玻璃位置来控制机器人是行不通的。一种比较好的解决方法是控制工具与玻璃之间的接触力。这样,即使工作环境(如玻璃)的表面位置是不准确的,也能保持工具与环境正确地接触。所以在许多作业中机器人不但要有轨迹控制功能,而且还要有力控制的功能。

机器人具备了力控制功能，就可以胜任更复杂的操作任务，例如完成零件装配作业。如果在机械手上装有力传感器，则可检测出机械手与环境接触状态的有关信息，对这些信息经控制器处理后，可以指挥机器人在不确定的环境下采取与该环境相适应的控制，称为顺应(compliance)控制，这是机器人的一种智能化特征。

机器人具备了力控制功能，可以在一定程度上降低它的精度指标，从而降低对整个机器人的体积、质量以及制造精度方面的要求。由于采用了相对测量的方法，所以机器人和作业对象之间的绝对位置误差不像单纯位置控制系统那么重要。由于机械手与物体相接触后，即使是中等硬度的物体，相对位置的微小变化也会产生很大的接触力，利用这些力进行控制会导致位置精度的提高。

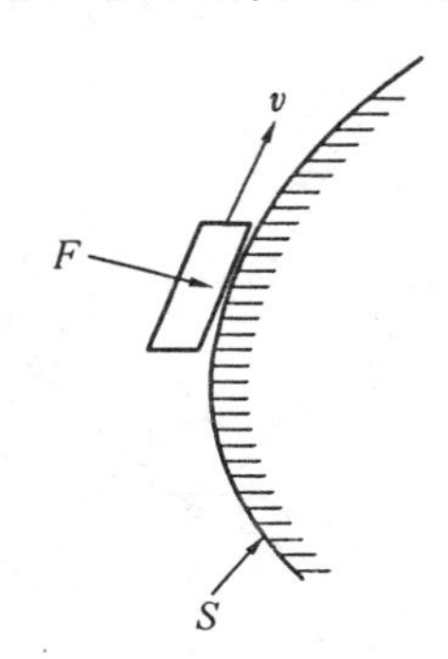

图 6.11 顺应控制

由于力只有在两个物体相接触后才能产生，因此力控制是首先将环境考虑在内的控制问题。所谓顺应控制是指机械手与环境接触后，在环境约束条件下的控制问题。如图 6.11 所示，要求在曲面 S 的法线方向施加一定的力 F，然后以一定速度 v 沿曲面运动。为了开拓机器人的应用领域，力控制变得越来越重要。

6.3.2 约束运动与约束坐标系

1. 自然约束与人工约束

机器人在执行任务时一般受到两种约束：一种是自然约束，它是指手爪(或工具)与外界环境接触时，自然就会生成的约束条件，它与环境的几何特性有关，而与手爪的运动轨迹无关，也就是说利用任务的几何关系来定义位置或力的自然约束条件。另一种是人工约束，它是人为给定的约束，是用来设定机器人预期的运动或施加的力，这就是说当设定了预期的位置或者力的轨迹时，就要定义一组人为的约束条件。

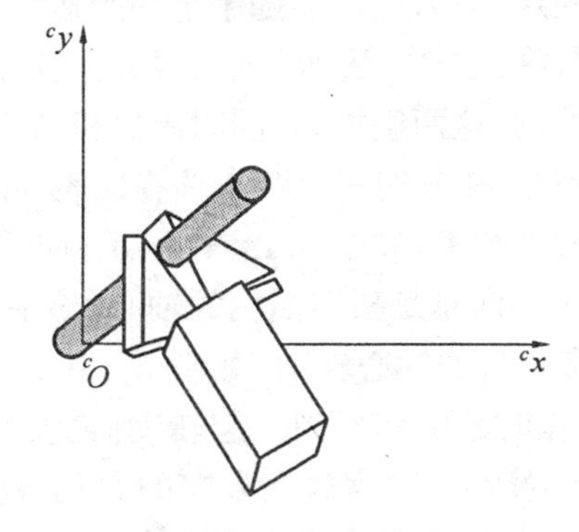

图 6.12 机械人执粉笔在黑板上写字

自然约束条件与人工约束条件表达了位置控制与力控制的对偶性。如图 6.12 所示，以机器人执粉笔在黑板上写字为例。根据黑板的几何位置给定位置或力的自然约束，黑板面的垂直方向存在有位置自然约束，可施加力控制。此外，假定粉笔与黑板相接触没有摩擦力，因此沿黑板表面有两个切向力为零的自然约束，可以施加轨迹控制。在粉笔与黑板的接触点处没有力矩作用，因此有绕接触点的三个力矩为零的自然约束，可以施加方向控制。根据用户规定的运动和力的轨迹定义人工约束。例如，为了完成上述的写字任务，人工约束条件是粉笔沿黑板平面运动轨迹(包含粉笔的轴线方向)和在黑板上保持一定的接触力。人工约束条件必须与自然约束条件相适应，因为一个给定的自由度不能对力和位置同时进行控制。也就是说，不是按自然约束就是按人工约束决定每个自由度的位置和力，因此自然约束和人工约束的条件数两者相等，它们等于约束空间的自由度数（一般是6个）。注意，某些特定的自然约束可以用人工约束来表示。反之亦然，例如粉笔与黑板接触，如果考虑库仑摩擦力，那么沿黑板面的切向力可以用人工约束的接触力来表示。

自然约束和人工约束把机器人的运动分成两组正交的集合（图6.13），我们必须根据不同的规则对这两组集合进行控制。

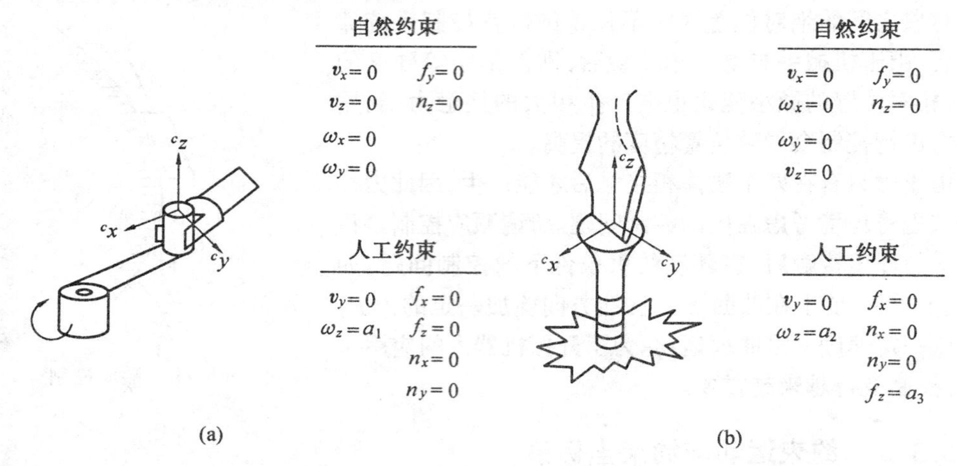

图6.13　约束坐标系和约束条件集合

2.约束坐标系

将机器人执行某项任务的过程，分成若干个步骤，这些步骤称为子任务，对每一个子任务选择一个约束坐标系｛C｝，完成一个子任务可以在｛C｝坐标系中用一组约束条件来描述。在图6.12写字的例子中，粉笔与黑板的接触点作为约束坐标系的原点^cO，垂直黑板面的方向为^cz，^cx和^cy与黑板面相切。约束坐标系的选择，取决于执行的任务，它可能在环境中固定不动，也可能随手爪一起运动。在许多机器人的作业任务中，可以定义一个“C－表面”，沿此“C－表面”的法线方向存在位置约束，可以施加力控制，而沿其切线方向施加位置控制。这两组控制，同时满足机器人运动自由度的力与位置约束。

图6.13分别表示两个具有代表性的任务，画出了约束坐标系｛C｝及其相关的自然约束和人工约束。如图6.13(a)所示，摇手柄的约束坐标系固定在曲柄上，并且随曲柄转动，规定^cx方向总是指向曲柄的轴心。当手爪紧紧抓住可转动的手把，摇着曲柄转动时，手把可以绕自身的轴心转动。如图6.13(b)所示，拧螺丝刀的约束坐标系固定在螺丝刀的顶端，工作时它随螺丝刀一起转动。需要注意，由于螺钉上有槽，要避免螺丝刀沿着槽（y方向）产生滑动，因为这个方向的力约束为零。由图中给出的自然约束和人工约束可以看出，当对｛C｝中某个自由度给定一个位置约束时，就相应地确定一个力的人工约束。反之亦然。

3.控制策略

在上述的例子中，整个工作过程中两组约束保持不变。在比较复杂的情况下，需要把一个任务分成若干个子任务，对每个子任务规定约束坐标系和相应的人工约束，各子任务的人工约束组成一个约束序列，按这个序列实现预期的任务。在执行过程中，传感器能够检测出机器人与环境接触状态的变化，以便为机器人跟踪环境（用自然约束描述）提供信息。根据自然约束的变化，调用人工约束条件，并且由控制系统实施。

下面以一根圆棒插进一个圆孔中为例，说明按照约束序列完成这个装配任务的控制策略。假定圆棒和孔都有倒角。图6.14画出了这个装配动作序列。

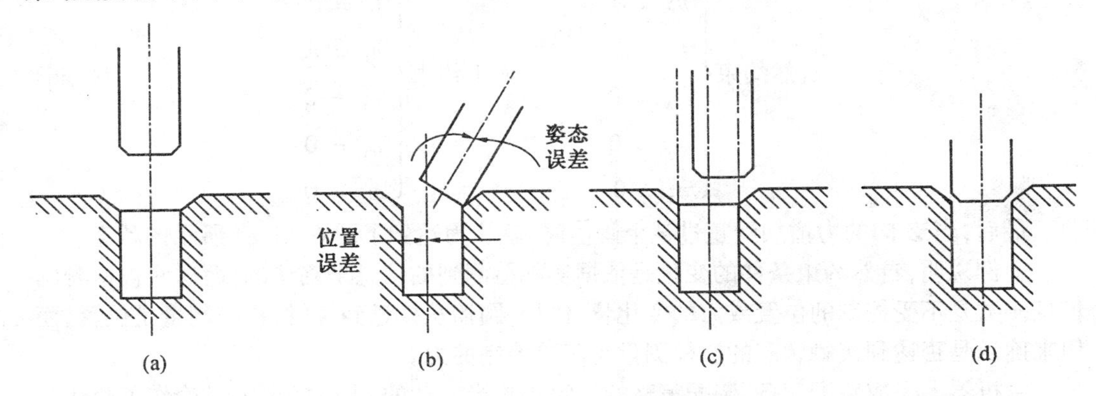

图6.14 圆棒插进一个圆孔控制策略

图6.14(a)接近：手爪夹持着圆棒朝着圆孔运动；图6.14(b)接触：圆棒与孔的倒角接触；图6.14(c)对准：调整手爪位姿，直到圆棒与孔对准；图6.14(d)插入，将圆棒插到孔底后停止动作，整个装配任务结束。上述每个动作定义为一个子任务，然后分别给出自然约束和人工约束，根据检测出的自然约束条件变化的信息，调用人工约束条件。

图(a)表示圆棒还没有与工件接触，因而它的运动不受任何限制，即力的自然约束为零。在此条件下，手爪是可以全方位运动的。根据任务要求，规定人工约束条件是控制圆棒沿${}^{c}z$方向以v_a的速度趋近工件上的孔。由此，自然约束和人工约束表达式为

$$\begin{aligned} &\text{自然约束} \quad {}^{c}\boldsymbol{F} = 0 \\ &\text{人工约束} \quad {}^{c}\boldsymbol{v} = [0,0,v_a,0,0,0]^{\mathrm{T}} \end{aligned} \tag{6.44}$$

图6.14(b)表示圆棒接触到了孔的倒角，当检测出${}^{c}z$方向的力超过了某一阈值时，就认为发生了接触，生成了一种新的自然约束，即圆棒不能再沿${}^{c}z$方向运动，同时也不能在${}^{c}x$和${}^{c}y$方向上任意移动和转动，在${}^{c}z$方向也不能施加力矩。在此条件下，人工约束的规定应满足：调整手爪的位姿，使圆棒与孔的中心重合。因此，人工约束条件是圆棒沿${}^{c}x$和${}^{c}y$方向移动使${}^{c}f_x = {}^{c}f_y = 0$，同时在${}^{c}z$方向施加小的力$f_t$，保持圆棒与孔接触，圆棒绕${}^{c}x$和${}^{c}y$转动使${}^{c}n_x = {}^{c}n_y = 0$。由此，自然约束和人工约束表达式为

$$\text{自然约束}\begin{cases} {}^{c}v_x = 0 \\ {}^{c}v_y = 0 \\ {}^{c}v_z = 0 \\ {}^{c}\omega_x = 0 \\ {}^{c}\omega_y = 0 \\ {}^{c}n_z = 0 \end{cases} \qquad \text{人工约束}\begin{cases} {}^{c}f_x = 0 \\ {}^{c}f_y = 0 \\ {}^{c}f_z = f_t \\ {}^{c}n_x = 0 \\ {}^{c}n_y = 0 \\ {}^{c}n_z = 0 \end{cases} \tag{6.45}$$

图 6.14(c) 表示圆棒已经对准圆孔，并插入了一小段距离，检测出${}^{c}z$ 方向的速度超过了某一阈值，说明自然约束条件发生了变化，因此必须改变人工约束条件，即以 v_{in} 的速度把圆棒插入孔内。自然约束与人工约束表达式为

$$\text{自然约束}\begin{cases}{}^{c}v_x = 0\\ {}^{c}v_y = 0\\ {}^{c}f_z = 0\\ {}^{c}\omega_x = 0\\ {}^{c}\omega_y = 0\\ {}^{c}n_z = 0\end{cases}\qquad \text{人工约束}\begin{cases}{}^{c}f_x = 0\\ {}^{c}f_y = 0\\ {}^{c}v_z = v_{\text{in}}\\ {}^{c}n_x = 0\\ {}^{c}n_y = 0\\ {}^{c}\omega_z = 0\end{cases} \tag{6.46}$$

最后，当${}^{c}Z$ 向的力增加到超过某个阈值时，就认为达到了图 6.14(c) 所示的状态。

上例说明，自然约束条件的变化是依据实际检测到的信息来确认的，而这些被检测的信息多数是不受控制的位置或力的变化量。例如，圆棒从接近到接触，被控制量是位置，而用来确认是否达到接触状态的被检测量是不受控制的力。

由机器人完成装配任务，装配策略的拟定是相当复杂的，上例的研究讨论作了简化。

6.3.3 力的控制

1. 一般原理

我们把最简单的机械系统的轨迹控制，简化为一个单自由度的质量控制问题。然后，把具有几个自由度的机器人的控制问题等效为几个独立物体的控制问题。用类似的方法，我们把手爪(或工具) 与环境相接触的力控制问题，简化为一个质量 - 弹簧的力控制问题。

当与环境有接触力时，我们建立一个被控物体和环境相互作用的简单模型，如图 6.15 所示。假设系统是刚性的，质量为 m，用弹簧模型表示被控物体和环境之间的作用，而环境的刚度为 k_e。

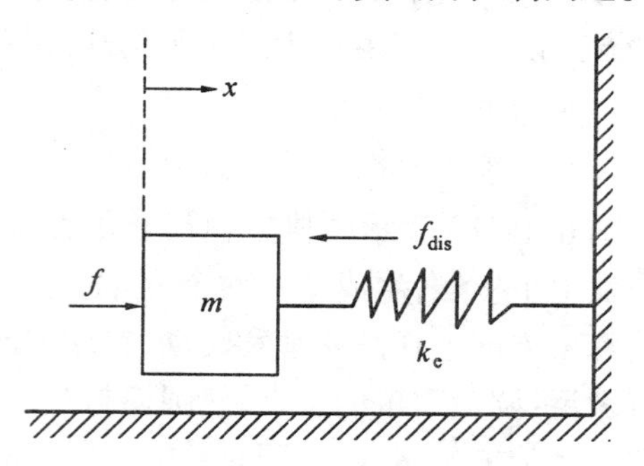

图 6.15 质量 - 弹簧系统

现在讨论图 6.15 中质量与弹簧相连系统的力控制问题。我们用 f_{dis} 表示未知的干扰力，它可能是摩擦力或是机械传动的阻力。作用在弹簧上的力，也就是期望作用在环境上的控制变量，用 f_e 表示

$$f_e = k_e x \tag{6.47}$$

描述这个物理系统的方程为

$$f = m\ddot{x} + k_e x = f_{\text{dis}} \tag{6.48}$$

如果用作用在环境上的控制变量 f_e 替换，则有

$$f = mk_e^{-1}\ddot{f}_e + f_e + f_{\text{dis}} \tag{6.49}$$

利用控制规则分解方法，选定

$$\begin{cases}\alpha = mk_e^{-1} \\ \beta = f_e + f_{dis}\end{cases} \tag{6.50}$$

得到伺服规则

$$f = mk_e^{-1}[\ddot{f}_d + k_{vf}\dot{e}_f + k_{pf}e_f] + f_e + f_{dis} \tag{6.51}$$

其中，$e_f = f_d - f_e$，是期望力 f_d 与在环境中检测出的力 f_e 之间的误差。如果能计算式(6.51)，就会有闭环系统

$$\ddot{e}_f + k_{vf}\dot{e}_f + k_{pf}e_f = 0 \tag{6.52}$$

但是，由于 f_{dis} 是未知的，因而伺服规则方程(6.51) 不可解。当然，我们可以在伺服规则表达式中去掉这一项，得到伺服规则

$$f = mk_e^{-1}[\ddot{f}_d + k_{vf}\dot{e}_f + k_{pf}e_f] + f_e \tag{6.53}$$

稳态误差分析表明，还有更好的解决办法，特别是当环境的刚度 k_e 很高(一般如此)的时候，我们可以把方程(6.51) 中的 $f_e + f_{dis}$ 用 f_d 替代，这样做既实用又可使稳态误差减小，伺服规则变为

$$f = mk_e^{-1}[\ddot{f}_d + k_{vf}\dot{e}_f + k_{pf}e_f] + f_d \tag{6.54}$$

2. 稳态误差

下面我们讨论方程(6.53) 和方程(6.54) 两种情况下的稳态误差。

考虑舍去 f_{dis} 这一项，令方程(6.49) 与方程(6.53) 相等，且设在稳态情况下各阶导数项为零，得稳态误差

$$e_f = \frac{f_{dis}}{\lambda} \tag{6.55}$$

其中，$\lambda = mk_e^{-1}k_{pf}$，为有效的力反馈增益。

考虑用 f_d 替 $f_e + f_{dis}$，令方程(6.49) 和方程(6.54) 相等，则稳态误差为

$$e_f = \frac{f_{dis}}{1 + \lambda} \tag{6.56}$$

一般情况下环境是刚性的，λ 是比较小的正数。对比方程(6.55) 和(6.56) 可知，由方程(6.54) 表示的伺服规则产生的稳态误差小些。

3. 简化伺服规则

图 6.16 是利用方程(6.54) 的伺服规则画出的闭环系统原理框图。但在实际应用中并非如此。首先，接触力的轨迹通常都是控制为某一个常数值，而很少把它设置为任意取值的时间函数，因此控制系统中的导数项 $\dot{f}_d = \ddot{f}_d = 0$。另一个实际问题是检测出的力噪声很大，如果根据检测出的 f_d 用数值微分的方法求 f_d 会使系统的噪声增大。根据 $f_e = k_e x$，我们可以用测出的速度 $\dot{x}$ 计算环境力的导数 $\dot{f}_e = k_e\dot{x}$。这样做非常现实，因为检测机器人速度的技术是成熟的。考虑了这两方面的实际情况之后，可以把伺服规则写成

$$f = m[k_e^{-1}k_{pf}e_f - k_{vf}\dot{x}] + f_d \tag{6.57}$$

相应的方框图如图 6.17 所示。

从图 6.17 中可以看出，利用力的误差信号构成一个速度反馈的内回路，它的反馈增益是 k_{vf}。调整 k_{vf}，可以改变阻尼比，改善系统的动态性能。利用提供的反馈信号 f_e 和前馈

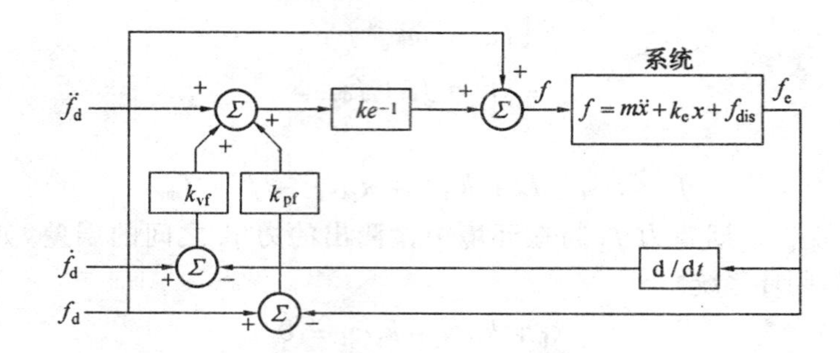

图 6.16 质量 - 弹簧力控制系统框图

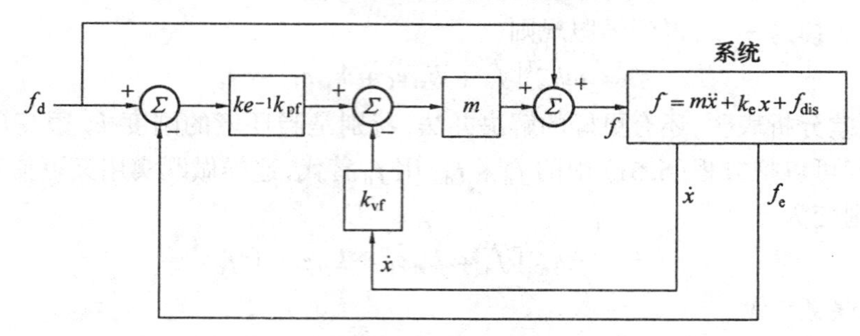

图 6.17 实际的“质量 - 弹簧”力控制系统

信号 f_d 可以减少系统误差。

还有一个重要问题需要说明，就是控制规则中的环境刚度 k_e，在实际系统中往往是未知的，并且可能是时变的。但是，由于装配机器人的处理对象常常是刚性部件，因此可以认为 k_e 相当大。在这种假设的前提条件下，在选择增益时，要考虑到在 k_e 变化的情况下系统能够正常地工作。

6.3.4 位置 / 力混合控制

1. 问题的提出

机器人的手爪与外界的接触有两种极端状态，一种状态是手爪在空间可以自由运动，即手爪与外界环境没有力的相互作用，如图 6.18(a) 所示，这时自然约束完全是关于接触力的约束，约束条件为 $F = 0$。也就是说，在手爪的任何方向上不能施加力，而在位置的 6 个自由度上可以运动。另一种状态是手爪固定不动，如图 6.18(b) 所示，这时手爪不能自由地改变位置，即对手爪的自然约束是 6 个位置约束，而在它的 6 个自由度上可以施加力和力矩。

上述两种极端状态，第一种情况属于位置控制问题，第二种情况在实际中很少出现，多数情况是一部分自由度受到位置约束。因此，有些自由度服从位置控制，另一些自由度服从于力控制。这样就需要采用一种位置 / 力混合控制的方式。

机器人的位置 / 力混合控制必须解决下述三个问题：

① 在有力自然约束的方向施加位置控制；

② 在有位置自然约束的方向施加力控制；

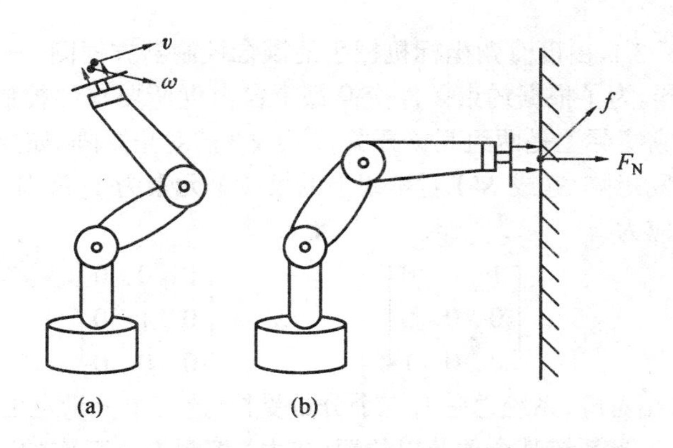

图6.18　手爪与外界接触的两种极端状态

③ 在任意约束坐标系{C}的正交自由度上施加位置与力的混合控制。

2.位置/力混合控制系统

这部分介绍一种控制系统的结构，用来实现位置/力混合控制方案。

(1) 以{C}为基准的直角坐标机械手臂

首先讨论如图6.19所示的情况，一个简单的三自由度机械手，各个关节都是移动关节，每个连杆的质量都为 m，连杆滑动时摩擦力为零。还假设关节轴线 x、y 和 z 方向完全与约束坐标系{C}的轴向一致；手爪与刚度为 k_e 的表面接触作用在 ${}^cy$ 方向上。所以，${}^cy$ 方向需要进行力控制，${}^cx$ 和 ${}^cz$ 方向需要进行位置控制。

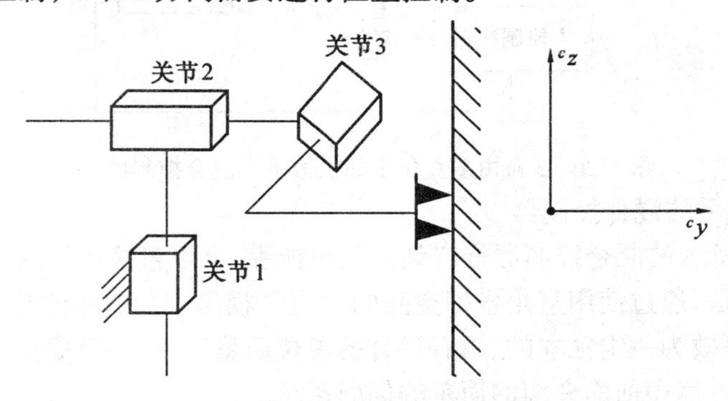

图6.19　三自由度机械手与环境表面接触

这种情况下，位置/力混合控制问题的解比较清楚。对关节1和3应该使用轨迹控制器，对关节2应该使用力控制器。于是我们可以在 ${}^cx$ 和 ${}^cz$ 方向设定位置轨迹，而在 ${}^cy$ 方向独立地设定力的轨迹(或许是一个常数)。

如果外界环境发生变化，对于机械手的某个自由度原来进行力控制可能要改为轨迹控制，原来进行轨迹控制可能要改为力控制。这样，对每个自由度要求既能进行轨迹控制，又能进行力控制。因此，对于一个3自由度机械手的控制器的结构，应使它可以用于3个自由度的全部位置控制，同时也可用于3个自由度的力控制。当然，对于同一个自由度一般不能同时进行位置和力两种控制方式工作，因而我们需要设置一种工作模式，用来指明每个自由度在给定的时刻究竟施加哪种控制方式。

图 6.20 画出了 3 自由度直角坐标机械手的混合控制器方框图。三个关节既有位置控制器,又有力控制器。为了根据约束条件变换每个自由度所要求的控制模式,图中引入了选择矩阵 S 和 S',它实际上是两组互锁开关,是 3×3 的对角矩阵。如要求第 i 个关节进行位置(或力)控制,则矩阵 S(或 S')对角线上的第 i 个元素为 1,否则为零。例如相应于图 6.20 中的 S 和 S' 应为

$$S=\begin{bmatrix}1&0&0\\0&0&0\\0&0&1\end{bmatrix}\qquad S'=\begin{bmatrix}0&0&0\\0&1&0\\0&0&0\end{bmatrix}\tag{6.58}$$

与选择矩阵 S 相对应,系统总是有三个分量受控,这三个分量是由位置轨迹和力轨迹任意组合而成。所以,当系统某个关节以位置(或力)控制方式工作的时候,则这个关节的力(或位置)的误差信息就被忽略掉。

图 6.20 所示的混合控制器,是针对关节与约束坐标系$\{C\}$完全一致的特定情况。下面我们将前述的方法推广到一般的机械手,使之适用于任意约束坐标系$\{C\}$。在理想情况下,机械手好像有一个与约束坐标系$\{C\}$中的每一个自由度都一致的驱动器。

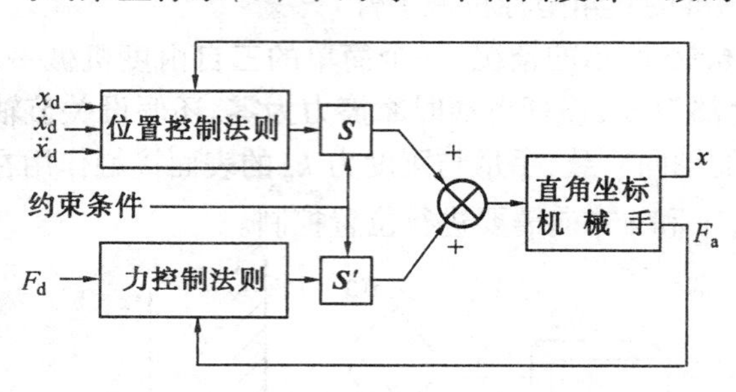

图 6.20　3 自由度直角坐标机械手的混合控制器

(2) 一般机械手的混合控制器

要把图 6.20 所示的混合控制器推广到一般机械手,可以直接使用基于直角坐标控制的概念。基本思想是,通过使用直角坐标空间的动力学模型,尽可能把实际机械手的组合系统和计算模型等效为一组独立的、没有耦合的单位质量系统,一旦完成了解耦和线性化的工作,我们就可以运用前面介绍的简单的伺服系统。

图 6.21 说明了基于直角坐标空间的机械手动力学的解耦形式,机械手看起来像一组没有耦合的单位质量系统,为了用于混合控制方案,直角坐标动力学的各项和雅可比矩阵都在约束坐标系$\{C\}$中描述,运动学方程也相对于$\{C\}$进行计算。

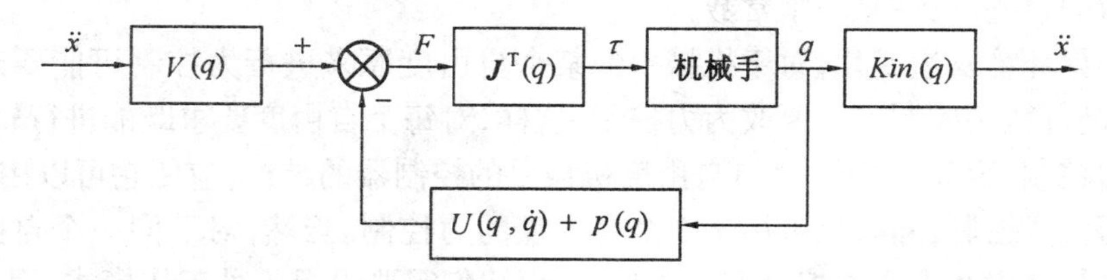

图 6.21　直角坐标解耦形式

由于前面已经为与$\{C\}$相一致的直角坐标机械手设计了混合控制器(图 6.20),而且

直角坐标解耦形式给我们提供了具有同样的输入输出特性的系统，现在只要把二者结合起来，就可生成一般的位置／力混合控制器。结果方框图如图 6.22 所示。

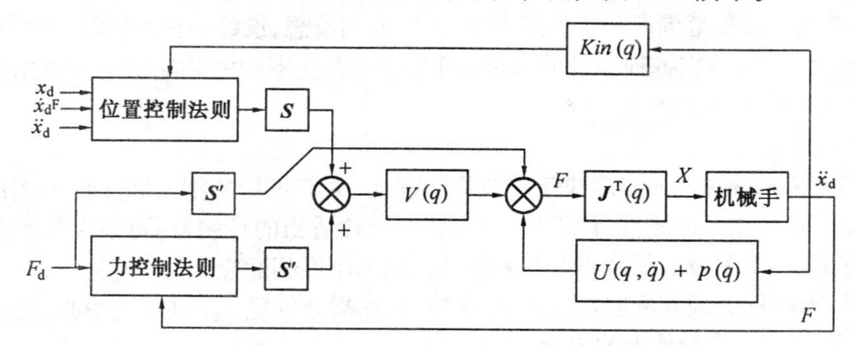

图 6.22　一般位置／力混合控制器(略去速度反馈回路)

应该注意到，图 6.22 中，动力学各项，雅可比都在约束坐标系{C}中描述；动力学方程以及检测到的力都要变换到{C}中，伺服误差也要在{C}中计算；当然，还要对 $\boldsymbol{S}$、$\boldsymbol{S}'$ 作适当的取值。

6.3.5　顺应控制和阻抗控制

1.顺应控制

所谓顺应(Compliance)是指机器人对外界环境变化适应的能力。机器人与外界环境接触时，即使环境发生了变化，如零件位置或尺寸的变化，机器人仍然与环境保持预定的接触力，这就是机器人的顺应能力，为此，要求对机器人施加顺应控制。顺应控制本质上是位置和力的混合控制。顺应控制有被动式和主动式两种。

(1) 被动顺应

我们知道，一个刚性非常大的机器人，同时配置一个刚性很强的伺服装置，对于完成与环境有接触力的任务是不合适的，这时零件常常被卡住或损坏，例如装配任务就是这种情况。为了解决这个问题，设计一种称做 RCC 的特殊机构(参见图 6.23)就是其中的一种。RCC 机构本质上等价于一个 6 自由度的弹簧，插装在手爪与手腕之间，调节 6 个弹簧的弹性，可以得到不同大小的柔性。根据不同的装配任务，选择适当的刚度，可以保证平滑、迅速地完成装配任务。设计 RCC 机构要求在某一确定点(顺应中心)使它的刚度矩阵为对角矩阵。即在此点作用一个横向力，则只产生相应的横向位移，而不产生转动；反之，若在此点上作用一个扭矩，则只产生相应的转动，而不会伴随有移动。图 6.23 所示装置是由移动部分和转动部分组成的，移动部分是平行四边形结构；转动部分是梯形结构。当受到力或力矩作用时，RCC 机构发生偏移变形和旋转变形，可以吸收线性误差和角度误差，因此可以顺利地完成装配任务。选择约束坐标系时，自然应

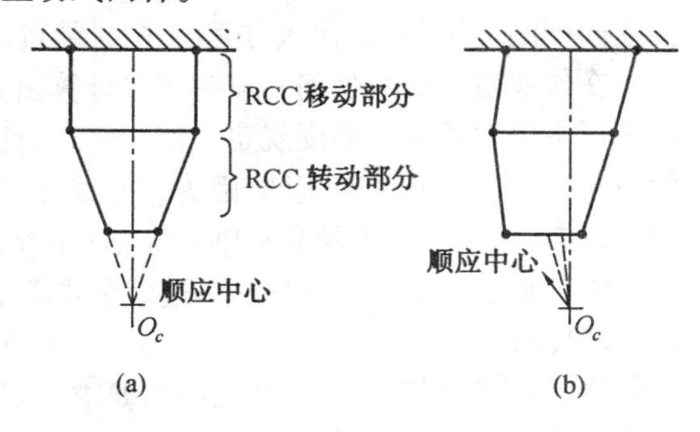

图 6.23　RCC 装置平面示意图

以顺应中心作为原点 O_c。

被动顺应控制是由一定的机械装置产生的。用于装配任务的 RCC 装置响应快、价格便宜。但是它的使用范围有一定的局限性。由此我们设想，设计一种控制器，使它能够调整末端件的刚度，以适应各种零件的装配。同时也可以在不同的装配状态调整末端件的刚度，这就是所谓主动顺应。

(2) 主动顺应

我们知道末端件的刚度取决于关节伺服刚度、关节机构的刚度和连杆的刚度。因此，可以根据末端件预期的刚度，计算出关节刚度。设计适当的控制器，可以调整关节伺服系统的位置增益，使关节的伺服刚度与末端件预期的刚度相适应。

假设，末端件的预期刚度矩阵用 $\boldsymbol{k}_p$ 来描述，在指令位置 x_d 处（顺应中心）形成微小的位移 δx，则作用在末端件上的力为

$$F = \boldsymbol{k}_p \delta x \tag{6.59}$$

式中，$\boldsymbol{F}$、$\boldsymbol{k}_p$ 和 δx 都是在作业空间描述的，$\boldsymbol{k}_p$ 为 6×6 的对角阵，对角线上的元素依次为三个线性刚度和三个扭转刚度，沿力控方向取小值，沿位置控制方向取大值，末端件上的力表现为关节上的力矩，即

$$\tau = \boldsymbol{J}^T(q)F \tag{6.60}$$

根据机械手臂的雅可比矩阵的定义，有

$$\delta x = J(q)\delta q \tag{6.61}$$

由方程(6.59)、(6.60) 和(6.61) 可以写出

$$\tau = \boldsymbol{J}^T(q)\boldsymbol{k}_p\boldsymbol{J}(q)\delta q = \boldsymbol{k}_q\delta q \tag{6.62}$$

令 $\boldsymbol{k}_q = \boldsymbol{J}^T(q)\boldsymbol{k}_p\boldsymbol{J}(q)$，称为关节刚度矩阵，它将方程(6.59) 中在作业空间表示的刚度变换为以关节力矩和关节位移表示的关节空间的刚度。也就是说，只要是期望手爪在作业空间的刚度矩阵 $\boldsymbol{k}_p$ 代入方程(6.62)，就可以得到相应的关节力矩，实现顺应控制。

在作业空间中的任何一点都可以计算出方程(6.61)、(6.62) 中的雅可比矩阵，因此我们不仅可以对预期的刚度规定正交方向，而且可以非常灵活地规定顺应中心的位置。这个能力在装配中是非常有用的，因为它允许任意移动顺应中心（约束坐标系的原点）、规定主刚度方向（约束坐标系的坐标轴）和按不同情况确定预期的刚度。

关节刚度 k_q 不是对角矩阵，这就意味着 i 关节的驱动力矩 τ_i，不仅取决于 $\delta_{qi}(i = 1, 2, \cdots, 6)$，而且与 $\delta_{qj}(j \neq i)$ 有关。另一方面雅可比矩阵是位置的函数，因此关节力矩引起的位移，可能使刚度发生变化。这样，要求机器人的控制器应改变方程(6.59) 和(6.62) 中的参数，以产生相应的关节力矩。此外，手臂奇异时，k_q 退化，在某些方向上主动刚度控制是不可能的。

2. 阻抗控制

机械阻抗是机械刚度的推广。任一自由度上的机械阻抗是该自由度上的动态力增量和由它引起的动态位移增量之比。机械阻抗是个非线性动态系数，表征了机械动力学系统在任一自由度上的动刚度。阻抗控制讨论的是控制力和位置之间的动力学关系，而不是讨论直接控制力和位置的关系。根据关节变量 q 的运动误差计算关节力矩，阻抗控制规则有

$$\tau = \boldsymbol{J}^T(q)\boldsymbol{k}_x J(q)(q_d - q) + k_v(\dot{q} - q) \tag{6.63}$$

根据操作空间的运动误差计算关节力矩,控制规则是

$$\tau = \boldsymbol{J}^{\mathrm{T}}(q)[\boldsymbol{k}_{\mathrm{x}}(x_{\mathrm{d}} - x) + k_{\mathrm{d}}(\dot{x}_{\mathrm{d}} - \dot{x})] \tag{6.64}$$

式中,$\boldsymbol{J}$ 是手臂的雅可比矩阵;$\boldsymbol{k}_{\mathrm{x}}$ 和 $\boldsymbol{k}_{\mathrm{d}}$ 可看做是希望控制的刚度和阻尼,它是由环境形成的。从式(6.64) 可以看出阻抗控制是位置控制基本原理的扩大。注意,在手臂的奇异状态变为不可控。

6.4 示教－再现控制方式

示教－再现型机器人的控制可分为三步:①示教;②存储;③再现。使机器人记忆规定的动作称为示教;在必要的期限内保存示教的信息称为存储;读出所存储的信息,向执行机构发出具体的指令称为再现。

1.在线示教方式

(1) 人工引导示教方式

人工引导示教方式是最简单的示教方法。由有经验的操作人员移动机器人的末端执行器,计算机记忆各自由度的运动过程,即自动采集示教参数。对直线可采集两点,对圆弧采集三点,然后根据这些参数进行插补计算。再现时,按插补计算出的每一步位置信息控制执行机构。对于不规则的运动路径,则要采集大量数据以备利用。在机器人发展初期,这种方法用得较多,优点是对控制系统的要求比较简单,缺点是精度受操作者的技能限制。

(2) 模拟装置示教

对于功率较大的液压传动机器人或高减速比的电气传动机器人等,靠体力直接引导极为困难。用特别的人工模拟装置可以减轻体力劳动,使操作方便。

(3) 示教盒示教

为了使操作人员能在自己认为方便的地方示教,在控制台上输入控制命令是不合适的,应当设置示教盒。示教盒是一个带有微处理器的、可随意移动的小键盘,内部 ROM 中固化有键盘扫描和分析程序。

示教盒功能键的设置,随机器人功能不同,其形式也各不相同,但基本上应具有如下几种工作方式:

① 回零。使机器人各关节回零。

② 示教方式。通过示教键把机器人末端移到特定点上,按记忆键可记忆示教点的坐标。记忆方式可用磁带、磁盘。还应当有拷贝、单步读等功能。

③ 自动方式。在这种方式下,可控制机器人按程序自动进行工作。采样、插补计算、检测反馈量等都是实时进行的。

④ 参数方式。可设置各种作业条件参数。

在示教盒上要配备数字键;插入、删除等编辑键;单步、启动、停止等命令键;屏幕转换、紧急停车等功能键。

以上三种示教方式都是已经被广泛应用于生产实际的在线示教,随着机器人应用范围的扩大,又出现了在线示教难以解决的问题:对于比较复杂的形状加工,例如弧焊机器

人焊接复杂曲面的相贯线焊缝，喷漆机器人喷涂复杂曲面等，要想提高加工精度和质量，示教工作量就必须加大。在柔性加工系统中，加工小批量产品时，示教花费的时间比例过大，影响机器人的生产效率。为此，有人提出了离线示教，这种示教主要有以下两种方式。

2. 离线示教方式

(1) 解析示教

将计算机辅助设计的数据直接用于示教，并利用传感器技术对给定数据进行修正。这种方法要求建立准确的数学模型和相应的软件，对传感器的精度要求很高。

(2) 任务示教

只给定对象物体的位置、形状和要求达到的目的，不具体规定机器人的路径，机器人可以自行综合地处理路径问题。到目前为止，实用价值较大的系统还没有应运而生，但它是一个困难而又有前途的研究方向。

6.5 主从操作

6.5.1 引言

从世界上出现第一台用于处理放射性材料的主从机械手(master-slave manipulator)算起，主从式机器人的发展已有40年的历史，主从操作系统(master-Slave operation system)可以广泛用于核工业、化学工业等对人体有害的工作环境，还可用来从事救火、抢险、公安以及军事等方面的危险工作，在空间技术、海洋开发等领域它更担负着十分重要的作用。

40年来，主从式机器人(master-Slave Robot)的发展经历了从机械联动、电气联动、电液伺服的主从操作到计算机辅助远程操作(teleoperation)的过程。现今正向着操作员监控操作以及更高级的智能化方向发展。监控方式的主从式机器人在控制结构方面比远程操作和自治式机器人有其显著的优点。它是主从式机器人发展史上一个标志，是机器人智能化的一个方便的阶梯。

6.5.2 主从式机器人发展概况

主从式机器人是一种可在对人有害或人不能接近的环境里，代替人去完成一定任务的远距离操作装置，而正是这种应用环境的特殊性推动了主从式机器人的发展，特别是具有感知能力的主从式机器人受到极大重视。1958年，美国人工智能学者Shanonn和Minsry提出在计算机上安装手的想法，1961年MIT林肯实验室的H.A.Ernst把AMF公司的处理放射线物质的机械手和MIT的TX-0计算机连接起来，研制出具有感知的，由计算机控制的MH-1型智能操作器，同时MIT的L.G.Rodrts开展了给计算机装上“眼”的研究，但是由于人工智能本身进展还仅能部分解决可以用语言表达的人类知识及技能，而大量人的工作是建立在人类凭直感获取的经验与技巧，人工智能本身还未有有效的办法来处理这类问题，目前以及今后相当长的一段时期内，还无法用智能机器人独立去完成，特别是那些操作过程难以预知的工作，或对偶发事件的处理，需要借助于人的智能才能完成，这就形成对主从操作系统的需要。针对具体的操作任务,工业机器人更为有效,但主从系统具有对任务的适应性。主从系统广泛应用在太空站上,换上相应的工具可以分别完成搬运、装配、配割、焊接、维修等任务,有些环境虽然在防护措施下人可以进入,但费用昂贵,危险性也很大。随着遥控操作技术的发展,那些还必须由人去冒险完成的工作将越来越多地以遥控方式完成,我们可以将其看做是人类活动范围的拓宽。

目前,对于主从式机器人,大量应用的控制方式主要是属第一代控制方式,即距离开关控制式主从控制,每一个动作都是由人发出指令,然后机器人按人的命令操作。一般说来,当作用距离很远时,人操作只能根据显示屏进行。实用中有两类问题,一是作业效率极低,二是信号传输困难并存在延时。为此,在实用中要求发展基于传感器的监控机器人,即把操纵者推到监控一级,执行级由机器人独立完成,称之为第二代遥控式主从机器人。第三代主从式机器人希望加上规划级,机器人有一定的问题求解能力,能独立地完成比较高级的作业,即自治式遥控机器人。

由于在核能、深水、太空等恶劣环境下人无法进行工作,而全自主式机器人由于受到机构、控制、人工智能,特别是传感技术的影响,短期内难以实现目标,所以,大力发展具有临场感(telepresence)技术的主从式机器人具有极大的现实意义。由于有人的参与,对主从式机器人系统的自动化和智能化要求大为降低,从而可以胜任目前难以自动控制的作业,也具有可以通过合理的人机分工,达到大大简化系统和降低系统造价的实用特征。

综上所述,使用主从式机器人的主要目的有两个,一是为了保护操纵者的健康安全,二是拓展人的操作能力,帮助人完成那些不能直接完成的任务。主从式机器人这两个使用目的是其发展的真正动力。然而,在我国关于主从式机器人系统临场感技术的研究还很缺乏,虽然在核能开发领域也装备一些主从机械手从事设备维护和维修工作,但大多是引进国外早期从事单一作业的主从机械手,缺乏应付多项作业所需的较通用的主从式机器人。而对于其他领域中主从式机器人临场感技术的研究和应用仍是空白。随着我国空间技术、大容量核电站和海底采矿事业的发展,对这种能进行遥控操作的主从式机器人的需求将更加迫切。故而,探索了解该领域中的基本技术问题,作为进一步研制主从式机器人系统,研究临场感技术,扩大机器人的作业能力是十分必要的。

6.5.3 临场感技术

20世纪80年代对智能机器人的研究表明,实现全自主式智能机器人是短期内难以达到的目标,许多机器人学研究者认为,目前的研究重点应从全自主式转向交互技术(尤其是在非确定性环境下作业的机器人),这样更具有现实意义。

交互技术包括机器人与人的交互和机器人与环境的交互,前者的意义在于可由人去实现机器人在非确定性环境中难以做到的规划和决策,而机器人则可在人所不能到达的恶劣环境(深海、高温、辐射、毒害、空间等)下进行作业。机器人与环境的交互是机器人对环境的感知问题,没有有效的感知,也不可能发挥人在交互系统中的作用,不能作出正确的决策,就不能达到主从操作的目的。临场感技术的概念如图6.24所示。

“临场感”是80年代随主从操作系统的需要而提出的,它是与交互技术密切相关的新概念。在日本称“Tele - existence”,在美国称“Telepresence”。

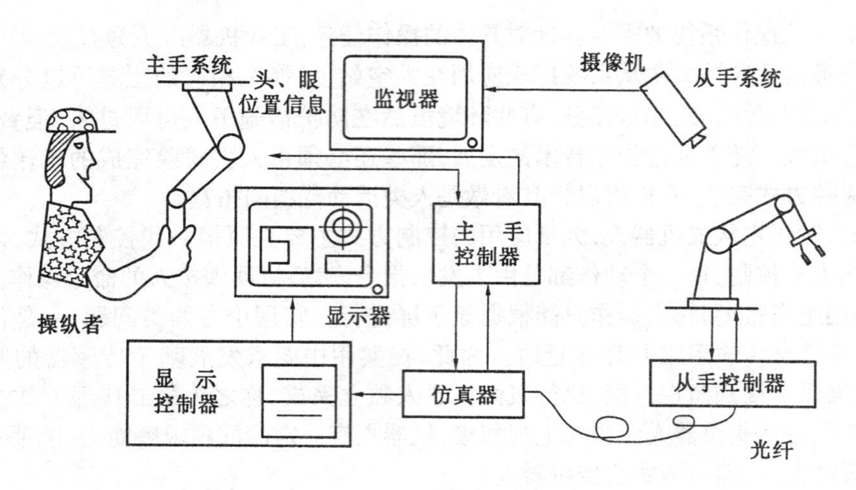

图 6.24 临场感概念示意图

人们早已有这样的梦想:身临其境,并可自然地在此处感受到彼处所发生的一切,并且实现对肌力的放大,可完成力所不及的事情,这大概是对临场感概念最通俗的描述。1984 年,日本 Tachi 指出,"tele-existence"的目的是通过向操纵者提供实时的现场感觉,熟练有效地操纵主从系统,使操纵者具有身临类人形机器人所处环境的各种感觉,能灵巧地执行操纵任务。

美国 Sherident 认为"Telepresence"是这样一种概念,来自遥控操作器的传感器信息(定性和定量的)使操纵者像处于遥控操作器实际上能感觉到的那样环境。虽然各国从不同角度提出临场感的概念,但其基本点却是相同的,即由远处的机器人或操作器感知环境,再实时地传递给不在工作现场的操纵者。

日本 Tachi 提出临场感概念的人机交互示意图如 6.25 所示,并由所构建的实验系统进行验证。提出临场感系统的最终形式将由以下几部分组成:智能机器人及其监控系统、"遥在"(remote-presence)子系统和增强传感器子系统(使操纵者可利用机器人的超声、红外及其他传感信息,以及计算机生成真实的现场感觉)。"遥在"子系统必须实现对视、听、触、动、力觉等的真实显示。

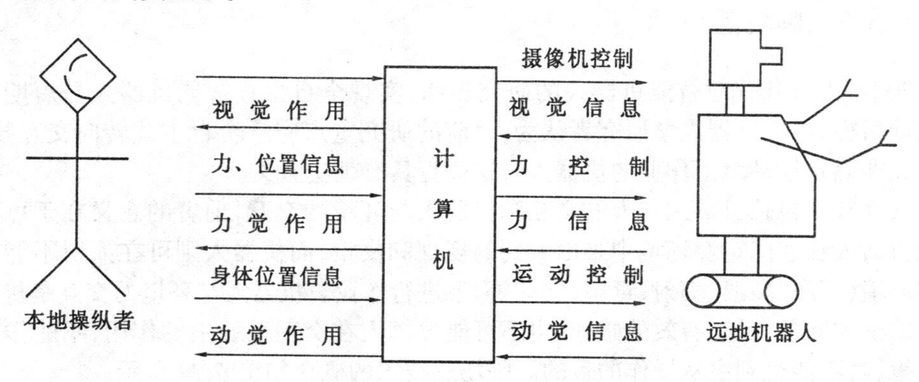

图 6.25 人机交互示意图

临场感包括视觉临场感、听觉临场感、触觉临场感、滑觉临场感和力觉临场感。力觉临场感是视觉临场感的重要补充。临场感是由计算机和操纵者共同实现的,尽管人类力觉感知的精确模型和理论尚未很好建立,但已经知道人类的力觉感知是一主动过程。人们可以充分利用皮肤、肌肉及关节内的感官感受力和力矩,同时通过肌肉、关节内的感受器感受位移产生动觉,人在和环境接触引发力的作用的过程中,大脑记录下手臂、手指的空间轨迹,同时记录下来自肌肉及关节的力觉,然后通过日常生活中的先验知识,直觉地完成对目标的识别以及产生下一步对外界的作用力。正如 Lederman 和 Klatzky 在 1986 年指出的那样,人类的感知系统实际上由两个子系统组成:传感器子系统(sensory system)和驱动子系统(motor system),并且传感器系统是装在驱动系统上,从而构成主动感知的结构,即 sensor-motor 系统。正是这种 sensor-motor 系统实现了力感觉和动觉的结合,实现对目标多种信息的感知。

通过上述说明可知,力觉临场感的信息融合由计算机和人脑共同完成,且人的力觉感知在主动方式下才能完成对目标多信息的感知。因此,为了实现对远地环境信息的临场感,采用如下信息融合策略:将主、从手双边的力和位移传感器信息按照一定融合算法计算之后,一方面控制从手的位移和出力,使得主手和从手保持位移和运动上的一致;另一方面控制主手对人手的作用力,使得它等于外界环境对从手的作用力。即人手通过操纵主手直接获得运动觉,而人手的力觉则是由从手受力反馈到主手而获得的。

6.5.4 主从式机器人双向力反应伺服系统

双向力反应伺服系统是伺服型主从式机器人的核心,一般说来,主从伺服系统的每个基本运动都是由手臂的运动部件、手臂机械传动装置和双向力反应系统(简称伺服系统)三部分组成,其基本结构如图 6.26 所示。

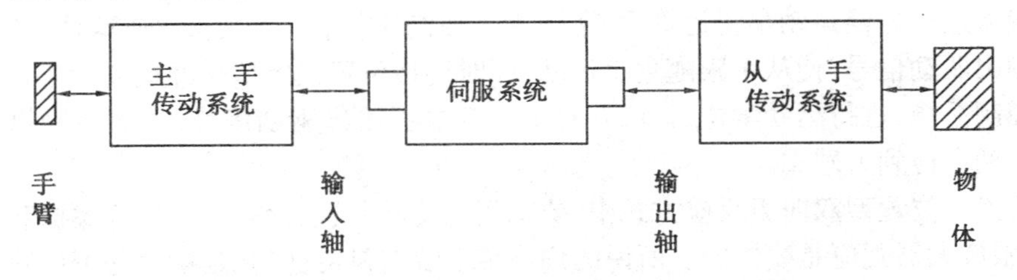

图 6.26 主从伺服系统某个运动的基本结构概念

尽管各种伺服型主从式机器人所用的伺服系统不尽相同,但是它们均由主动手臂传动系统、从动手臂伺服传动装置和伺服放大器三个基本部分组成。为了满足高性能通用伺服型主从系统的要求,主动臂和从动臂的机械传动装置最好是可逆的(即可双向驱动)、低摩擦和低惯性的。而其伺服系统则应满足下述八点基本要求:

① 输入端和输出端是机械运动,因而伺服系统的输入量和输出量均为机械量;

② 输出运动按比例关系或某种函数关系跟随输入运动;

③ 输出端静态和动态的输出力(它与负载力成比例)按比例关系或某种函数关系(如对数或指数)反过来反映到输入端上,即具有力反应特性;

④ 伺服系统是双向的,即输入端也能反过来跟随输出端的运动,并对输出端作出力反应;

⑤ 整个系统对于从零到无穷大的所有负载应稳定，并有一定的稳定储备，在整个负载范围内，系统的阻尼系数 $\xi \geqslant 1$；

⑥ 反映到输入端及输出端的摩擦和惯性效应必须很低；

⑦ 输出端与工作对象（静止或运动的）的接触力必须适当，接触力的大小仅为其最大力的一小部分，以保证操纵系统有足够高的灵敏度，这个要求称为接触条件，当操纵易碎物体时这一点尤为重要。

⑧ 主从系统应有事故保护措施，以保护操纵者人身安全。主从系统双向力反应控制形式有三种典型类型：位置－位置型、力－位置型、力反馈－位置型。

1.位置－位置型

位置－位置型主从式机器人双向力反应控制结构是一种对称系统，如图 6.27 所示。

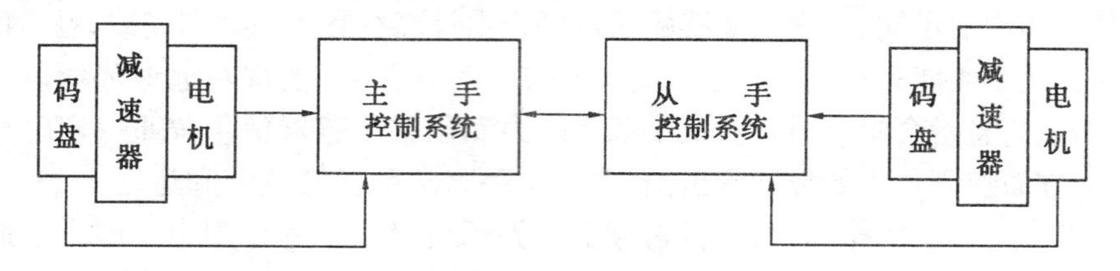

图 6.27 位置－位置型主从式机器人双向力反应控制结构

当主手在操纵者控制下产生动作后，由光电码盘检测出各个关节角，并传送至主手计算机控制系统，在该系统进行运动学正运算，计算出主手末端（手柄）的空间点坐标；然后传送给从手计算机系统进行运动学逆运算，将该空间点坐标转换为针对从手的各关节角，并与从手光电码盘传送至从手控制系统的各关节角进行比较，得到位置误差信号，一方面从手控制系统根据误差信号对其各电机输出相应驱动信号，使从手跟随主手运动；另一方面将位置误差信号经运动学正运算后，送回主手控制系统，进行运动学逆运算，并对主手各电机输出驱动信号，使从手跟随主手运动；同时还将位置误差信号经运动学正运算后送回主手控制系统，进行运动学逆运算，并对主手各电机输出驱动信号，从而使操纵者在主手控制手柄上得到力感觉。

在位置－位置型双向力反应方式中，要求伺服传动装置必须是可逆、低摩擦和低惯性的，而伺服放大器则应是线性的。所说的伺服传动装置是可逆的，是指它是可以双向驱动的，即驱动元件可以带动减速器的输出（入）轴转动，输出（入）轴也可以反过来带动驱动元件运动。假如伺服传动装置没有可逆性（即双向驱动性），则这种控制系统失去了双向力反应特性。实际上，完全理想的可逆传动装置是不存在的，因为任何传动装置中不可避免地要存在摩擦和惯性，而它们对于传动装置（减速器）的可逆性有妨障的作用。所以，在伺服传动装置中应选用摩擦和惯性较小的高效率减速器。

特别值得注意的是，主从系统两端的所有摩擦和惯性最终都要反映到输入端，即完全反映到操纵者的手上。当主从系统工作时，输入端反向驱动一个减速装置，即用低速轴带动高速轴转动。这时，主手传动装置中的摩擦力反映到输入轴上时要乘以减速器传动比的倍数，而高速轴上所有运动部件的转动惯量反映到输入端上时则要乘以传动比的二次方。而从手传动装置中的摩擦和惯性反映到输入端上时要乘以主、从力比的倍数（力比 1:0.5时乘以 2，力比 1:3 时乘以 1/3）。反之，主手部分的摩擦力和惯性力反映到输出端上起着额外附加负载力的作用，当主、从之间采用较大的升力比时，这一点尤为显著。

位置－位置型力反应主从系统是双向可逆驱动的。它的系统结构简单、工作稳定。但这种力反应完全依靠于主、从手的相对空间位置差，如主、从手相对空间位置一致，主手就无力反应，由于系统缺少力传感器，对从手的负载力没有较为准确的测定。因此，操作员在操作过程中缺少临场感。而且该系统的传动装置要求较高（主要是减速器），在设计中需要尽可能地减少从手传动机构的摩擦、惯性和减速器的减速比。迄今为止，绝大多数主从系统都采用这种位置反馈形式。

2.力－位置型

力－位置型主从式机器人双向力反应控制结构是一种非对称系统，如图6.28所示。

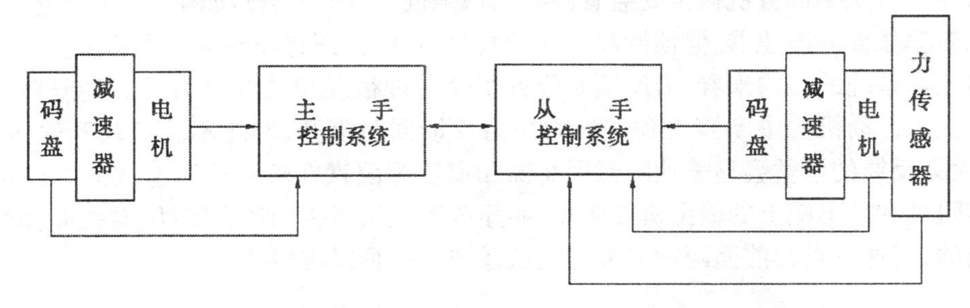

图6.28 力－位置型主从式机器人双向力反应控制结构

该系统在从手上安装了力传感器。系统的正向驱动（主手到从手）仍采用位置－位置型的位置误差信号，而反向控制（从手到主手）则是通过从手的力传感器将从手所受负载力经从手控制系统传送至主手控制系统。一般来讲，主从手采用异构形式，该负载力需在主手计算机控制系统进行解算，并合理选择主从手之间的力比，将其合理地分布在主手各活动关节上，通过驱动主手各个活动关节的电机，使操纵者借助主手感知从手的受力情况。

力－位置型双向力反应主从系统对主手传动机构的要求与位置－位置型相同，即必须是可逆的。而其从手传动机构却不一定是可逆和高效率的，因为主手部分不再靠位置误差信号，而是靠力矩（或力）信号驱动，故所加的负载力不一定要引起输出机构转动，只要使力传感器检测出负载力，就可在主手端形成力反应。所以，即使在从手传动装置中使用不可逆的减速器，伺服系统仍能照常工作。然而，为了满足接触条件，从手传动机构的惯性和时间常数应比较小，以便有较好的频率响应。

在力－位置型双向力反应主从系统中，由于在从手端采用了力传感器，使从手传动机构的摩擦力、惯性力不会反映到主手端，使主手的操作更具灵活性。但是这种类型的系统对力传感器的稳定性和灵敏度以及计算机系统的运算传输时间和精度都有较高的要求。

3.力反馈－位置型

力反馈－位置型主从式机器人双向力反应控制系统在主手与从手上都装有力传感器。从手控制系统仍采用位置误差信号来控制；而主手控制系统则是由比较主、从两个力传感器产生的信号差来控制的。它仍是一个双向力反馈系统，但由于主动与从动系统的控制信号不同，故也是一个非对称系统。如图6.29所示。

与前面两种类型相比，力反馈－位置型双向力反应系统中采用了力/力矩信号反馈，

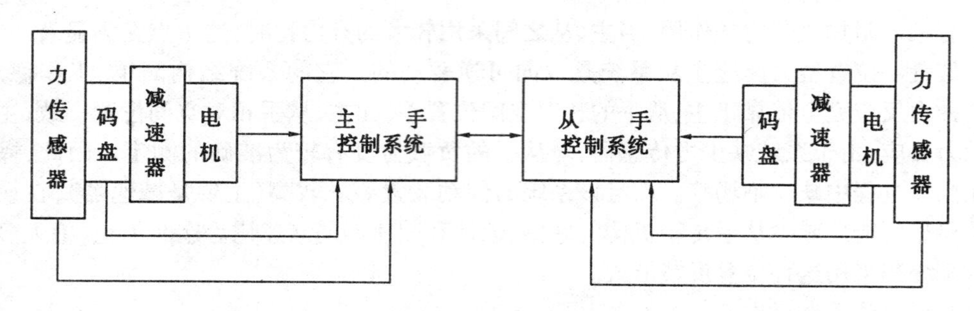

图 6.29 力反馈－位置型主从式机器人双向力反应控制结构

所以对主手和从手部分机械传动装置的要求都降低了,两个传动机构均不一定是可逆的,可选用效率较低的减速器,但惯性和时间常数要小,以保证有较好的频率响应。

由主从系统的结构来看,力反馈－位置型是一种很理想的双向力反应伺服系统。它可以把主从传动机构中摩擦力和惯性力用力反馈回路隔开,使之不能反映到输入端,而且,增大力反馈的增益会显著地降低因摩擦和惯性等因素在输入端所造成的有效空载输入机械阻抗和输出端上的输出机械阻抗,明显改善主从系统的动态特性,对提高操纵性能是有利的,而这一点在前面两种类型的主从系统中是难以实现的。

第7章 机器人传感器

7.1 概　　述

7.1.1 智能机器人及其传感器系统

典型的机器人由手臂和手组成,如第二章所述,手臂的机构是由转动和滑动关节以杆件相连接而构成的,这样就使机器人的手臂达到空间任意位置和姿态需要六个以上的自由度。机器人的手部用来抓取工件。图7.1说明了在抓取工件进行装配的局部自主作业过程中,智能机器人的运动和传感器系统所起的作用。

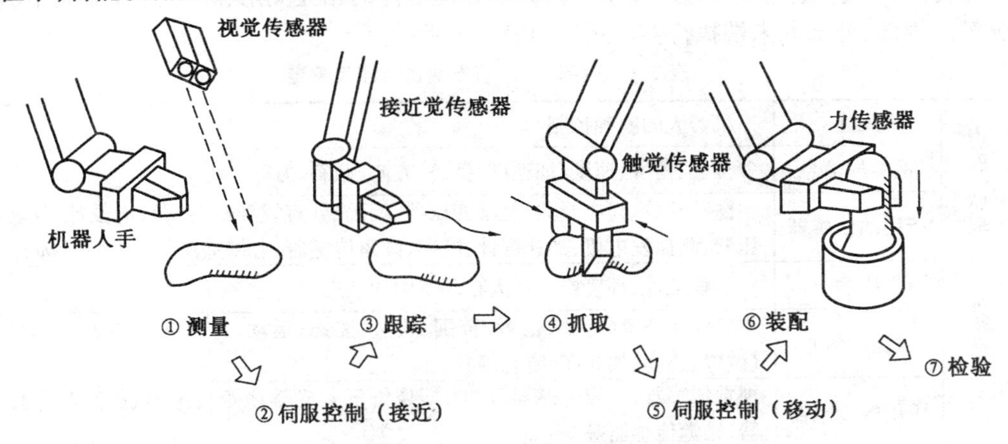

图7.1　机器人的运动和传感器系统的作用

① 机器人首先采用视觉传感器测量所要抓取工件的位置和姿态,用从传感器得到的信息建立环境模型和确定作业目标。

② 机器人在关节伺服机构的驱动下,用其内部传感器的信息控制自身的运动,使其运动到工件附近,这时采用的传感器用于检测关节的位置。为了改善运动性能,有时还需要检测关节的运动速度和加速度。

③ 机器人利用其手部的接近觉传感器,接近工件,并跟踪工件表面,确定抓取位置。

④ 机器人抓取工件是利用手部的触觉传感器控制夹持力,使工件从手上既不滑落又不至于被夹坏。

⑤ 利用内部的传感器信息,将机器人移动到另一工件处。

⑥ 机器人将工件装入另一工件内,并利用力传感器确认是否完成装配作业。

⑦ 机器人检验是否正常,确认无误后恢复初始状态。

由以上可以看出,要实现智能机器人,即赋予机器人智能决策和灵活动作的功能,就必须使机器人理解其工作环境和要处理的工件,并建立、修正和控制自己的运动及其相应的作业程序。传感系统对于采集环境、工件和机器人状态信息是必不可少的。机器人传感器系统与其他传感器系统不同,它不仅要有检测和测量状态信息的能力,而且它还要处理采集到的信息,并根据采集到的信息对外部采取行动,因此它应有很强的实时采集和处理信息的能力。如果获取的信息不够,传感器系统应主动地有意采集为达到目标所需的信息。

7.1.2 机器人传感器的分类与作用

机器人传感器按其采集信息的位置,一般分为内部传感器和外部传感器。为了便于分析传感器的作用,将用于机器人末端执行器的外部传感器单独分为一类,称为末端执行器传感器。内部传感器采集有关机器人内部的信息,一般包括位置、速度、驱动力和力矩等。外部传感器检测机器人所处环境、外部物体状态或机器人与外部物体的关系;末端执行器传感器用于检测机器人末端执行器和所处理工件的相互关系、障碍状态、相互作用情况等。内部、外部和末端执行器传感器如表 7.1 所示。

表 7.1 内部、外部和末端执行器传感器

内部传感器	用途	机器人的精确控制
	检测的信息	位置、角度、速度、加速度、姿态、方向、倾斜、力等
	所用的传感器	微动开关、光电开关、差动变压器、编码器(直线和旋转式)、电位计、旋转变压器、测速发电机、加速度计、陀螺、倾角传感器、力传感器(力和力矩)等
外部传感器	用途	了解工件、环境或机器人在环境中的状态
	检测的信息	工件和环境(形状、位置、范围、质量、姿态、运动、速度等)、机器人与环境(位置、速度、加速度、姿态等)
	所用的传感器	视觉传感器、图像传感器(CCD、摄像管等)、光学测距传感器、超声测距传感器、触觉传感器等
末端执行器传感器	用途	对工件的灵活、有效的操作
	检测的信息	非接触(间隔、位置、姿态等)、接触(接触、障碍检测、碰撞检测等)、触觉(接触觉、压觉、滑觉)、夹持力等
	所用的传感器	光学测距传感器、超声测距传感器、电容传感器、电磁感应传感器、限位传感器、压敏导电橡胶、弹性体加应变片等

传统的工业机器人仅采用内部传感器,用于对机器人运动、位置及姿态进行精确控制,其分类如图 7.2 所示。

使用外部传感器,使得机器人对外部环境具有一定程度的适应能力,从而表现出一定程度的智能。机器人外部传感器分类如图 7.3 所示。

机器人末端执行器传感器的分类如图 7.4 所示。

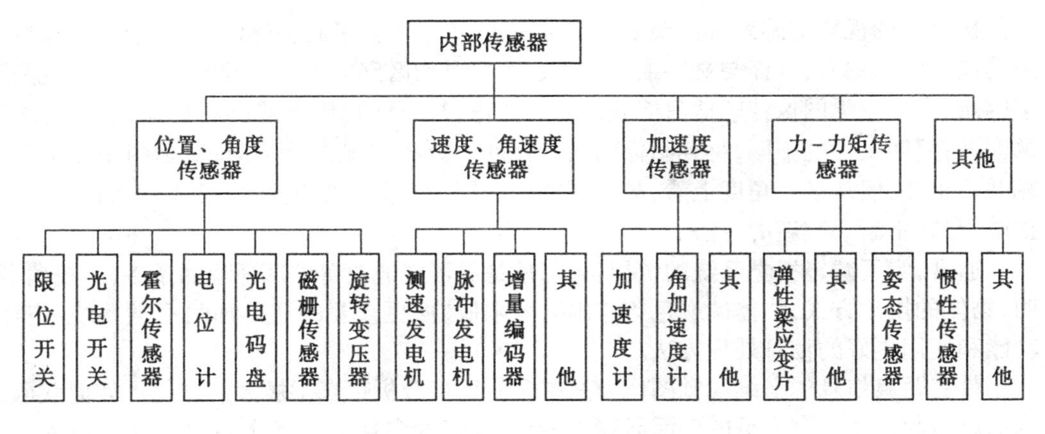

图 7.2 机器人内部传感器分类

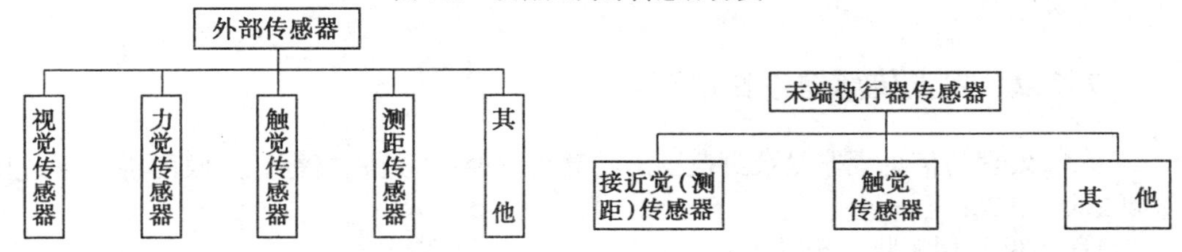

图 7.3 机器人外部传感器分类

图 7.4 机器人末端执行器传感器的分类

按其所检测信息的不同,机器人外部传感器和末端执行器传感器可以分为视觉传感器、力觉传感器、触觉传感器和测距传感器(包括接近觉传感器)等。本章下面各节将对以上四种传感器分别进行讨论。

7.2 视觉传感器

7.2.1 机器视觉系统概述

视觉器官是人体最重要的感觉器官,据统计,人从外界所获得的信息有 80%来自眼睛,因此在机器人研究的一开始,人们就希望能够给机器人装上“眼睛”,使它具有视觉功能。如果想要赋予机器人较高的智能,离开视觉系统是无法做到的。

从 20 世纪 60 年代开始,人们就开始着手研究机器视觉系统。一开始视觉系统只能识别平面上的类似积木的物体。到了 70 年代,已经可以识别某些加工部件,也能认识室内的桌子、电话等物品,当时研究工作进展很快,但却无法应用于实际,这是因为视觉系统的信息量极大,处理这些信息的硬件系统十分庞大,花费的时间也很长。随着大规模集成电路技术的发展,计算机的体积不断缩小,内存容量不断增大,而体积不断变小,价格也急剧下降,运行速度不断提高,视觉系统逐渐走向实用化。进入 80 年代后,由于微型计算机的飞速发展,使用的视觉系统已经进入各个领域,其中机器人视觉系统是机器视觉应用的一个重要领域。

机器人的视觉传感系统需要处理三维图像,不仅需要了解物体的大小和形状,还要知道物体之间的关系,因而与文字或图像识别有根本的区别。为了实现这一目标,要克服很多困难,由于视觉图像传感器只能获得二维图像,从不同角度上看同一物体,会得到不同的图像;照明条件的不同,得到图像的明暗程度与分布情况也会不同;实际的物体虽然互相并不重叠,但从某一角度上看,却得到重叠的图像。为了解决这些问题,人们采取很多措施,并在不断研究新的方法。

通常,为了减轻视觉系统的负担,人们总是尽可能地改善外部环境的条件,对视角、照明、物体的摆放方式、物体的颜色等作出某种限制,但更重要的还是加强视觉系统本身的功能和使用更好的信息处理方法。

带有距离信息的三维视觉图像为高层次的计算分析带来了极大的方便。如何获取三维信息引起众多研究人员的广泛研究,目前已有多种多样的技术手段用于获取视觉图像中的距离信息。

7.2.2 视觉传感器系统的硬件组成

人眼处理的信息无非是视野范围内的亮度、颜色以及距离等。人眼的视觉系统由下列几部分组成:

① 视网膜用于将呈现其上的图像转换成神经信号;

② 晶状体、睫状体等组成的光学系统用于调节焦距、瞳孔等;

③ 眼球周围的肌肉用于控制眼球的运动;

④ 从视网膜到大脑的神经系统用于视觉系统的信息处理。

为实现此功能的视觉传感系统的硬件,一般可以分为图像输入、图像处理、图像存储和图像输出,如图 7.5 所示。

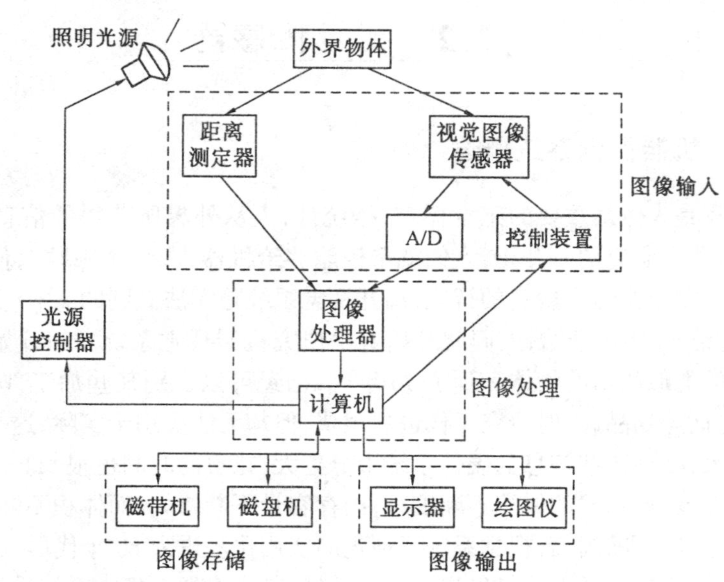

图 7.5 视觉传感器系统的硬件组成

1.视觉图像传感器

视觉图像传感器是将景物的光信号转换成电信号的器件，如光导摄像等电视摄像机。近年来开发了CCD(电荷耦合器件)和MOS(金属氧化物半导体器件)等固体视觉图像传感器。固体图像传感器，特别是CCD图像传感器，具有体积小、质量小、余晖小等优点，因此应用日趋广泛。目前已有将双CCD视觉传感器集成在灵巧手爪上的机器人系统。

由视觉传感器得到的电信号经过A/D转换器变成数字信号，称之为数字图像。一个画面由很多像素分若干行和列所组成，如256×256、512×512或者1 024×1 024个像素。像素的辉度可以用4位或8位二进制数来表示。

每个像素都含有距离信息的图像，称之为三维视觉图像。

2.控制装置和光源控制器

机器人的视觉系统直接把景物转化成图像输入信号，因此取景部分应当能根据具体的情况自动调节光圈的焦点，以便得到易处理的清晰图像，为此控制装置应能调节以下几个参数：

① 焦点能自动对准被观测的物体；

② 根据光线强弱自动调节光圈；

③ 自动转动摄像机，使被观测物体位于视野的中央。

光源控制器可用于调节方向和强度，使目标物体观测得更清楚。

3.计算机

由视觉图像传感器得到的图像信息要用计算机存储、处理和识别，根据各种目的输出处理后的结果。20世纪80年代以前，由于微型计算机的内存容量太小，价格也较高，因此往往另加一个图像存储器来储存图像数据。现在除了某些大规模视觉系统之外，一般都使用微型计算机或小型计算机，即使是微型计算机，也能够用内存来存储图像了。为了存储图像，可以使用磁带机、软盘或硬盘机。因此除了显示器上输出图形之外，还可以用打印机或绘图机来输出图形。至于A/D转换器，一般只需8位转换精度就足够了，只是由于像素数量大，要求转换速度要很快。

4.图像处理机

一般计算机都是串行运算的，要处理二维图像很费时间。在要求较高的场合，可以设置专用的图像处理机，以缩短计算时间。所谓图像处理机，实质上也是一种计算机，从其结构上说，可以分为并行、串并型等。图7.6给出一个图像处理机的例子。

在这个例子中，在画面的每一个像素的周围取一个窗口，为了消除光噪声，将窗口中的9个像素的灰度取平均值，其中心像素则取加权系数为2，这是一种简单的处理方法。然而即使是简单的处理方法，每个像素都要这样处理，其计算量也就可想而知了。一般的串行算法是，首先找到窗口上的每个像素的地址，然后如图中虚线所示，做多次加法、除法，计算结果送到图像输出内存中。显然这种算法花费的时间很长。图7.6所示的处理机设置了一套扫描机构和并行运算模块。扫描机构是高速查找窗口地址的硬件；并行运算模块是并行处理窗口数据的硬件。由于运算是并行的，因此数据处理的速度可以大大地加快。由于其他运算还是串行的，因此称这种机构为串并型或局部并型机构。

应当指出，图像处理只是对图像数据做一些简单、重复的预处理，数据进入计算机后，

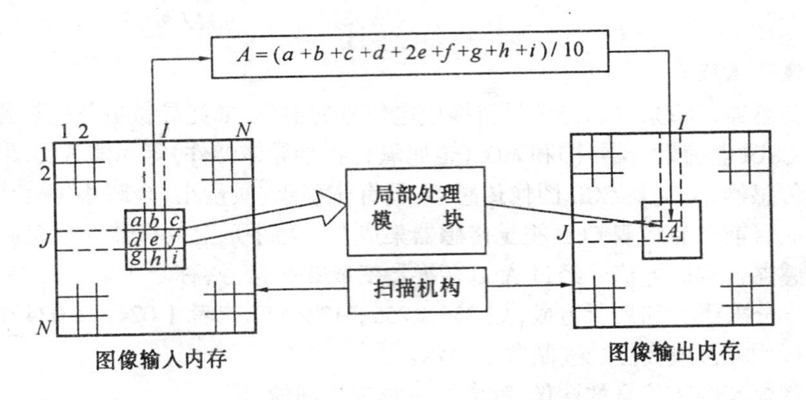

图 7.6 图像处理机举例

还要进行各种运算处理。目前已有各种商品化的图像卡,可直接插入微机的扩展槽中,实现图像处理功能。

7.2.3 数字图像处理方法

1.图像的输入

对于 CCD 摄像机,图像的输入是通过外加驱动脉冲,依次将各像元的耦合电荷移出,经放大和 A/D 转换,转换为 4~8 位的数字信息,并输入到图像处理机或计算机中。对于通用的工业电视摄像机,基准频率用 6 MHz,382 分频后形成 15.71 kHz 的水平同步信号,再经 262 分频后得到 59.95 Hz 的垂直同步信号,摄像机摄下的图像信号,按一定周期取样,同样变成 4~8 位的数字信息。

图像分成水平的行和垂直的列,对应于不同行和列的像素 $f(x,y)$ 分配不同的内存单元,$f(x,y)$ 表示水平 x 行和垂直 y 列上像素的信息。

2.图像校正处理

图像一般都包含噪声或失真。为除去它们以得到更逼真的图像,有各种校正处理方法。电视摄像机的白色图像噪声,可以用连续摄影的数幅图像作加法平均来减轻。如果图像的对比度有些偏差、反差不够,靠对比度变换处理能把图像扩展到适当的对比度范围,这种情况下,采用对数函数那样的非线性变换,能扩展到有意义的对比度范围,或者变更作为图像中位置函数的参数,用这个可变参数进行对比度变换处理,可以对图像的黑点进行校正。

对光学系统的失真可以用映射变换等方法将图像进行重构,这个变换可表示为

$$\begin{bmatrix} x \\ y \end{bmatrix} = \begin{bmatrix} a & b \\ a' & b' \end{bmatrix}\begin{bmatrix} X \\ Y \end{bmatrix} + \begin{bmatrix} c \\ c' \end{bmatrix} \tag{7.1}$$

对数字图像,逐个变换后的图像位置(x,y)与对该坐标计算变换前的坐标(X,Y),对它周围各点的图像浓淡值作插值的方法是一样的。除了这种插值需要的数个像素的存取以外,一般图像的校正处理是一个像素存取一个像素输出的形式。

3.滤波

把周围像素的情况加进去作处理,如前面列举的图像处理机那样,多个像素存取一个

像素输出的处理在图像处理中容易进行。滤波处理是指图像上某个空间的运算处理。数字图像的线性空间运算一般用图7.7所示的数值 $a_{11},\cdots,a_{mn}$ 的二维排列来表示,这时,对图像 $f(x,y)$ 作滤波后的图像 $g(x,y)$ 可表示为

$$g(x,y)=\sum_{j=1}^{n}\sum_{i=1}^{m}a_{ij}f(x+i-1,y+j-1) \quad (7.2)$$

这样的滤波处理能用于图像的噪声消除、平滑、信号的增强等,是图像处理的基本方法。如果强调对象物体的棱线、轮廓并作线条抽出,有如图7.8所示的两种方法。

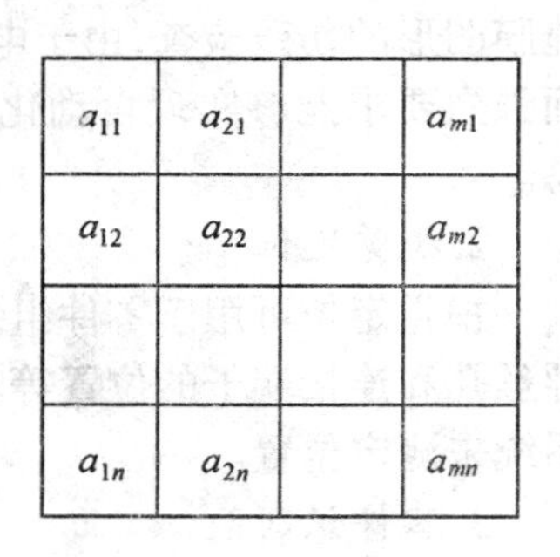

图7.7 线性滤波器

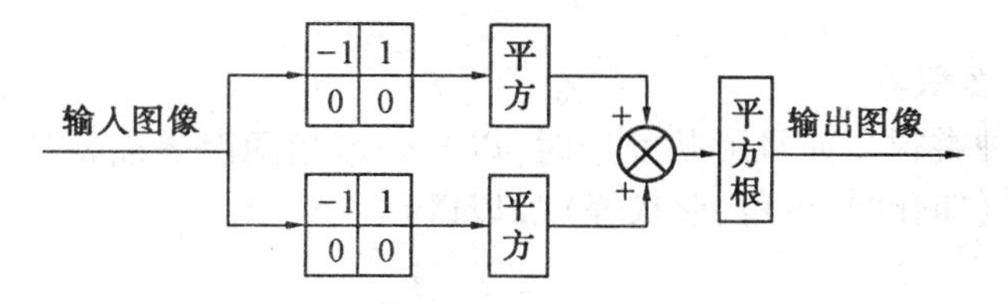

(a) 空间微分

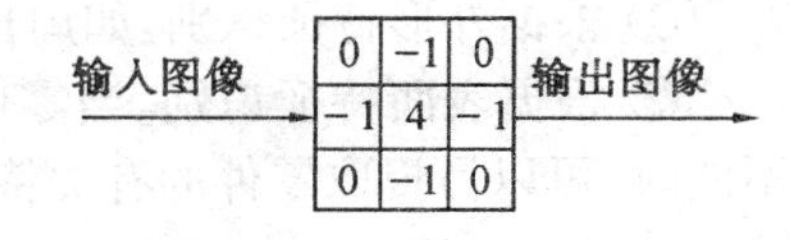

(b) 拉普拉斯算子

图7.8 滤波处理方框图

(1) 空间微分

$$\sqrt{\left(\frac{\partial f}{\partial x}\right)^2+\left(\frac{\partial f}{\partial y}\right)^2} \quad (7.3)$$

(2) 拉普拉斯算子

$$\frac{\partial^2 f}{\partial x^2}+\frac{\partial^2 f}{\partial y^2} \quad (7.4)$$

4. 特征化

除滤波那样对图像的各个坐标给予均匀的处理之外,根据具体状况变更坐标扫描的场所和顺序的处理方法,称为图像的特征化方法。例如,用空间微分滤波法从棱线的变化跟踪这条棱线,找到棱线及其方向变化点为顶点的处理。一般情况下,对物体的认识要掌握该物体具体的构造特征,例如用顶点形态的分类、顶点件的连接状况等的结构处理,或者用提取图像中物体的面积、周长、孔洞的数量等特征参数的处理。

从图像输入到特征化处理的一连串处理是对视觉直接存取的图像处理,特征化之后的处理,主要是与库进行比较的识别处理。从图像处理到识别处理一般都称为模式识别。

若图像处理采用计算机进行,图像信息一般有庞大的数据量,而且要作逐个的处理,根据应用对象的不同,花费几分钟到几十分钟的时间是常见的。因此把图像处理应用于机器人,首先有必要解决处理速度的问题。

7.2.4 视觉传感器的应用

1. 图像目视检查

目前,最先进的目视检查系统主要应用于印刷电路板的制造工艺中,即集成电路和其

掩膜图形的伤残检查，由于电路板的集成度越来越高，对质量检查的要求也越来越高，因而强烈要求能够实现自动化。这种电路图像几乎近于理想的二值图像，检测相对比较容易。

2. 视觉定位

视觉定位可用于零件组装和搬运中，例如测量零件的位置和姿态，以及在装配时测定螺丝孔和连接端子的位置等。在晶体管和集成电路等的半导体装配作业中，也经常用视觉系统来测定位置。

3. 零件识别

在自动化作业中，一般要识别零件的形状和种类。迄今为止，所识别的对象主要是机械零件。识别方法主要包括：

① 根据外形特征识别。如周长、面积等。

② 根据表面特征识别。当零件种类很多而且形状复杂时，以及外形相同而表面特征不同时，可以另提取零件的有关特征（如孔洞、棱角、形状等）加以区别。

4. 视觉伺服

带有视觉伺服系统的机器人可以用来跟踪和抓取运动中的物体，如抓取传送带上运动的零件和空间抓取浮游物体等。也可以使机器人能够模仿人的某些技能，如机器人打球等。

5. 移动机器人的导航

移动机器人或自动驾驶汽车中的视觉系统，能够根据路标确定前进的方向，识别前进道路上的障碍物，并绕行。

7.2.5 计算机视觉中的距离信息获取技术简述

带有距离信息的三维计算机视觉图像为高层次的计算与分析带来了极大的方便，正因如此，计算机视觉中的距离信息获取技术逐渐得到广泛的研究。

距离信息获取技术大体上可按下述三种方法进行分类：

1. 直接法和间接法

基于视觉图像和对视觉图像进行分析而获取距离信息。

2. 主动法和被动法

主动法和被动法的区别在于是否采用了可控制的光源，如激光、结构光、红外光束以及超声波等。被动方法只依赖于自然的不受控制的光源，如自然光和一般室内照明光源等。

3. 单目法和多目法

单目法是指只从一个视点来获取数据，而多目法主要是指基于三角法进行的测量。

若在直接／间接、主动／被动、单目／多目中二取一进行组合，将得到八种方法。这样的分类方法对多种多样的距离获取技术来说十分清楚，但其中并非每一种方法都实际可用，其中实用的方法主要有：

① 立体视差法（stereo disparity）、移动摄像机法（temporal stereo ranging）。（间接、被动、三角法）

② 几何光学聚焦(depth from focusing)、纹理梯度法(depth from texture gradient)。(间接、主动、三角法)

③ 结构光法(structural lighting)。(间接、主动、三角法)

④ 光强法(range from brightness)。(间接、主动、单目法)

⑤ 简单三角测距(simple triangulation range finder)。(直接、主动、三角法)

⑥ 超声测距(ultrasonic range finder);渡越时间法激光测距(time of flight laser range finder)。(直接、主动、单目)

7.3 测距传感器

7.3.1 机器人测距传感器的作用

机器人测距传感器与计算机视觉中距离技术之间并没有本质的区别,由于应用场合不同,测距传感器一般都采用主动法直接获取距离信息,用于对机器人进行实时的控制和规划。

机器人测距传感器大致可分为两种:其测量距离从几十厘米到数米远的称为距离觉传感器;探测距离为零点几毫米到几十毫米的称为接近觉传感器。测距传感器的作用可归纳如下:

① 发现前方障碍物,限制机器人的运动范围,以避免与障碍物发生碰撞;

② 在接触对象物前得到必要的信息(如与物体的相对距离、相对倾角),以便为后续动作做准备;

③ 获取对象物表面各点间的距离,从而得到有关对象物表面形状的信息。

目前大多数工业机器人都没有采用与外界环境闭环的实时控制,反馈的信息只来源于各个关节,或采用视觉系统,但视觉系统一般仅用于完成一些高层次的任务,如识别、检测等,这就导致了无法发现和修正操作末端的误差,利用安装在机器人末端上的测距传感器可以较好地解决这一问题。在工业应用中,精确地去抓取在某一参考位置上的工件,并非一件容易的事,由于工件本身的变形及其他不确定的因素,最终将需要进行相对位置姿态的调整,通常情况下,移动机器人比移动工件更容易些,可以通过安装在机器人末端上的测距传感器来解决。

7.3.2 机器人测距传感器的原理与应用

从原理上讲,一般非接触的位置传感器都可以作为测距传感器,目前国内外测距传感器研究在新原理上并没有什么重大突破,只是为了满足需要,在结构形式上和性能上有较大改进。对于机器人来说,所需测量的距离一般为零点几毫米到十几米远。

根据所采用的原理不同,机器人测距传感器可以分为以下几种:

1. 接触式传感器

测距传感器一般都采用非接触测量原理,而这里所考虑的机械的接触式传感器与触觉不同,它与昆虫的触须类似,在机器人上通过以微动开关和相应的机械装置(探头、探针等)相结合而实现一般非接触测量距离的作用。这种触须式的传感器可以安装在移动机器人的四周,用以发现外界环境中的障碍物。

2. 感应式测距传感器

感应式传感器主要有三种类型,它们分别基于电磁感应、霍尔效应和电涡流原理,仅对铁磁性材料起作用,用于近距离、小范围内的测量。

(1) 电磁感应测距传感器

这种传感器的核心由线圈和永久磁铁构成,如图 7.9 所示。当传感器远离铁磁性材料时,永久磁铁的磁力线如图 7.9(a) 所示,在传感器靠近铁磁性材料时,引起永久磁铁磁力线的变化,从而在线圈中产生电流如图 7.9(b) 所示。这种传感器在与被测物体相对静止的条件下,由于磁力线不发生变化,因而线圈中没有电流,因此这种传感器只是在外界物体与之产生相对运动时才能产生输出,相对运动速度的大小与输出信号的关系如图 7.10(a) 所示,这里所指的输出信号是指线圈所感应出的电流经变换而输出的电压信号。图 7.10(b) 反映了输出信号大小和传感器与外界物体距离的关系,基于这种关系可进行距离的测量。由于随着距离的增大,输出信号明显减弱,因而这种类型的传感器只能用于很短距离,一般仅为零点几毫米。

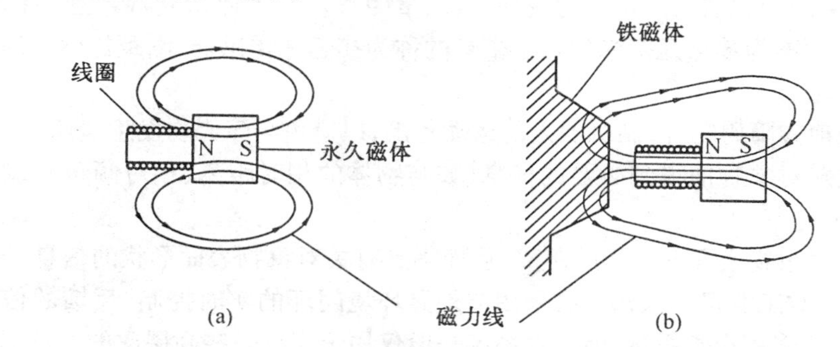

图 7.9 电磁感应测距传感器永久磁铁磁力线的变化

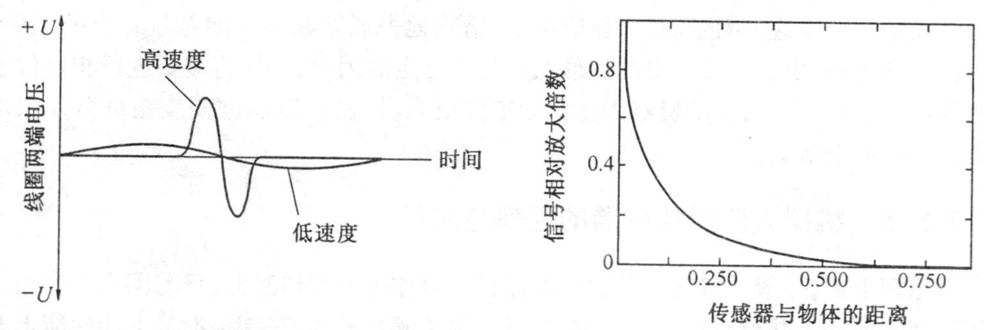

(a) 电磁感应测距传感器输出与相对运动速度的关系 (b) 传感器输出与传感器和外界物体距离的关系

图 7.10

(2) 电涡流测距传感器

电涡流测距传感器的形式最简单,只包括一个线圈,如图 7.11 所示。线圈中通入交变电流，当传感器与外界导体接近时，导体中感应产生电流，此即是所谓的电涡流效应，传感器与外界导体的距离变化能够引起导体中所感应产生电流的变化，通过适当的检测电路，可从线圈中耗散功率的变化而得出传感器与外界物体之间的距离。这类传感器的测距范围在零到十几毫米之间，分辨率可达满量程的0.1%。

(3) 霍尔效应测距传感器

图7.12所示是采用永久磁铁和特定导体构成的霍尔传感器，当传感器远离被测导体时，在特定导体上作用有较强的磁场，当传感器与被测导体很近时，特定导体上磁场变弱，磁场的变化将引起特定导体前后两端电压的变化，基于以上原理即可测量距离。

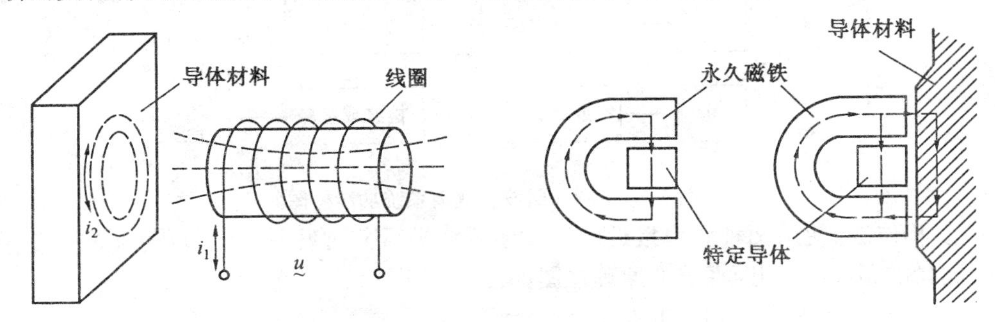

图7.11 电涡流传感器测量原理　　　图7.12 霍尔效应测距传感器原理

3. 电容式测距传感器

前面所述感应式测距传感器仅能检测导体或铁磁性材料，电容式测距传感器能够检测任何固体和液体材料。正如其名称所指出的那样，这类传感器通过检测外界物体靠近传感器所引起的电容变化来反映距离信息。

电容式传感器最基本的元件是由一个参考电极和敏感电极所组成的电容，外界物体靠近传感器时，引起这个电容的变化。有许多电路可用来检测这个电容的变化，其中最基本的电路是将这个电容作为振荡电路中的一个元件，只有在传感器电容值超过某一阈值时，振荡电路才开始振荡，将此信号转换成电压信号，即可表示是否与外界物体接近，这样的电路可以用来提供二值化的距离信息。较复杂的电路是采用将基准正弦信号输入电路，传感器的电容是此电路的一部分，电容的变化将引起正弦信号相移的变化，基于此原理可以连续检测传感器与外界物体的距离。

电容式传感器只能用来检测很短的距离，一般仅为几个毫米，超过这个距离，传感器的灵敏度将急剧下降；另外还需说明的是，不同的材料，传感器电容的变化大小相差很大。虽然这种传感器在其他领域应用较广泛，但在机器人中的应用目前还很少。

4. 超声测距传感器

人耳能听到的声波在20～20 000 Hz之间，而频率超过20 000 Hz的声波是人耳所不能听到的声波，称为超声波。声波的频率越高，波长越短，绕射现象越小，最明显的特征是方向性好，能够成为射线而定向传播，与光波的某些特性(如反射、折射定律)相似。超声波的这些特性使之能够应用于距离的测量。

(1) 测量原理

超声测距传感器的测量原理是基于测量渡越时间(time of flight)，即测量从发射换能器发出的超声波经目标反射后沿原路返回接收换能器所需的时间。由渡越时间和介质中的声速即可求得目标与传感器的距离。

渡越时间的测量有多种方法，脉冲回波法是其中应用最普遍的一种，其他方法还有调频法、相位法和频差法等。

① 脉冲回波法。脉冲回波法是超声测距传感器中应用最广泛的一种方法，测距系统的原理框图如图 7.13 所示。其发、收电路相对简单，但要求有较好的测量环境，因为其测量精度与回波信号幅度大小的变化程度有关，易受环境影响。

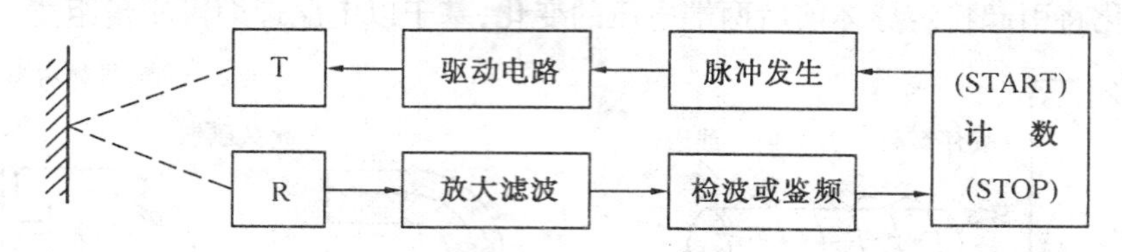

图 7.13 脉冲回波法测距系统功能框图

② 相位法。使用两种频率接近的连续超声波进行分时发射，利用反射波的相位差求出所测量的距离，其测距系统的原理框图如图 7.14 所示。

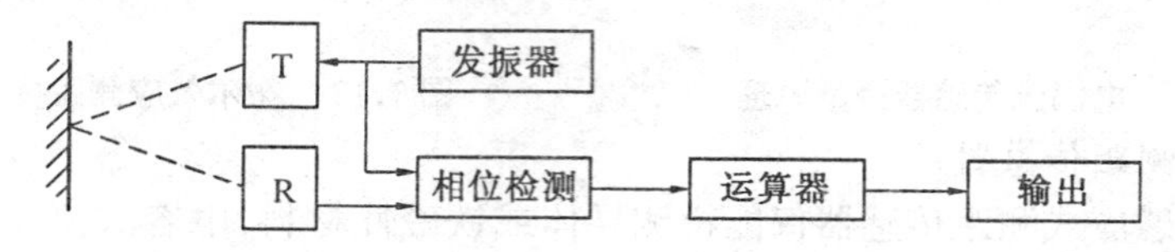

图 7.14 相位法测距系统功能框图

该系统的工作原理是：先发射频率为 f_1 的超声波，检测出接收波与发射波之间的相位差 Φ_1；再发射频率为 f_2 的超声波，同理检测出相位差 Φ_2，则有

$$L = \frac{c \cdot \Delta\Phi}{(4\pi \mid f_1 - f_2 \mid)} \tag{7.5}$$

其中

$$\Delta\Phi = \begin{cases} \Phi_1 - \Phi_2 & (\Phi_1 > \Phi_2) \\ \Phi_1 - \Phi_2 + 2\pi & (\Phi_1 \leqslant \Phi_2) \end{cases} \tag{7.6}$$

③ 频差法。使用宽频带发射、接收换能器，发射一连续波，且频率随时间呈周期性变化，如图 7.15 所示。设所测距离为 L，则超声波往返传播时间

$$t = \frac{2L}{c} \tag{7.7}$$

由平面几何知识（三角形相似定理）可知

$$\frac{t}{2T} = \frac{\Delta f/2}{B} \tag{7.8}$$

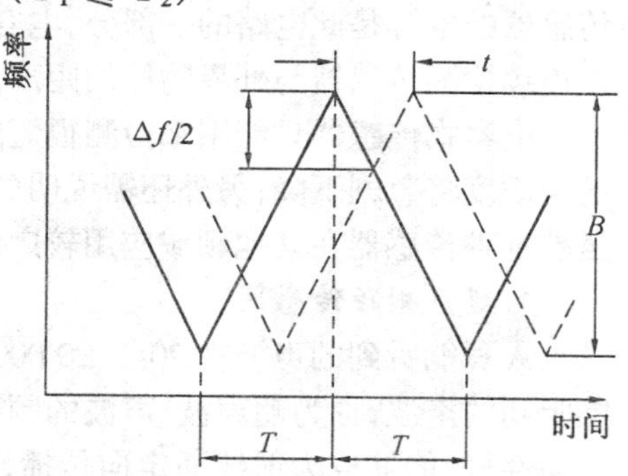

图 7.15 超声波频差法测距原理

由式(7.7) 和式(7.8) 得

$$L = \frac{cT\Delta f}{2B} \tag{7.9}$$

式中 B—— 频率变化范围；

Δf—— 发射、接收超声波的频差；

$2T$—— 频率变化周期（$t \ll T$）。

(2) 环境因素对超声波测距传感器的影响

① 环境中温度、湿度、气压对声速均会产生影响，这对以声速来计算测量结果的超声测距传感器来说是一个主要的误差因素。其中温度变化的影响最大。

空气中声速的大小可近似表示为

$$v = v_0\sqrt{1 + t/273} \approx 331.5 + 0.607t \tag{7.10}$$

其中 v——t(℃)时的声速(m/s)；

v_0——0(℃)时的声速(m/s)；

t—— 温度(℃)。

② 声强随传播距离增加而按指数规律衰减，空气流的扰动、热对流的存在均使超声距离传感器在测量中、长距离目标时精度下降，甚至无法工作。工业环境中噪声也会给精确的测量带来困难。另外，被测物体表面的倾斜，声波在物体表面上的反射，有可能使换能器接不到反射回来的信号，从而检测不出前方物体的存在。

(3) 超声波测距传感器的研制和应用情况

近10年来，国外用于工业自动化和机器人的超声测距传感器的各种研究开展得十分广泛，处于领先地位的有美、法、日、意、德等国家。目前国外已形成产品的超声测距传感器及其系统主要有美国的Polaroid、Massa、德国的Simens、法国的Robosoft等。我国近年来也在超声测距和导航方面开展了一些研究。

目前超声测距传感器主要应用于导航和避障，还有焊缝跟踪、物体识别等。日本东京大学研制了一种由步进电机带动可在90°范围内进行扫描的超声测距传感器，它可以获得二维的位置，若配合手臂运动，可进行三维空间的探测，从而得到环境中物体的位置。传感器的探测距离为15～200 mm，分辨率为0.1 mm，这些性能指标使超声波测距传感器在最小探测距离和精度上都有所突破。

5.光电式测距传感器

光电式测距传感器一般都包括有发光元件和接收元件。按测距原理，基本上可以将其分为三种，即光强法、相位法和光学三角法。

(1) 光强法

所有的光电式测距传感器中，光强法测距传感器是其中最简单的一种，其结构如图7.16所示。发光元件一般为发光二极管或半导体激光管，接收元件一般为光电晶体管。另外，通常情况下，传感器还包括相应的光学透镜。接收元件所产生的输出信号大小反映了从目标物体反射回接收元件的光强。这个信号不仅仅取决于距离，同时也受被测物体表面光学特性和表面倾斜等因素的影响。

为了避免外界环境中其他光源以及日光的干扰，获得信噪比高、真实的输出信号，可以采用两种方法：同步调制法和强脉冲法。前一种方法是将发光管输出光强信号调制，接收管只接收同一频率的调制信号，这样接收到的信号完全是发光管发出后被物体反射回的信号。后一种方法是发射短暂的、高能量的光脉冲，通过测量光脉冲发射时所产生的输出信号与不发射光脉冲时的差值信号来提高信噪比。由于受光元件在外界光照时存在过渡过程，两个光脉冲之间需要有一定大小的间隔。

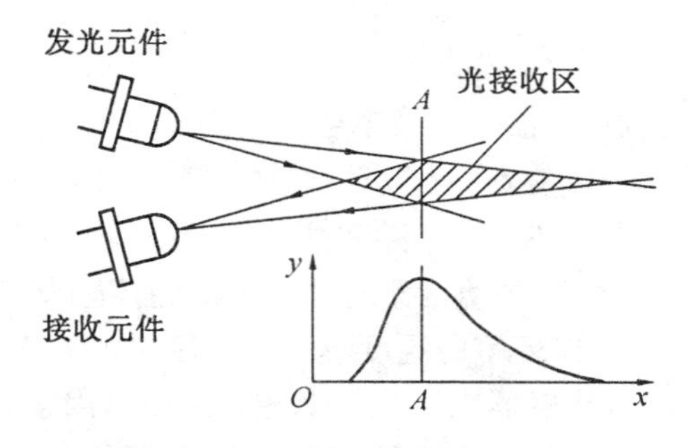

图 7.16 光强法测距原理

当被测目标为平面时，若发射元件和接收元件轴线近似平行，且相距很近时，接收元件的输出近似为

$$y \approx k/d^2 \tag{7.11}$$

式中 d—— 传感器到被测物体的距离；

k—— 取决于被测物体表面特性的参数，可通过实验确定。

值得一提的是，发光元件和接收元件可以采用光纤来传播光强信号，如图 7.17 所示。这样的传感器可以安装在狭窄的地方，如指尖部位。

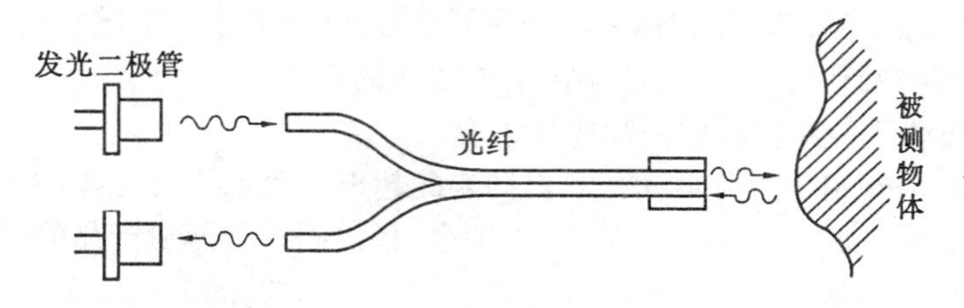

图 7.17 采用光纤的光强法测距传感器

由于光强法测距传感器结构简单，易于实现，在机器人中应用较多，但它受被测物体表面特性的影响较大，应用场合受到限制。

(2) 相位法

相位法传感器通过检测发光元件发出的调制光信号与接收元件接收到的光信号之间的相移来获取距离信息。依据引起相位变化的方式不同，又可以区分为以下两种：

① 由几何尺寸和调制光源而引起的相移。如图 7.18 所示，两个发光元件分别用 G_1、G_2 信号来驱动，即

$$\text{LED}_1 \qquad G_1 = A\sin\omega t \tag{7.12}$$

$$\text{LED}_2 \qquad G_2 = B\cos\omega t \tag{7.13}$$

这时点 p 的光强为

$$L_p = C\left[\frac{G_1}{h_1^2}\cos\theta_1 + \frac{G_2}{h_2^2}\cos\theta_2\right] \tag{7.14}$$

式中 C—— 与被测物体表面有关的系数。

三个假设条件为：

i.被测物体表面为完全漫反射；

ii.光源所发射光强不随角度而改变；

iii.接收管只接收很窄的细光束。

由式(7.14)可得

$$L_p = CZ\left[\frac{A}{(a^2+Z^2)^{3/2}}\sin\omega t + \frac{B}{(b^2+Z^2)^{3/2}}\cos\omega t\right] = D\sin(\omega t+\phi) \quad (7.15)$$

其中

$$\tan\phi = \frac{B}{A}\left[\frac{a^2+Z^2}{b^2+Z^2}\right]^{\frac{3}{2}} \quad (7.16)$$

在 A、B、b、a 已知的条件下，测量 ϕ 即可求出距离 Z。

利用两组发光元件，可以测量被测物体表面的倾斜角度，如图7.19所示。

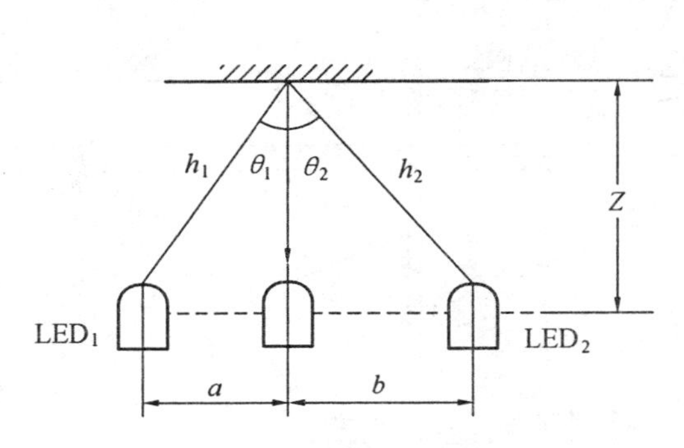

图7.18 相移法检测距离

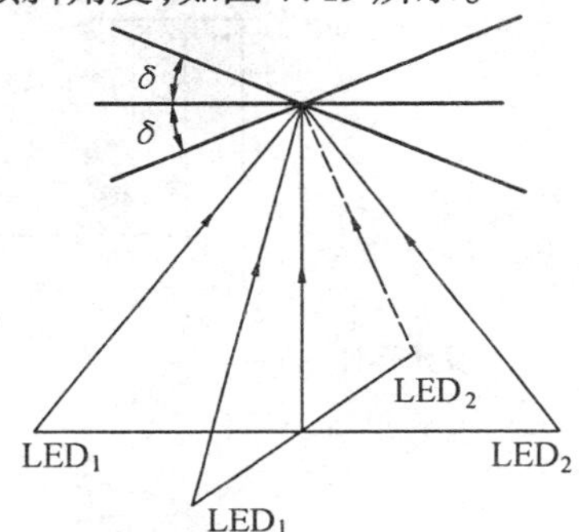

图7.19 表面倾斜角度的测量

② 由渡越时间而引起的相移。与超声波相比，光速太快了，1 ns光速将通过300 mm的距离，因此根本无法用直接测量渡越时间的方法求出较短的距离。一种比较可行的办法是将光源进行调制，通过测量接收到的光束与发射光束的相移来获取距离信息。其原理如图7.20(a)所示，调制光波长及相移如图7.20(b)所示。

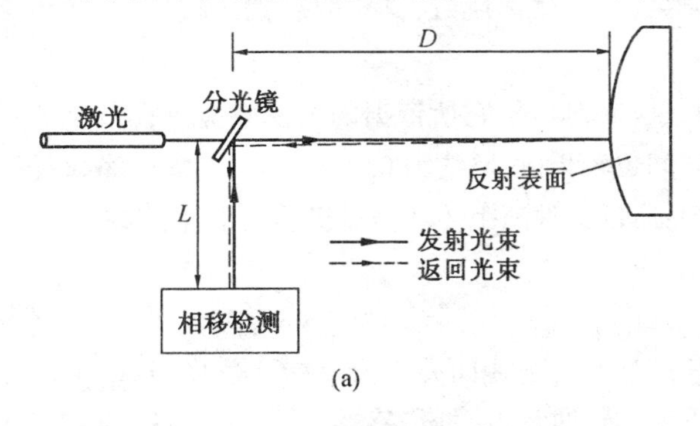

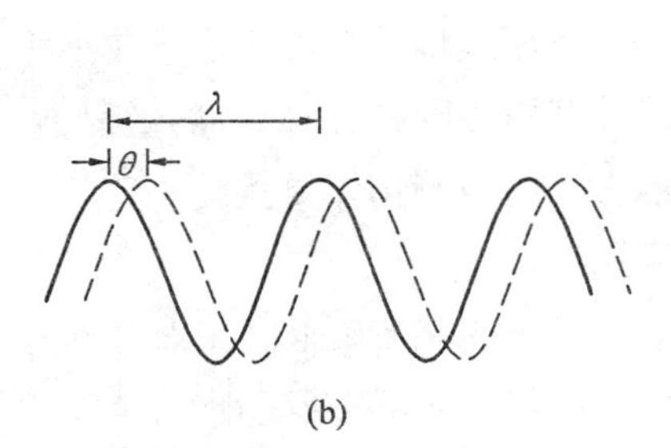

图7.20 利用渡越时间引起的相移来测量距离

可由下式求出图中距离 D

$$D = \frac{\theta}{4\pi}\lambda = \frac{\theta}{4\pi}\frac{c}{f} \quad (7.17)$$

式中 θ—— 相移;

c—— 光速;

λ 和 f—— 调制光的波长和频率。

(3) 光学三角法

光学三角法的测量原理如图 7.21 所示。发光元件所发出的光束照射在被测物体表面并被反射,部分反射光成像在位置敏感元件(PSD、CCD 或光电晶体管阵列)的表面,通过检测光点在敏感表面的位置,由几何关系即可计算出被测物体的距离。

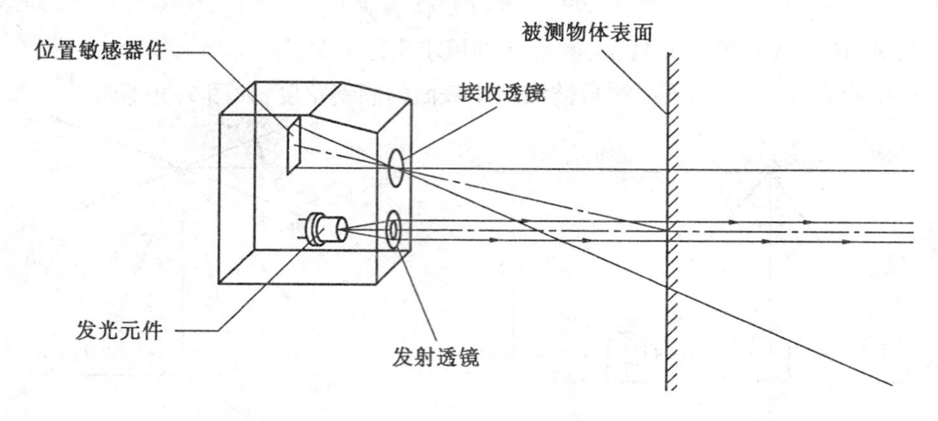

图 7.21 光学三角法测量距离

采用光学三角法检测距离时,物体表面因素(如表面的反射特性、表面倾斜等)对测量结果影响较小,同时对接收到的光强大小也不敏感。光学三角法测距传感器随着测量距离的增加,分辨率变差,这也是三角法固有的缺点。

6. 气压式测距传感器

气压式测距传感器的测量原理是使压缩空气通过一个固定的小孔向外喷发,当外界物体靠近时,由于气流受阻,内部压力将发生变化,距离越近,其压力越大,通过检测压力获得距离信息。

气压式传感器不适合于较小物体的测量,同时由于它所依据的气流效应只在极小的尺寸范围内存在,因此可测量程小,响应时间也较长(一般约为 0.2 ~ 1 s),还需要净化气源。另外,被测物体要承受一定的气流压力,所以这种测距传感器对机器人来说,一般不太实用。

7. 微波和无线电波测距传感器

微波和无线电波测距传感器的基本原理是通过天线向外发射电磁波信号,测量被目标物体反射回来的信号与发射信号的时间间隔。通常,这种传感器只适合于测量较大距离,一般用在室外移动机器人,做避障和导航用。另外,还有用测量反射回来的信号强度来代替测量渡越时间的测距传感器。

前面对各种原理测距传感器及其应用情况做了详细的介绍。表 7.2 对各类传感器做了格式化的比较,表 7.3 总结了各类传感器的特点。

表 7.2　各类测距传感器的比较

比较项目＼传感器		接触式（微动开关）	感应式（电涡流）	电容式	超声式	光强法	光学相位法	光学三角法	气压式	微波／无线电
实际测量范围		几厘米	几厘米	几毫米	几厘米～几米	几毫米～几十厘米	几毫米～1米	几毫米～几十厘米	几毫米	几厘米～几千米
外形尺寸		小	中等	中等	中等	很小	小	中等	小	大
距离信息		不测量	测量	不测量	测量	测量	测量	测量	不测量	测量
精度		—	好	—	一般	好	一般	中等	—	不定
响应时间		短	很短	很短	长	很短	很短	很短	中等	不定
受被测物体影响		无	有	有	无	有	很小	很小	无	有
受被测物体几何尺寸及位置影响		无	有	有	有	有	有	稍有	有	有
机械强度		一般	非常好	好	一般	中等	中等	中等	一般	中等
受外界噪音干扰的影响		无	无	无	有	稍有	稍有	稍有	无	有些影响
使用的难易程度		不定	很容易	不定	中等	容易	困难	中等	易	很难
数据处理代价		低	低	低	低	低～中	很低	很低	低	很低
适用环境	水下	能	能	能	能	困难	困难	困难	不能	不能
	核环境	能	能	能	能	能	能	能	不能	能
	空间	能	能	能	能	能	能	能	不能	能

表 7.3　各类测距传感器的特点

种类＼特点	主动／被动	二值信息／非二值信息	输出信号的性质
接触式（微动开关）	被动	二值	外界物体是否存在（接触）
感应式	主动	非二值	f（距离，被测物体磁性）
电容式	主动	二值（通常情况）	外界物体是否存在（非接触）
超声式	主动	非二值	距离（渡越时间法）
光强式	主动	非二值	f（距离、反射率、表面位置）
光学相位法	主动	非二值	距离（相移）
光学三角法	主动	非二值	距离（有时受表面倾斜影响）
气压式	主动	二值（通常情况）	外界物体是否存在（非接触）
微波／无线电波	主动	非二值	距离（渡越时间法）

7.4 力觉传感器

7.4.1 概述

机器人末端操作器与外界环境接触时,微小的位移就能产生较大的接触力,这一特点对于需要消除微小位置误差的作业,如精密装配等需要进行精确控制的场合是必不可少的。具有力感觉功能在一定程度上放宽了对机器人末端定位精度的要求,从而降低对整个机器人系统体积、重量以及造价方面的要求。

大多数力传感器采用应变片作为敏感元件,一般情况下,机械手有三种部位可以安装这些敏感元件:

① 在关节驱动器上安装。用敏感元件测量驱动器本身输出的力和力矩,这对有些应用控制方案很有用(对于采用直流伺服电机作驱动元件的机器人来说,测量驱动电流可以知道驱动器输出的力矩),但是,一般情况下它无法直接提供手爪与外界接触力的信息。

② 在手爪与机械手的最后一个关节之间安装,即构成所谓的"腕部力传感器"。这种力传感器直接测量作用在手爪上的力及力矩,得到六个分量的力/力矩向量,在机器人力控制中应用极为普遍。

③ 在手爪指尖上安装。如果机器人用两指夹持工件,机器人首先要检测夹持力,以控制施加于工件上的力,这就需要在手指的适当位置装一个应变片,以方便地测量夹持力,而且一般使用两对应变片,如图 7.22 所示,以避免加压位置的不同造成夹持力的变化。图中夹持力 f 的计算式为

$$f = \frac{k(S_1 - S_2)}{x_2 - x_1} \tag{7.18}$$

式中 S_1、S_2—— 应变片的输出;

x_1、x_2—— 应变片在手指上的位置;

k—— 常数,一般通过标定来确定。

通常这种"力敏感手指"上装的应变片可以测量作用在每个手指上的 1 ~ 4 个力及力矩分量。

腕力传感器是机器人力控制中使用最普遍的力传感器,我们平常所提及的机器人力传感器都是指腕力传感器。

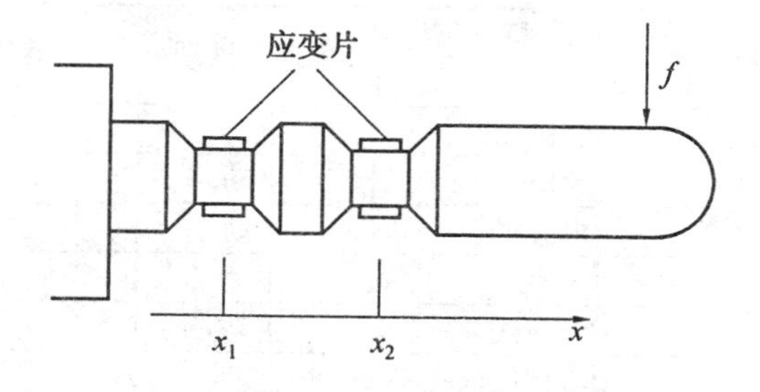

图 7.22 采用应变片对手指夹持力的测量

国际上对腕力传感器的研究始于 20 世纪 70 年代初期,并在机器人中得到应用,到了 70 年代末 80 年代初期,日本的机器人技术得到了发展,使腕力传感器的研究也得到了重视。目前比较有代表性的商品化力传感器主要有 JR3 和 LOAD 等型号。我国对腕力传感器的研究是在 80 年代初期起步的,到 1990 年,由中科院合肥智能所、东南大学和哈尔滨工

业大学三个单位联合研制成功了SAFMS系列六维力传感器，并且通过了国家技术监督局的产品定型鉴定，其主要性能指标达到了国际同期同类产品的水平。

腕力传感器发展至今，研究工作从来没有停止过，主要表现在结构和标定方法上的不断更新。从结构上看，目前大多数采用轮辐式结构，主要原因是这类腕力传感器的刚度和灵敏度较高，滞后和相互之间耦合干扰较小，传感器可达到较高的输出精度。

腕力传感器的发展，促进了机器人力控制技术的发展。目前，利用带有力传感器的机器人系统，能自动完成销轴的装配、打毛刺及打磨等需要具有适应外部环境能力的作业。

7.4.2 机器人腕力传感器

1.腕力传感器的原理

腕力传感器一般由一些应变片组成，用这些应变片测量由外力引起的机械结构变形。目前已设计出不同的结构形式，主要有轮辐式和筒式两种，如图7.23所示。筒式传感器中间空的部分可以用来安装驱动器，以实现紧凑的结构。

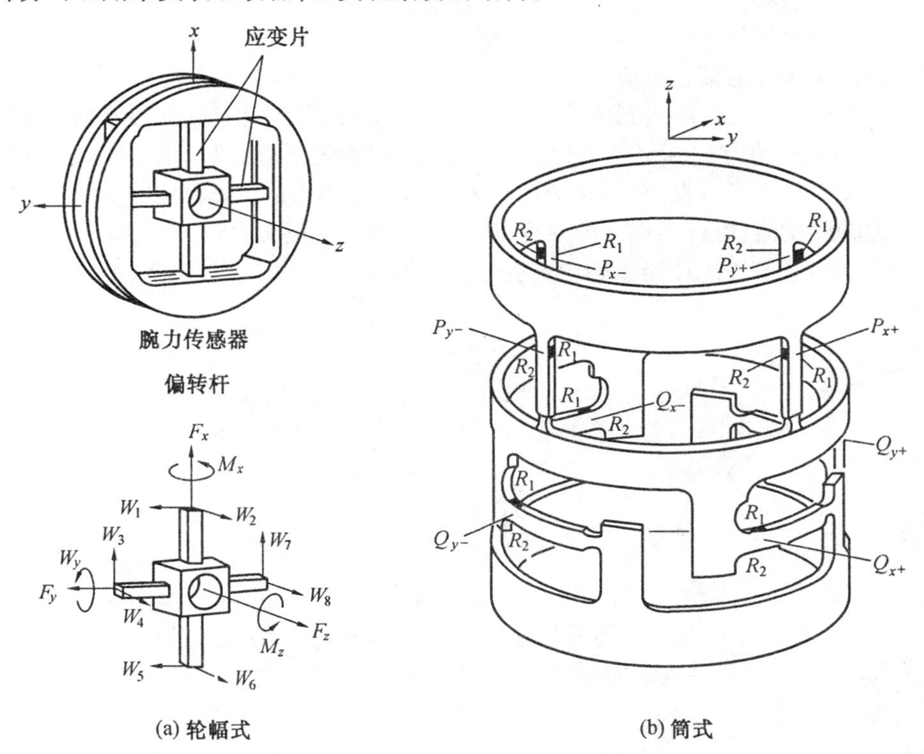

图7.23 腕力传感器的主要结构

腕力传感器是将作用在手上的力和力矩转换为可测量的腕部的挠曲和位移，力传感器所引起的腕部运动不应影响机械手的定位精度，对这类传感器的性能要求可归纳如下：

(1) 刚性高

机械部件的固有频率与它的刚性有关，因此高刚性可以使扰动力很快被衰减，以便在短时间内得到精确的输出。此外，它也可以减小由于外力或力矩施加位置有误而引起的偏差。

(2) 结构紧凑

这一要求可以确保机械手在拥挤的工作空间中运动不会受到限制,也可以使传感器和工作空间中其他物体碰撞的可能性降到最低。另一重要优点是,使用结构紧凑的力传感器,能使其尽可能接近工具,这样可以减小手小角度旋转时的定位误差。此外,当测量尽可能大的力和力矩时,可减小传感器和手之间的距离,有利于减小手部作用力的力臂。

(3) 线性

力传感器对所受的力和力矩的良好的线性响应,使得利用简单的矩阵运算便可实现力和力矩的求解。此外,它还简化了力传感器的标定过程。

(4) 减小滞后和内摩擦

内摩擦会降低力传感器的灵敏度,这是因为外力在形成可被测量的形变之前,必须消耗一部分以克服内摩擦。内摩擦还会引起滞后效应,使位置测量器件无法恢复到它原来的输出值。

腕力传感器就是考虑上述要求而设计的。

2. *力和力矩的还原*

假定应变片的耦合效应可以忽略不计,则腕力传感器工作在材料的弹性范围内,而且应变片的输出与它们所受到的伸缩变形成线性关系。在满足上述假设前提下可利用简单的力 - 力矩平衡方法,把图 7.23 所示传感器所得到的原始数据还原成力传感器坐标系的三个正交力和力矩分量。利用所谓还原矩阵[R](或称为传感器标定矩阵)的 6×8 矩阵右乘以力的测量值,可以实现这种变换,求得所需的三个正交力和力矩分量。

① 对于图 7.23(a) 所示轮辐式腕力传感器,沿着力传感器还原后的力矢量的计算式为

$$[F]=[R][W] \tag{7.19}$$

其中

$$[F]=[\text{力},\text{力矩}]^{\mathrm{T}}=[F_x,F_y,F_z,M_x,M_y,M_z]^{\mathrm{T}}$$

$$[W]=[\text{原始数据}]^{\mathrm{T}}=[W_1,W_2,W_3,W_4,W_5,W_6,W_7,W_8]^{\mathrm{T}}$$

并且

$$[R]=\begin{bmatrix} R_{11} & R_{12} & \cdots & R_{18} \\ R_{21} & R_{22} & \cdots & R_{28} \\ \vdots & \vdots & & \vdots \\ R_{61} & R_{62} & \cdots & R_{68} \end{bmatrix} \tag{7.20}$$

式(7.20)中,$R_{ij}\neq 0$ 为将原始输出[W]转换成力 - 力矩所需要的系数。如果忽略应变片间的耦合作用,并假定力和力矩计算均相对于传感器中心的传感器坐标原点进行,由图 7.23(a) 可得

$$[R]=\begin{bmatrix} 0 & 0 & R_{13} & 0 & 0 & 0 & R_{17} & 0 \\ R_{21} & 0 & 0 & 0 & R_{25} & 0 & 0 & 0 \\ 0 & R_{32} & 0 & R_{34} & 0 & R_{36} & 0 & R_{38} \\ 0 & 0 & 0 & R_{44} & 0 & 0 & 0 & R_{48} \\ 0 & R_{52} & 0 & 0 & 0 & R_{56} & 0 & 0 \\ R_{61} & 0 & R_{63} & 0 & R_{65} & 0 & R_{67} & 0 \end{bmatrix} \tag{7.21}$$

事实上,上述假定并不成立,某种耦合作用总是存在的。因此,实际上常常用一个包含48个非零元素的矩阵取代式(7.21)所示的还原矩阵,此“满”矩阵可通过对传感器的标定来获得。

② 对于图7.23(b)所示筒式腕力传感器,沿着力传感器还原后的力矢量的计算式为

$$\begin{bmatrix} F_x \\ F_y \\ F_z \\ T_x \\ T_y \\ T_z \end{bmatrix} = \begin{bmatrix} 0 & 0 & a_{13} & a_{14} & 0 & 0 & 0 & 0 \\ a_{21} & a_{22} & 0 & 0 & 0 & 0 & 0 & 0 \\ 0 & 0 & 0 & 0 & a_{35} & a_{36} & a_{37} & a_{38} \\ a_{41} & a_{42} & 0 & 0 & 0 & 0 & a_{47} & a_{48} \\ 0 & 0 & a_{53} & a_{54} & a_{55} & a_{56} & 0 & 0 \\ a_{61} & a_{62} & a_{63} & a_{64} & 0 & 0 & 0 & 0 \end{bmatrix} \begin{bmatrix} P_x + \\ P_x - \\ P_y + \\ P_y - \\ Q_x + \\ Q_x - \\ Q_y + \\ Q_y - \end{bmatrix} \tag{7.22}$$

3. 传感器的标定

标定传感器的目的在于利用实验数据确定力还原矩阵中的48个元素,由于耦合作用,我们必须确定还原矩阵 $\boldsymbol{R}$ 中所有48个非零元素,求得伪逆还原矩阵$[R^*]$,便可完成力传感器的标定,而$[R^*]$满足方程

$$[W] = [R^*][F] \tag{7.23}$$

$$[R^*][R] = [I]_{8\times 8} \tag{7.24}$$

式中 $[R^*]$——8×6矩阵,而$[R]$为6×8矩阵。

用$[R^*]^{\mathrm{T}}$左乘式(7.23),得

$$[R^*]^{\mathrm{T}}[W] = \{[R^*]^{\mathrm{T}}[R^*]\}[F] \tag{7.25}$$

对矩阵$\{[R^*]^{\mathrm{T}}[R^*]\}$求逆,可得

$$[F] = \{[R^*]^{\mathrm{T}}[R^*]\}^{-1}[R^*]^{\mathrm{T}}[W] \tag{7.26}$$

比较式(7.19)和式(7.26),可知

$$[R] = \{[R^*]^{\mathrm{T}}[R^*]\}^{-1}[R^*]^{\mathrm{T}} \tag{7.27}$$

用沿传感器坐标各轴施加已知力和力矩的方法,可以确定$[R^*]$。

7.5 触觉传感器

7.5.1 概述

机器人触觉传感器可以实现接触觉、压觉和滑觉等功能,测量手爪与被抓握物体之间是否接触,接触位置以及接触力的大小等。触觉传感器包括单个敏感元构成的传感器和触觉阵列。它们或是输出简单的二值信息(是否接触),或是输出与压力大小成比例的信息。

最简单的触觉传感器就是微动开关,它只能反映手爪与目标物体是否接触的信息。具有压觉功能的传感器可以控制手爪抓握物体时的夹紧力,实现不滑落的最小力控制。具有压觉的点阵输出形成触觉图像,对触觉图像的处理可以得到对象物的形状。与视觉图像相

比,触觉图像所需处理的数据量小,可直接获取物体具体的外形信息,而且不受外界条件的限制,如照明条件的影响。触觉传感器的研究一起步就朝着模拟人类皮肤的方向发展,因此具有压觉的阵列式传感器受到普遍的重视,大量的文献介绍了采用各种原理制成的阵列式触觉传感器。

触觉传感器早期的研究工作集中于传感器器件的开发以及利用触觉传感器进行物体识别的应用。多手指机器人手爪的出现,使如何利用触觉传感器信息进行作业的研究得到广泛的关注。近年来,研究趋向集中于如何利用触觉信息对机械手的操作进行实时控制,如自动抓取(automatic grasping)、边界跟踪(edge tracking)等。此外,融会其他传感器信息的主动式触觉的研究也成为当前的研究热点。

7.5.2 触觉传感器的原理

触觉信息是通过传感器与目标物的实际接触而得到的,因而触觉传感器的输出信号基本上是由两者接触而产生的力以及位置偏移的函数。

触觉传感器采用的转换原理有如下几种:

1. 光电式

把接触界面的压力转变为机械位移,再利用此机械位移改变光源与光敏检测器之间的距离,或遮挡光源形成阴影,从而使检测器的光电信号发生变化。

2. 压阻式

利用各种电阻率随压力大小而发生变化的材料,例如,硅导橡胶等压敏电阻材料把接触面的压力变为电信号。

3. 电阻应变式

与压阻式原理类似,它是利用金属导体(或半导体材料)变形时电阻值也发生变化的电阻应变效应。

4. 压电式

利用压电陶瓷、压电晶体等材料的压电效应,把接触面的压力转化为电信号。

5. 磁致弹性式

利用某些磁性材料在外力作用下磁场发生变化的效应,感知接触面上的压力,将磁场的变化经各种类型的磁路系统转化为电信号。

不同原理和结构类型的传感器能够实现不同的触觉功能,有些触觉传感器仅能实现接触觉,有些则既可实现压觉(压觉包括触觉,触觉是二值化的压觉信息),又可实现滑觉。具体有:

(1) 能够实现接触觉的传感器

接触觉是指物体是否碰到手爪的一种感觉,是二值量。因此简单的接触觉传感器是最简单的触觉传感器,图 7.24 为几种能够实现接触觉的传感器。图中柔软的导体可以使用导电橡胶、浸含导电涂料的氨基甲酸乙脂泡沫或碳素纤维等材料。

(2) 能够实现压觉的传感器

压觉能够用来控制机器人手指施加于对象物的压力或感觉对象物加于手指上的压力,压觉是连续量。如果把某限定值定义为有无压觉的双值量,自然就和接触觉相同了。

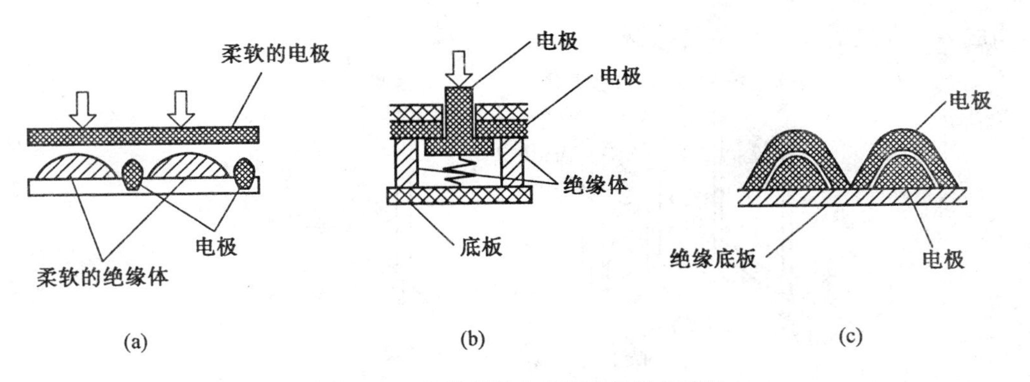

图 7.24 几种能够实现接触觉的传感器

图 7.25 所示是一种能够实现压觉的最简单的结构，一个弹簧加力杆与一个转轴相连，由于横向力引起的弹簧位移导致转轴成比例地旋转，转角可用电位计连续测量，或用码盘作数字式的测量，根据弹簧的弹性系数，便可求得与位移相应的力。其他方法还有如采用压阻橡胶等来实现压觉的检测，如下面将要介绍的能够实现压觉和滑觉的 FPSR™ 传感器。

(3) 能够实现滑觉的传感器

当机器人手指抓住物体时，被抓物体由于自重在重力作用方向或者沿作用于物体上的外力方向上产生滑动，检测这种滑动的感觉即称为滑觉。通过滑动量的检测来决定最佳握力的目标值，在不损伤物体的范围内，牢靠地把物体抓住。

图 7.26 所示为光学脉冲式滑觉传感器。滑动滚子用板簧支撑在指头本体上，原始状态突出手指夹持面，抓住物体时，板簧产生挠度，滚子与手指夹持面相平，由于滚子表面贴有橡胶膜，当物体在指面产生滑动时，滚子也随之转动，为了检测滚子的转动，在滚子的轴上安装刻有均布狭缝的圆盘及发光元件和受光元件，利用该光学系统可测得与滚子滑动位移量成正比的脉冲数。

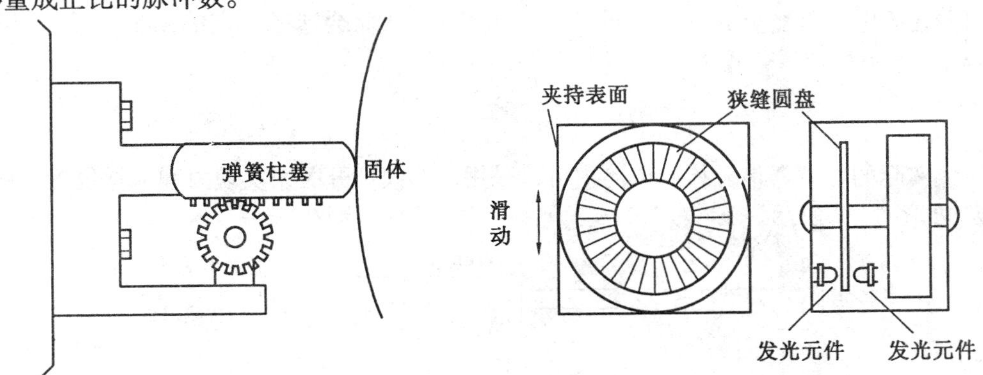

图 7.25 一种能够实现压觉的传感器原理图

图 7.26 光学脉冲式滑觉传感器

图 7.27 所示为美国 INTERLINK 公司研制的 FPSR™ 压－滑觉传感器原理图，传感器由两个聚合体薄膜构成，其中一个薄膜上黏附着相互交叉的导体，宽度为 0.4mm；另一个薄膜上黏附着一层半导体薄膜，该薄膜的电阻随所受压力的变化而变化。这两层对折起来

便构成一个典型的压 - 滑觉传感器。

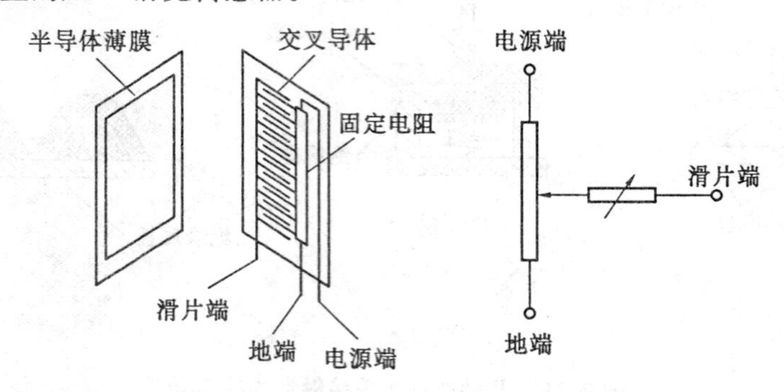

图 7.27 FPSR™ 压 - 滑觉传感器原理图

滑觉位置信号的检测电路如图 7.28(a) 所示，将“电源端” 和“地端” 加上一个参考电压，当有力施加在力感觉层时，固定电阻上导通处与半导体薄膜的电阻减小，从滑片端读

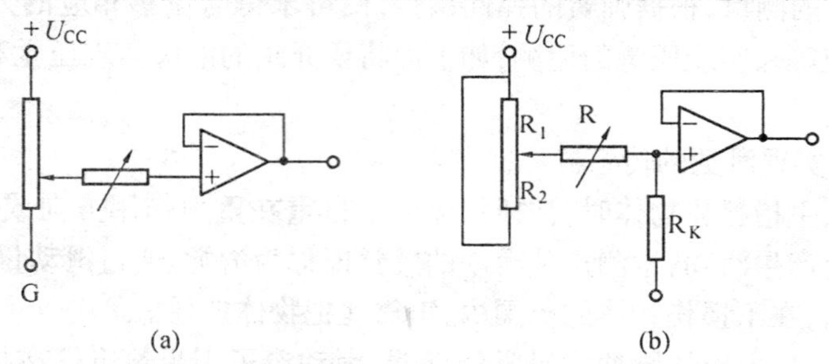

图 7.28 传感器压 - 滑觉信号的检测电路

出的电压值与力沿着固定电阻方向上所施加的位置成正比。由于采用集成运算放大器构成电压跟随电路，作用力在一定范围内，位置信号与力的大小无关。压力信号的检测电路如图 7.28(b) 所示，此时固定电阻的“电源端” 和“地端” 连接在一起，从图中可以看出，作用力在固定电阻器上的位置不同引起 R 的变化，从而会造成一定的测量误差。力输出信号 U_F 大小的计算公式为

$$U_F = U_{CC} \cdot \frac{R_K}{R_1 /\!/ R_2 + R + R_K} \tag{7.28}$$

实际的传感器信号检测电路中可以采用多路模拟开关来实现力和滑觉位置检测的切换，如图 7.29 所示。

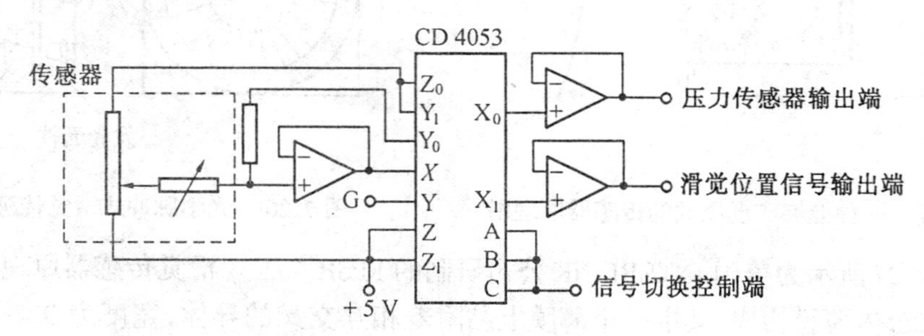

图 7.29 压 - 滑觉传感器的信号检测电路

7.5.3 触觉阵列式传感器

阵列式的触觉传感器是由若干感受单元组成的阵列型结构的传感器，各单元将目标物体与传感器界面的压力经过转换处理，可以获得目标物体的形状信息，也可以用来感受目标物体相对于手爪的滑动、扭转，从而完成各种操作任务。阵列式的触觉传感器一般可同时实现“接触觉”、“压觉”和“滑觉”。下面以美国LORD公司研制的LTS－100光电式触觉传感器为例，简要介绍触觉阵列式传感器系统。

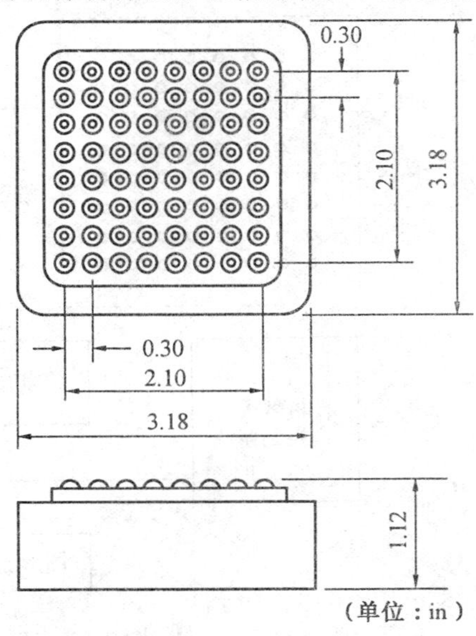

图7.30　LTS－100的外形

LTS－100触觉传感器有64个敏感单元，每个单元都有一个突起的触头，它们排成8×8阵列，形成接触界面，传感器的整个尺寸如图7.30所示（包括检测、控制电路），相邻触头间的距离0.3 in（1 in = 2.54 cm）即为它的分辨率。

图7.31说明了传感器一个敏感单元的转换原理。当由弹性材料制成的触头受到法向压力时，触杆下伸，遮挡了发光二极管射向光敏二极管的一部分光，于是光敏二极管的电信号输出间接地随触头所受压力的大小而连续改变，提供灰度读数。触杆的下伸位移范围可达0.8 in。传感器的灵敏度约为0.03 N。转换取决于触头、触杆的性能以及二极管对的特性。一般都经过硬件调试和软件修正，以达到规定的指标。

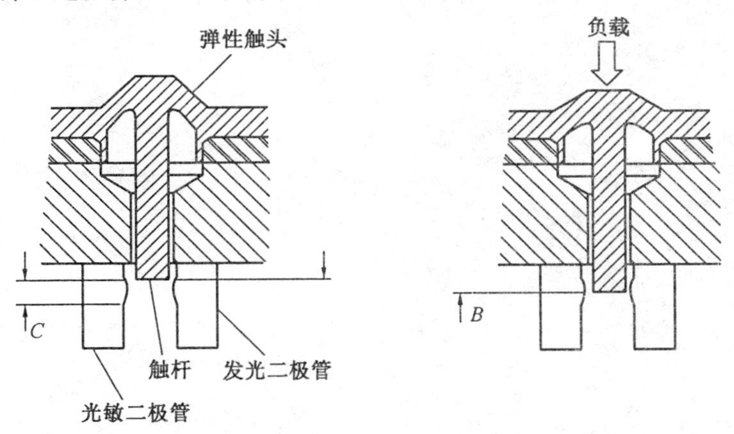

图7.31　敏感单元的转换原理

传感器与一台微处理机相连，形成传感系统，如图7.32所示。触感阵列的输出电流由多路模拟开关选通检测，放大后经8位模／数转换器变为灰度不同的触觉数字信号，送往微处理机解释处理。传感器的控制电路接收来自微处理机的选通信号，并接着提供顺序检测地址和触发脉冲，扫描整个阵列，选通信号之间有一定的延迟间隔，以保证放大器和转换器的可靠工作。LTS－100可配合机器人工作，手爪把工件放在传感器上，经过微处理机处理、解释的形状、位置信息送往机器人控制器，控制手爪以合适的姿态抓握工件进行装配操作。

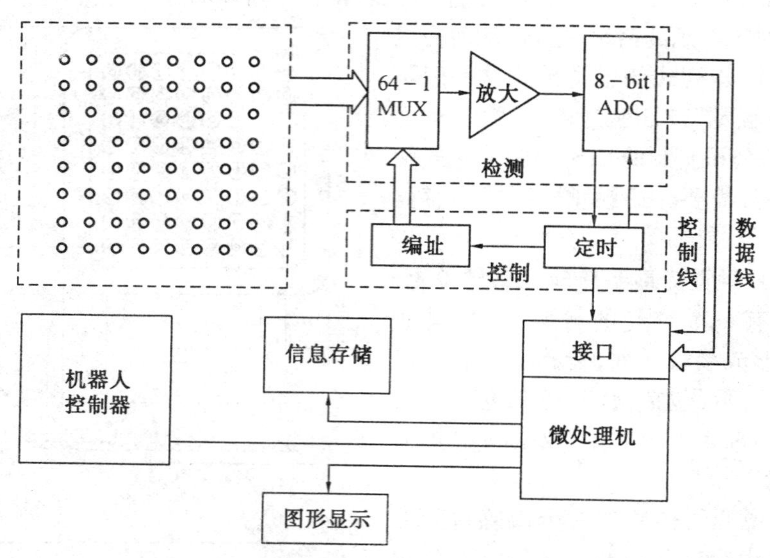

图7.32 LTS－100的传感器系统

参考文献

[1] 熊有伦,等.机器人学[M].北京:机械工业出版社,1993.

[2] 熊有伦.机器人技术基础[M].武汉:华中科技大学出版社,1996.

[3] 蔡自兴.机器人学[M].北京:清华大学出版社,2000.

[4] 吴振彪.工业机器人[M].武汉:华中科技大学出版社,1997.

[5] 刘进长,等.机器人世界[M].郑州:河南科学技术出版社,1997.

[6] 迁三郎.机器人工程学及其应用[M].王琪民,等译.北京:国防工业出版社,1989.

[7] 徐缤昌,等.机器人控制工程[M].西安:西北工业大学出版社,1991.

[8] 波波夫 E N,等.操作机器人动力学与算法[M].北京:机械工业出版社,1983.

[9] 余达太,等.工业机器人应用工程[M].北京:冶金工业出版社,1999.

[10] 周远清,等.智能机器人系统[M].北京:清华大学出版社,1989.

[11] 沈泰.机器人的历程[M].北京:世界知识出版社,1999.

[12] 科依费特 F,等.机器人技术导论[M].长沙:国防科技大学出版社,1990.

[13] 高井宏幸,等.工业机械人的结构与应用[M].北京:机械工业出版社,1997.

[14] 武科布拉托维奇 F,等.操作机器人非自适应和自适应控制[M].北京:科学出版社,1993.

[15] 张启先.空间机构的分析与综合:上册[M].北京:机械工业出版社,1984.

[16] 马香峰.机器人机构学[M].北京:机械工业出版社,1991.

[17] 蒋新松.机器人学导论[M].沈阳:辽宁科学技术出版社,1994.

[18] 郭巧.现代机器人学[M].北京:北京理工大学出版社,1997.

[19] 费仁元,等.机器人机械设计和分析[M].北京:北京工业大学出版社,1998.

[20] 方建军,等.智能机器人[M].北京:化学工业出版社,2004.

[21] ANGELES J.机器人机械系统原理[M].北京:机械工业出版社,2004.

[22] 杨廷力.机器人机构拓扑结构学[M].北京:机械工业出版社,2004.

[23] 天津大学《工业机械手设计基础》编写组.工业机械手设计基础[M].天津:天津科学技术出版社,1981.

[24] 徐元昌.工业机器人[M].北京:中国轻工业出版社,1999.

[25] 李洪人.液压控制系统[M].北京:国防工业出版社,1981.

[26] 鄢景华.自动控制原理[M].哈尔滨:哈尔滨工业大学出版社,1996.

[27] 王万良.自动控制原理[M].北京:科学出版社,2001.

[28] 李福义.液压技术与液压伺服系统[M].哈尔滨:哈尔滨工程大学出版社,1992.

[29] 关景泰.机电液控制技术[M].上海:同济大学出版社,2003.

[30] 顾树生,王建辉.自动控制原理[M].3版.北京:冶金工业出版社,2001.

[31] 陈新海,李言俊,周军.自适应控制及应用[M].西安:西北工业大学出版社,1998.

[32] 韩璞,朱希彦.自动控制系统数字仿真[M].北京:中国电力出版社,1996.

[33] HYUN J H. Optimization of feedback gains for a hydraulic servo system by genetic algorithms [J]. Proceedings of the Institution of Mechanical Engineers, Part I. Journal of Systems & Control Engineering, 1998, 212(5).
[34] ERYILMAZ B. Improved nonlinear modeling and control of electrohydraulic systems[D]. Ph. D. Northeastern University, 2000.
[35] 大熊繁. 机器人控制[M].北京:科学出版社,2002
[36] 孙迪生,王炎.机器人控制技术[M]. 北京:机械工业出版社,1997.
[37] 摩雷理查德, 李泽湘, 萨思特里,等. 机器人操作的数学导论[M]. 北京:机械工业出版社,1998.6
[38] 克拉克, 欧文斯.机器人设计与控制[M]. 北京:科学出版社,2004.
[39] 王灏, 毛宗源.机器人的智能控制方法[M]. 北京:国防工业出版社,2002.
[40] 白井良明. 机器人工程[M]. 北京:科学出版社,2001.
[41] 陈明哲.机器人控制[M]. 北京:北京航空航天大学出版社,1989.
[42] 大熊繁.机器人控制[M]. 北京:科学出版社,2002.
[43] 吴芳美.机器人控制基础[M]. 北京:中国铁道出版社,1992.
[44] 张福学. 机器人学:智能机器人传感技术[M]. 北京:电子工业出版社,1996.
[45] 高国富, 谢少荣, 罗均. 机器人传感器及其应用[M]. 北京:化学工业出版社,2005.
[46] 刘迎春,叶湘滨.传感器原理、设计及应用[M]. 长沙:国防科技大学出版社,1997.
[47] 丁镇生.传感器及传感技术应用[M]. 北京:电子工业出版社,1998.
[48] 吴兴惠,王彩君.传感器与信号处理[M]. 北京:电子工业出版社,1998.
[49] 杨宝清.现代传感器技术基础[M]. 北京:中国铁道出版社,2001.
[50] 刘广玉.新型传感器技术及应用[M]. 北京:北京航空航天大学出版社,1995.
[51] 栾桂冬,张金铎,金欢阳. 传感器及其应用[M]. 西安:西安电子科技大学出版社,2002.